长江上游梯级水库群多目标联合调度技术丛书

水库群智能调度云服务系统平台开发与示范

肖舸　周建中　曹光荣　周新春　等　著

中国水利水电出版社
www.waterpub.com.cn
·北京·

内 容 提 要

本书系统地介绍了水库群智能调度云服务系统平台的开发、集成与示范效果。通过大量的文献资料和长江上游流域水库群的应用示范，对跨区域、跨部门、跨平台水库群智能调度标准化云服务平台集成难题开展研究，主要解决的问题是如何突破传统数据分析模式的应用制约。提出海量异构数据存储策略及集成架构体系，建立基于大数据挖掘的水库群智能调度决策知识库，提出业务模型逻辑抽象及结构化表示方法，制定多元业务耦合机制的信息接口标准和项目成果统一集成规范，建立基于混合云架构的水库群智能调度云服务系统平台并应用示范。

本书可为水利、电力、软件开发、交通、地理、气象、环保、国土资源等领域的广大科技工作者和工程技术人员提供参考借鉴，也可作为高等院校本科生和研究生的学习参考书。

图书在版编目（CIP）数据

水库群智能调度云服务系统平台开发与示范 / 肖舸等著. -- 北京 ： 中国水利水电出版社，2020.12
（长江上游梯级水库群多目标联合调度技术丛书）
ISBN 978-7-5170-9326-8

Ⅰ．①水… Ⅱ．①肖… Ⅲ．①长江流域－上游－并联水库－水库调度－研究 Ⅳ．①TV697.1

中国版本图书馆CIP数据核字(2020)第272683号

书　　名	长江上游梯级水库群多目标联合调度技术丛书 **水库群智能调度云服务系统平台开发与示范** SHUIKUQUN ZHINENG DIAODU YUNFUWU XITONG PINGTAI KAIFA YU SHIFAN
作　　者	肖　舸　周建中　曹光荣　周新春 等 著
出版发行	中国水利水电出版社 （北京市海淀区玉渊潭南路 1 号 D 座　100038） 网址：www.waterpub.com.cn E-mail：sales@mwr.gov.cn 电话：(010) 68545888（营销中心）
经　　售	北京科水图书销售有限公司 电话：(010) 68545874、63202643 全国各地新华书店和相关出版物销售网点
排　　版	中国水利水电出版社微机排版中心
印　　刷	北京印匠彩色印刷有限公司
规　　格	184mm×260mm　16 开本　18.5 印张　444 千字
版　　次	2020 年 12 月第 1 版　2020 年 12 月第 1 次印刷
印　　数	0001—1000 册
定　　价	**162.00 元**

　　滚滚长江东逝水，长江作为华夏民族的发源地、母亲河，是中华民族生存和发展的重要支柱。长江流域横跨我国西南、华中和华东三大区，是我国水资源配置的战略水源地、实施能源战略的主要基地、联系东中西部的"黄金水道"，是我国重要的粮食生产基地，战略地位十分重要。长江流域通过南水北调、引汉济渭、引江济淮、滇中引水等工程的相继建成投运，对流域防洪、供水、发电、航运、水生态环境保护等产生了巨大作用和影响，尤其是防灾减灾、联合调度和区域环境改善潜力与效益巨大。水利保障能力及沿江绿色生态廊道建设也对长江上游水库群联合调度提出了新要求。"推进长江上中游水库群联合调度"对"推进长江经济带发展"具有重大意义。

　　本书以复杂系统科学理论与云计算技术为基础，突破基于混合云模式的水库群多源多专业海量异构数据库融合难题，针对历史调度数据开展水库群大数据深度挖掘技术研究，建立面向优化调度服务的统一数据共享平台。

　　本书主要内容有：研究各专业模型规范化模型表示与多模型并行协同求解技术，提出基于沉浸式场景感知的情景推演与调度方案精细化模拟技术，为大规模水库群开展多目标联合调度提供决策支持；以长江上游干支流控制性水库为对象，研究水库群多目标联合调度和风险决策理论、全周期-自适应-嵌套式智能调度方法、多维时空精细化建模和多模型云服务系统集成技术；按照"产-学-研-用"模式组成研发团队，以水文预报技术研究为基础，围绕防洪、供水、生态、发电等调度重大问题和水库群蓄水、应急调度两大焦点问题开展理论研究和技术攻关，以智能调度新技术和云服务应用为手段，开发集成梯级水库群多目标联合调度系统一体化平台并应用示范。

　　本书主要创新成果集中在三个方面：一是理论创新，发展风险水平约束的水库群多目标协同调度理论，突破多重约束、多变量耦合、多目标联合调度与风险决策的理论瓶颈；从水资源利用调度与生态调度之间的自适应关系、防洪调度与兴利调度之间的自适应关系角度出发，提出一种崭新的多目标调度集成理论；建立支持合作调度与动态博弈的对策决策理论与方法体系。二是技术创新，提出多阻断大流域非一致性水文预测预报方法，创新防洪库容动态分配及预留方式；提出适应长江中游关键物种需求阈值的水库群调度指标；提出巨型水库群水能优化配置及负荷实时调整策略；制定基于分区控制的长江上游控制性水库群的汛末联合蓄水方案；提出基于模拟与优化深度耦合的梯级水库群应急与常态协同调度技术。三是集成创新，提出高速联网环境下集群并行协同优化计算平台的多级优化机制和调度模型规范化、结构化表示方法；提出跨电网水电站群发电调度多级协调控制协议的规范设计方法；提出基于多库协同及推理机制的知识挖掘技术以及面向水库群智能调度的监测-预测-调度-评估-仿真-会商集成方法。

本书的研究主要基于国家"十三五"重点研发计划课题"水库群智能调度云服务系统平台开发与示范"，主要内容为肖舸、周建中、曹光荣、周新春等的研究成果。本书在研究和写作过程中，得到了长江水利委员会长江科学院、水利部中国科学院水工程生态研究所、武汉大学、水利部交通运输部国家能源局南京水利科学研究院、中国水利水电科学研究院等单位的大力支持和帮助，在此对以上单位表示感谢。

由于长江上中游水库群众多、智能调度问题相对复杂，水库调度云服务系统还有待完善，许多理论与方法尚处于研究探索之中，加之作者水平有限，书中不当之处在所难免，敬请读者批评指正。

作者

2020 年 11 月

目录

第 1 章

概　　述

1.1　研究意义

长江流域人口、GDP、水资源量和粮食产量均约占全国的 1/3，是我国水资源配置的战略水源地、连接东西部的"黄金水道"、实施能源战略的主要基地，战略地位十分重要。

长江上游控制性水库群、南水北调中线等调水工程的相继建成投运，对流域防洪、供水、发电、航运、水生态环境保护等产生了巨大作用和影响，尤其是防灾减灾、联合调度和区域环境改善潜力与效益巨大。长江经济带建设也对水利保障能力及沿江绿色生态廊道建设提出了新要求。《中华人民共和国国民经济和社会发展第十三个五年规划纲要》第三十九章"推进长江经济带发展"中明确提出"推进长江上中游水库群联合调度"。

因此，开展水库群智能调度云服务系统平台研究，既是流域社会、经济、环境协调发展重大水安全保障的需求，也是国家水电能源战略发展的需求，更是实现行业重大科技创新，为流域提供一体化管理共性支撑技术的战略需求。该研究对提高流域整体防洪能力，缓解水量蓄泄和水资源供需矛盾，保障生活和生产用水安全，有效缓解极端气候导致的长江径流偏枯和局部地区洪旱灾害，为流域环境和生态系统恢复创造适宜的水文水力条件，持久发挥国家重大水利枢纽工程的综合效益具有重要战略意义。

1.2　国内外研究概况与发展趋势

1.2.1　水库群海量异构数据存储管理及融合技术

水库调度是以水文学原理为基础，涉及多门学科的交叉性学科，例如洪水预报、洪水调度、发电调度、水资源分析等，其中涉及大量水文数据信息的收集、整理、储存、推理等工作。水文数据时效性强，种类较多，与单一水库相比，水库群的数据管理过程更加复杂，数据量成几何级数增加，因此，如何对异构数据进行高效的存储管理和融合是一个非常重要的问题。徐云乾等（2013）利用数据库技术对广东省水库的基本资料进行存储、更新和检索统计，结合 asp.net 采用 B/S 架构实现对水库数据管理的可视化，提高了水库管理的工作效率。周大鹏（2016）等以辽宁省 921 座水库和重点输供水项目为研究对象，以 GIS 为应用平台，采用 B/S 和 C/S 相结合的开发模式，建设了一套全省水库调度管理的综合管理信息系统，实现了数据资源和业务系统的整合共享。舒依娜等（2009）基于

VB 和 Access 针对东海县水库设计开发了一套水库管理信息系统软件，实现了对水库信息资料管理查询功能。周光华等（2011）以 WebGIS 及多维数据库等相关技术为支撑，探讨了建立基于 WebGIS 的全国中小型水库基础信息管理系统，实现了对中小型水库基础信息的管理。李订芳等（2001）运用面向对象方法和快速原型方法设计系统，对水库调度数据库管理系统功能进行多视角分析，得到水库调度数据库的概念模型、逻辑模型以及基于对象的功能模型，设计开发出水库调度数据库软件。

1.2.2 大数据挖掘的水库群智能调度决策知识库

水库调度是实现水资源优化配置的重要方法和有效举措，能够优化某一区域水资源的时空分布，有效缓解干旱、洪涝等水资源分布不平衡的问题，对实现可持续发展水资源战略具有重要支撑作用。水库调度主要分为常规调度与优化调度。常规调度最早是苏联学者 A. A. 莫洛佐夫通过研究水库的调配调节进而逐渐发展起来的，是以调度图为依据进行调度计划的制定。常规调度简单直观、可靠性强，至今在某些区域仍然被广泛使用。但该调度方式存在优化程度不高、水资源利用率低的缺陷，因此，在常规调度的基础上，产生了水库优化调度。水库优化调度方法主要分为传统优化方法和现代智能算法。传统优化调度方法以运筹学作为理论基础，将水库调度问题转变为多约束的非线性数学问题，1946 年国外学者 Masset、Little 等以单库调度为研究对象将优化方法成功应用于水库调度中。此后，随着学者对于优化问题的深入研究，一系列优化方法例如线性规划、非线性规划、动态规划等及其改进方法先后被应用于水库调度中。但是，传统方法较强的寻优能力使得计算量相对较大，尤其对水库群进行调度时容易出现"维数灾"问题，导致传统优化算法存在一定的局限性。现代智能算法为解决该问题提供了新的思路，随着理论和技术的发展，遗传算法、粒子群算法等智能算法及大数据挖掘等技术逐渐被应用于水库优化调度中。20 世纪 60 年代美国学者霍华德参照生物进化机制提出遗传算法，该算法的核心思想是"物竞天择、优胜劣汰"，通过对优良个体进行选择、个体基因交叉以及变异等操作不断剔除表现差的个体，最终得到最优的个体。该算法是较为成熟、具有一定代表性的算法。Zhang 等（2015）将遗传算法中的参数设定加入自适应动态控制机制，提出一种分层自适应遗传算法，计算结果表明，该方法与其他传统方法相比具有较好的计算效率。畅建霞（2001）通过把遗传算法中二进制编码改用十进制来表示，减少了计算机内存，提高了计算效率，并将其应用于水库调度中。粒子群算法是由美国的 Eberhart 和 Kennedy 于 1995 年提出的一种群体智能优化算法。该算法将鸟抽象成粒子，每个粒子即为优化问题的一个解，通过调整粒子的速度与位置最终得到最优解。Zhang 等（2015）针对多维水库群优化调度问题提出一种多精英策略的粒子群优化算法，计算结果表明改进算法有效提高了计算效率。

大数据挖掘就是从大型数据库中提取人们感兴趣的知识，目的是挖掘隐藏在大量数据中的模式和关联，为决策者提供辅助决策支持或者为领域专家修正已有的知识体系。大数据挖掘技术起源于商业分析，主要通过分析商业数据来挖掘商业数据中隐含的商业规律和客户的消费心理。水文领域的大数据挖掘相对于商业数据挖掘具有其特殊性，应在充分考虑物理成因的基础上对水文数据、调度经验数据、预报成果数据等进行大数据挖掘，进而得到更好的结果。传统的优化技术包括数学规划方法、智能模拟方法等为求解水库调度问题提供了途径，可以看作是传统意义的数据挖掘技术。随着计算机技术等的发展，大数据挖掘技术也在不断发展。

1.2.3 水库群智能云服务平台集成技术

随着计算机技术、大数据挖掘技术等的快速发展以及调度智能算法的发展，人们迫切需要建立一个充分吸收交叉学科研究精华的、标准的、规范的、资源共享的水库群智能云服务平台，将传统的服务系统转变为具有更强实用意义的水库群智能云服务平台（孟令奎，2015）。水库群智能云服务平台是一项系统化的服务工程，与其他面向水利决策服务的支持系统（苗俊岭，2017）在功能上的不同主要表现为它涉及多学科的知识，具有较高的开发难度，采用何种模式的体系结构和开发框架将是平台建设的重要因素。庞树森（2012）在长江科学院开发的数字流域专业模型平台的基础上开展了水库调度系统的集成，采用面向对象的流域模拟模型嵌入 GIS 平台的集成方式，实现对降雨产汇流、库区洪水研究、水库防洪调度过程的模拟。罗凯乐（2019）基于福建省现有水资源管理系统整体设计，结合福建省水资源管理系统一期工程的实施现状，以水资源调度为主线确定系统总体框架和流程，完成九龙江流域水资源调度研究及系统集成。王超（2016）运用面向对象式思想对梯级水电站联合优化调度涉及的各类实体和业务进行统一抽象建模，设计联合优化调度系统的软硬件总体框架，结合现有的先进系统集成技术构建满足实际工程需求的三层软件模式，开发了金沙江下游梯级水电站联合优化调度系统。

随着计算机技术的不断革新，科研人员运用云计算技术，通过分布式处理、分布式数据库、云存储和虚拟化技术，将分散的计算机组成一个计算能力超强的整体，实现对海量数据的挖掘和处理。在此背景下，开展水库群智能云服务平台开发及应用必将是水利信息化领域的大势所趋。

1.2.4 水库群专业应用模型标准化技术及模型智能优选方法

对于国外水库群调度模型研究，Nabinejad 等（2017）以阿特拉克河流域（伊朗）为例，研究扩展了 PSO-MODSIM 模型，即将粒子群优化算法（PSO）和 MODISM 整合至流域决策支持系统（Decision Support System，DSS），以确定最佳流域规模的水资源分配策略。Thechamani 等（2017）以湄南河流域（泰国）为例，建立并优化计算了整个流域多库联合调度模型并优化求解。Windsor 等应用动态规划作为优化工具，将预报洪水作为模型输入，对水库群防洪系统进行构建与分析。Muhammad 等（2020）开发了一种优化水库群排沙疏浚调度模型，同时以最大化灌溉供水、最大化发电和减少洪水损失为目的，选择印度河上的三个水库为其提出最优调度方案。对于国内水库群调度模型研究，张勇传等（1981）利用大系统分解协调的观点对两并联水电站水库的联合优化调度问题进行了研究，先把两库联合问题变成两个单库优化问题，然后在两水库单库最优策略的基础上引入偏优损失最小作为目标函数，对单库最优策略进行协调，以求得总体最优。胡振鹏等（1988）提出了大系统多目标递阶分析的"分解—聚合"方法，并使用该方法对引滦工程水库群多年调节问题进行了多目标分析。李雨等（2013）根据水库在水库群防洪系统中发挥的作用大小赋予该水库相应的权重，提出了基于占用防洪库容最小的水库群联合优化调度模型，针对三峡水库、水布垭水库、隔河岩水库构成的混联防洪系统进行了实例研究，结果表明该模型适用于中小洪水，可以为防御下一次洪水过程争取更多的预留防洪库容。陈西臻、刘攀等基于聚合分解思想，提出了并联水库群的聚合水库模型，以分段线性函数作为聚合水库的调度函数，使用遗传算法率定调度函数的斜率和截距，将该模型应用于广西西江的百色、龙滩、青狮潭等水库构成的并联水库群，结果表明该模型较常规调度模型显著削减了下游防洪控制点的洪峰流量。

20 世纪，国内的水库群调度研究还主要集中于对水库群联合调度时求解方法的探索，由于水利事业处于发展起步阶段，水库群的建设还没有形成规模，研究多是方法驱动的。自 21 世纪初以来，水利工程建设经历了大发展阶段，水库建成数量在短短十年内有了巨大的增长，促成了多个流域的梯级水库群形成，出现了针对发电、防洪、供水、生态、排沙、蓄水等目标的实践研究，研究也多集中于解决某个流域的实际工程问题，更多是工程实践驱动的。

1.2.5　多主体多轮次会商决策方法与交互技术

会商决策是水库群智能调度云服务平台的重要功能，在防汛决策中起着至关重要的作用。随着通信技术、互联网技术、视频音频技术等的发展和进步，会商决策系统的设计者和研究者越来越多地把这些技术方法运用到会商系统的设计和组建中，从根本上提高了指挥部门在决策中分析问题、综合信息、判断决策优劣性以及洞察规律的能力。

国外开展相关研究相对较早。在 20 世纪 60 年代，Simon 就专门论述过计算机与组织管理的关系及其在管理决策中可能起到的作用。70 年代初，Keen 和 Scott Morton 正式提出 DSS 概念，Scott Morton 在《管理决策系统》一书中第一次指出计算机对于决策支持的作用，标志着决策支持理论研究的开始。Meijerink 等应用含有航测、山地资料数据库流域模拟模型和有决策规则功能的 DSS，管理印度尼西亚的 Komering 河流域。Simonovicl 把 DSS 应用于加拿大温尼伯市的洪水控制系统的规划和管理，把数值模型同 GIS 相结合。

在我国，从 20 世纪 80 年代中期开始，学者将会商决策支持系统的方法应用于水资源规划和管理。我国在"八五"期间平行安排了长江、黄河、淮河防洪决策支持系统的开发，初步形成了黄河防洪防凌决策支持系统（辛国荣等，1997）、长江防洪决策支持系统（胡四一等，1996）和淮河防洪决策支持系统。近年来，防洪决策支持系统的应用领域和普及范围越来越广泛，涌现出许多省级决策支持系统，如浙江省防洪决策支持系统、江西省防洪指挥决策支持系统等。1998 年大洪水后，国家防汛抗旱总指挥部办公室组织 7 家高等院校和科研院所开始实施"全国水库防洪调度决策支持系统工程"建设（邱瑞田等，2004）。目前大多数防汛的决策支持系统（卢健涛等，2020）往往只针对某一种决策问题，没有考虑专家小组、领导参与情况的应用背景，会商决策需要根据相应的决策支持的内容和特点进行研究。

1.3　研究特色与理论创新

通过本书研究工作将在理论、技术、集成三个方面取得突破性进展和创新成果。

1. 理论创新

揭示长江典型区域生态系统水文学、水力学机理及时空变异规律，探明流域防洪、发电、供水、生态及航运多维目标协同与竞争关系，阐明多目标联合调度调控目标维度、边界、约束及其时空演化特性，发展风险水平约束的水库群多目标协同调度理论，突破多重约束、多变量耦合、多目标联合调度与风险决策的理论瓶颈；从水资源利用调度与生态调度之间的自适应关系、防洪调度与兴利调度之间的自适应关系角度出发，提出一种崭新的多目标调度集成理论，突破传统水库群调度以固定生态需水过程为基础的兴利调度、以固定蓄水进程为基础的蓄水调度理论瓶颈，从微观主体行为特征方面揭示水库群联合调度多维目标的协同竞争关系，解决多目标联合调度多维边界动态耦合难题；建立兼顾长江防洪、发电、供水、生态及航运安全的梯级水库群多目标优化和多属性风险决策的均衡调度模型，将 Nash 均衡推广为贝叶斯均衡，建立支持合作调度与动态博弈的对策决策理论与方法体系。

2. 技术创新

提出多阻断大流域非一致性水文预测预报方法，构建水文循环驱动机制的多尺度水文模拟预测模型，显著提高水文预报精度及预见期；提出防洪库容动态分配及预留方式，建立面向流域防洪调度多区域、大尺度、多任务格局的水库群协同防洪调度模型，突破长江上游水库群大规模、强约束、多目标的防洪调度效益评估技术难题；阐明流域不同区间供用水的动态演化规律和竞争特性，提出面向多属性、多层次用水需求的长江中上游水库群多维均衡供水调度模式；提出适应长江中游关键物种生理生态需求阈值的水库群调度指标，构建面向流域生态环境保护的长江上游水库群调控模式；将单一时空尺度库群发电调度建模拓展到分层多时空尺度嵌套精细化建模，建立水库群长中短期循环优化调度模型，提出巨型水库群水能优化配置及负荷实时调整策略，实现水库群多维时空尺度发电优化调度模型的自适应匹配和无缝嵌套；建立水库群联合蓄水调度方案的评价方法与指标体系，提出基于智能优化的水库群蓄水优化调度模型高效求解技术，制定基于分区控制的长江上游控制性水库群的汛末联合蓄水方案；提出基于模拟与优化深度耦合的梯级水库群应急与常态协同调度技术；引领支撑我国水库群多目标联合调度核心技术发展。

3. 集成创新

突破水库群多目标联合调度海量异构数据融合、大数据深度挖掘与混合云模式下基础云平台建设等共性支撑技术，突破多目标调度模型方法库规范化构建与智能寻优互操作技术瓶颈；提出高速联网环境下集群并行协同优化计算平台的多级优化机制和调度模型规范化、结构化表示方法，建立水库群联合优化调度面向服务体系和分布式网络环境的多模型架构方法库和知识库；提出跨电网水电站群发电调度多级协调控制协议的规范设计方法，制定跨电网梯级电站群分布式松耦合系统集成技术标准，综合集成电站调度、梯级调度、流域调度等各级发电调度系统的逻辑接口协议栈；提出基于多库协同及推理机制的知识挖掘技术以及面向水库群智能调度的监测-预测-调度-评估-仿真-会商集成方法；提出跨地域、跨尺度、跨专业的多模型耦合方案，实现不同尺度模型的集成，通过网格环境下分布式并行计算与协同处理，建立面向服务体系的长江上游水库群综合调度云服务系统示范平台。

第 2 章

水库群多源多专业海量异构数据的存储管理及融合技术

2.1 海量异构数据介绍

2.1.1 数据类别

水库群联合调度所需的水文气象数据包含实时及历史序列的水文气象要素数据，水库运行数据，水质、泥沙采样数据等监测信息；卫星云图、雷达反射图等图片信息；河道地形、农田植被、生产生活经济数据等地理、人文信息；水文整编年鉴、水库调控规划等各类文本信息；摄像头、无人机采集的各类视频信息等。

2.1.2 数据特点

数据种类繁多，格式多样，来源也不相同，整体上具有如下特点。

2.1.2.1 类型多样，来源广泛

水文水资源预报涉及多专业、多部门的协调工作，收集到的数据来源广泛，数据类型千差万别。为了让各类数据"物尽其用"，必须将数据有效融合为一个有机的整体，才能系统地对数据进行分析。

以实时信息为例，截至 2019 年，长江流域的水文信息报送站点共计 9160 个，其中包括流域各省（自治区、直辖市）水文部门（含市水务局）报汛站 7785 个、各水库部门报汛站 1108 个、长江水利委员会水文局局属分中心报汛站 267 个。气象信息数据除了从水文部门建立的观测站点收集之外，还从气象部门收集到 2 万条左右的站点数据。

所收集的数据除了来源不同之外，类型格式也各不相同。实时数据主要以数据库表的方式进行存储，水文部门的数据存储表结构是按照《实时雨水情数据库表结构与标识符》（SL 323—2011）中规定的基本信息类、实时信息类、预报信息类、统计信息类表单进行数据存放，但是气象部门、水库部门都有不同的数据存储标准。表 2.1 给出了水文标准库中河道水情表结构。

非结构化数据（包括气象卫星、天气雷达等专有格式文件、图片文件）、各类报表和文档文件（如水库调度方案、调度规划、水库发电信息等），以及视频流、地理信息等，其文档内容包含信息繁多，需要制定统一的处理流程，对数据进行处理和分析。

表 2.1 水文标准库中河道水情表结构

序号	字段名	标识符	类型及长度	有无空值	计量单位	主键	索引序号
1	测站编码	STCD	C (8)	无		Y	2
2	时间	TM	DATETIME	无		Y	1
3	水位	Z	N (7, 3)		m		
4	流量	Q	N (9, 3)		m^3/s		
5	断面过水面积	XSA	N (9, 3)		m^2		
6	断面平均流速	XSAVV	N (5, 3)		m/s		
7	断面最大流速	XSMXV	N (5, 3)		m/s		
8	河水特征码	FLWCHRCD	C (1)				
9	水势	WPTN	C (1)				
10	测流方法	MSQMT	C (1)				
11	测积方法	MSAMT	C (1)				
12	测速方法	MSVMT	C (1)				

以水文气象产品为例，已有的水文气象类产品处理程序包括实况 1 小时、6 小时、逐日滚动等离散数据的处理，ECMWF、NCEP、WRF 等网格数据的处理，卫星云图、遥感监测、天气雷达等栅格数据的加工。处理成果包括数值、矢量、图片等多种类型，处理的产品多达 85 种。随着水文气象研究工作的不断深入，产品的成果及类别还会不断扩充。

现有的系统在应用这些产品时，采用各自独立生成的方式，这导致了相同产品的重复生成，对服务器资源是一种浪费。如老版的长江流域预报调度系统（以下简称"预报系统"）是 VB 语言编写的 BS 系统，数据库服务器为 SQL SERVER；长江流域水资源管理预报系统（以下简称"水资源系统"）是 C♯语言编写的 BS 系统，数据库服务器为 MYSQL。这两个系统分别由两个开发小组负责。这两个系统都有卫星云图数据的加工展示功能，当用户需要在水资源系统中查询某日某时的卫星云图产品时，由于两个系统采用各自独立加工的方式，即使预报系统中已处理过该产品，水资源系统中仍需处理后才可展示产品，而不能直接调用预报系统中已有的成果。

同时，产品的标准未定义，在不同系统中存在规范不统一、成果不一致的问题。如实况 1 小时等值面产品在预报系统中的雨量等级为 0，1，2，4，6，8，10，20，50，对应 9 个区间填充颜色 RGB 值为 (210，255，190)，(166，240，146)，(61，162，1)，(99，181，249)，(0，3，252)，(0，114，75)，(255，0，246)，(231，74，1)，(109，2，0)，笼罩面积单位为万 km²，保留两位小数，产品命名方式为"RAIN_流域名称_起始时间_结束时间.png"，其中流域名称为中文，起始和结束时间格式为 yyyyMMddHHmm。如 2019 年 1 月 1 日 8 时金沙江流域实况 1 小时的产品名称为"RAIN_金沙江流域_201901010700_201901010800.png"；相同产品在水资源系统中的雨量等级为 0，10，25，50，100，250，对应 6 个区间填充颜色 RGB 值为 (166，242，142)，(37，140，48)，(97，184，255)，(0，0，225)，(250，0，250)，(136，0，21)，笼罩面积单位为 km²，取整，产品命名方式为"流域名称起始时间结束时间.jpg",其中流域名称为中文首字母大写,起始和结束时间格式为 yyyyMMddHH,不含分钟,如 2019 年 1 月 1 日 8 时金沙江流域实况 1 小时的产品名称为"JSJLY2019010107 2019010108.jpg"。由于两个产品的标准不统一,即使生成相同时间的产品也会在范围、配色、笼罩面积及命名方式上存在明显差异。

另外,当增加或更新一类产品时,所有业务系统都需要修改。如当需要在 ECMWF 模式产品现有图片成果的基础上增加矢量生成及展示功能时,不仅需要在预报系统中增加 ECMWF 网格数据处理生成矢量及矢量渲染展示的 VB 代码,还需要在水资源系统中增加相同数据的矢量处理及展示的 C♯代码;两个系统基于不同的数据库,在数据库查询、数据格式处理上也有差异。

2.1.2.2　数据量大

水文气象数据以实时监测数据为主,随着使用需求的增加和监测能力的提升,监测站点的数量以及测量频次都有了大幅提高。目前的水文测站绝大部分已经实现了每 5min 观测一次数据,获取的数据包括降水、水位、流量、河流特征等各类水文要素数据以及测站本身的工情数据。

测站的数量也逐年递增。以长江流域为例,1958 年年底,全流域包括各省(自治区、直辖市)共有水文测站 3047 个,其中水文站 703 个,水位站 485 个,雨量站 1832 个,实验站 27 个。

1962 年后,根据"巩固调整站网,加强测站管理,提高测报质量"的水文工作方针,全国对水文测站进行了持续的补充调整。至 1990 年年底,全流域共有水文测站 6372 个,其中水文站 936 个,水位站 568 个,雨量站 5368 个。1958—1990 年长江流域水文测站数量变化见图 2.1。

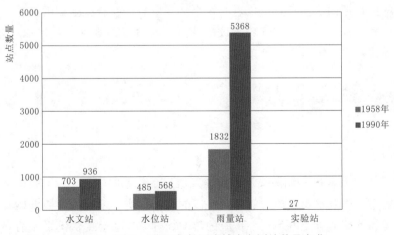

图 2.1　1958—1990 年长江流域水文测站数量变化

截至 2018 年年底,长江流域水文信息报汛总站数为 9160 个,雨量信息报送站数为 21545 个。在 2018 年,总共接收到水情信息总数约 12899.3 万条。气象信息除了实时的雨量数据外,还有各类气象要素信息,包括气象部门气象卫星、天气雷达和数值预报等各类综合产品信息，气象产品信息全部资料的日更新量接近 200GB，其与长江流域相关的处理结果信息日更新量也超过了 10GB。随着监测手段的逐步提高，视频信息流、遥感信息的数据量也迅速增加。

2.1.2.3 实效性高

防汛抗旱、应急抢险等工作对数据的实效性有较高的要求。目前长江流域的中央报汛站点 20min 到达流域中心的时效合格率已经达到 99.99％，绝大部分站点的数据从观测、计算到传输所需的时间在 10min 以内。因此，除了快速收集信息外，还需在数据处理过程中实现高效加工，确保在时效内完成对数据的分析工作。

2.1.2.4 单条价值密度低

价值密度原本是经济学概念，用于衡量单位商品价值含量。在信息学中指的是单位数据中所蕴含的信息量，即真正有价值的信息需要从大量的数据中提取。

水文气象数据随着数据总量的增多，价值密度逐步降低。以河道水情信息为例，除了少数的关键节点数据（比如洪峰），单条数据的作用越来越低，只有长时间序列的数据才能反映出真实的河道水文状况。

目前主要是通过整编数据的方法定时对实时的数据进行提炼，提高数据的价值密度，但是整编数据包含的信息内容较少，已经不能完全满足当前水文行业发展的需要。随着数据类型越来越复杂，数据量越来越多，需要以一种智能的方式对各类数据进行实时萃取，提炼出有价值的信息。

2.1.2.5 真实性要求高

由于数据来源具有多样性，使用时必须甄别数据的真实性，特别是在应急抢险过程中，很多缺少资料的地区数据较为杂乱，需要从中挑选真实的信息，这对于计算机自动处理而言是一项挑战。

从水文气象数据的这些特点可以看出，水文气象数据符合大数据的性质，因此可以使用大数据的处理方式，结合水文气象领域的特点，对海量的数据进行提取、融合、分析。下面将详细描述水文气象数据的处理方法。

2.2 海量异构数据存储

2.2.1 概述

随着计算机及互联网等相关技术的快速发展，近年来物联网（IoT）和泛在计算等新技术的广泛应用，以及水文气象行业监测手段的日益丰富，实时监测数据以及各类相关信息的数据种类和数据量也急剧增长。传统的数据处理方式已经无法满足目前海量数据的处理需求。根据水文气象数据信息量大、实时性高的特点，只有运用大数据的思维和方式来处理和存储各类信息，才能从大量的数据信息中提取出有用的信息，并为水文预报、水旱灾害防御、水量调度等相关工作的决策提供有力的支撑。本节详细介绍常用的海量数据处理方式，并结合相关专业特点，给出适合的数据处理框架。

2.2.2　数据存储分类

2.2.2.1　关系型数据库

关系型数据库，是指采用了关系模型来组织数据的数据库。简单来说，关系模型指的就是二维表格模型，而一个关系型数据库就是由二维表及其之间的联系所组成的一个数据组织。

关系型数据库的基础是 ACID 模型，即数据库管理系统（DBMS）在写入或更新资料的过程中，为保证事务（transaction）是正确可靠的，所必须具备的四个特性：原子性（atomicity，或称不可分割性），一致性（consistency），隔离性（isolation，又称独立性），持久性（durability），ACID 即为这四个特性英文首字母缩写。

（1）原子性。即一个事务（transaction）中的所有操作，要么全部完成，要么全部不完成，不会结束在中间某个环节。事务在执行过程中发生错误，会被回滚（rollback）到事务开始前的状态，就像这个事务从来没有被执行过一样。

（2）一致性。即在事务开始之前和事务结束以后，数据库的完整性没有被破坏。这表示写入的资料必须完全符合所有的预设规则，这包含资料的精确度、串联性以及后续数据库可以自发地完成预定的工作。

（3）隔离性。即数据库允许多个并发事务同时对其数据进行读写和修改的能力，隔离性可以防止多个事务并发执行时由于交叉执行而导致数据的不一致。事务隔离分为不同级别，包括读未提交（read uncommitted）、读提交（read committed）、可重复读（repeatable read）和串行化（serializable）。

（4）持久性。即事务处理结束后，对数据的修改就是永久的，即便系统故障也不会丢失。

关系型数据库严格遵循 ACID 理论，主流的关系数据库主要包括：SQL Server，Oracle，MySQL，PostgreSQL。

水文气象监测系统每天都会产生庞大的数据量。这些数据有很大一部分是由关系型数据库（RDBMS）管理系统来处理，其严谨成熟的数学理论基础使得数据建模和应用程序编程更加简单。关系型数据库具有以下优点：

1）事务处理时能够保持数据的一致性，通过 ACID 理论，确保了即使在大量用户同时访问数据库时，各类操作也能够得到相同的结果。

2）数据库表采用预先定义的标准化表结构，数据更新的开销很小。关系型数据库采用主键、索引等机制，减少了数据库表中相同字段出现的次数，可以有效地对数据进行更新。

3）能够进行复杂的 SQL 语句查询。SQL 语言即结构化查询语言（structured query language）。由于关系型数据库通过关系模型来组织数据，利用 SQL 语句，很容易对数据进行检索，并关联多张表进行联合查询。

然而，随着互联网的发展，数据传输速度和数据量日益增加，传统的关系型数据库在一些业务上开始出现问题。首先，对数据库存储的容量要求越来越高，单机无法满足需求，很多时候需要用集群来解决问题，而 RDBMS 由于要支持 join、union 等操作，一般不支持分布式集群，使得数据库在扩展方面很艰难；其次，很多的数据都"频繁读和增加，不频繁修改"，而 RDBMS 对所有操作一视同仁，当数据访问达到一定规模时，关系型数据库为了保证数据读写一致性，非常容易发生死锁等的并发问题，导致其读写速度下滑非常严重；另外，随着数据种类的扩展和业务的发展，数据库的存储模式也需要频繁变更，不自由的存储模式增大了运维的复杂性和扩展的难度。

业界为了解决以上提到的几个需求，推出了多款新类型的数据库，即非关系型数据库。在设计上，它们非常关注对数据高并发地读写和对海量数据的存储等，与关系型数据库相比，它们在架构和数据模型方面做了简化，而在扩展和并发等方面进行了加强。现在主流的 NoSQL 数据库有 HBase、Cassandra、MongoDB 和 Redis 等。

2.2.2.2　非关系型数据库

非关系型数据库（NoSQL）描述的是大量结构化数据存储方法的集合，根据结构化方法以及应用场合的不同，主要可以将 NoSQL 分为面向检索的列式存储、面向高性能并发读/写的键值存储、面向海量数据访问的文档存储等，是非关系型的、分布式的、开源的、可水平扩展的，通常提供自由扩展、支持简易复制、简单的 API、最终的一致性（非ACID）、大容量数据等功能。

非关系型数据库为保证多用户高并发访问时的性能，通常采用分布式系统，分布式是 NoSQL 数据库的必要条件。分布式系统由独立的服务器通过网络松散耦合组成。每个服务器都是一台独立的 PC 机，服务器之间通过内部网络连接，内部网络速度一般比较快。由于网络传输瓶颈，单个节点的性能高低对分布式系统整体性能影响不大。比如，对分布式应用来说，采用不同编程语言开发带来的单个应用服务的性能差异，跟网络开销比起来都可以忽略不计。因此，分布式系统每个节点一般不采用高性能的服务器，而是使用性能相对一般的普通 PC 服务器。提升分布式系统的整体性能是通过横向扩展（增加更多的服务器），而不是纵向扩展（提升每个节点的服务器性能）实现的。

NoSQL 数据库为了满足可用性的要求，在一致性方面有所取舍，不能严格满足ACID 的模型，由此延伸出了 CAP 理论来定义分布式存储遇到的问题。CAP 理论表明：一个分布式系统不可能同时满足一致性（consistency）、可用性（availability）、分区容错性（partition tolerance）这三个基本需求，并且最多只能满足其中的两项。

（1）一致性。一致性是指更新操作成功并返回客户端完成后，所有节点在同一时间的数据完全一致。一致性可以从客户端和服务端两个不同的视角来看。从服务端来看，一致性是指更新如何复制分布到整个系统，以保证数据最终一致。一致性是因为有并发读写才有的问题，因此在使用时一定要注意结合考虑并发读写的场景。从客户端来看，一致性主要指的是多进程并发访问时，更新过的数据如何获取。多进程并发访问时，更新过的数据在不同进程如何获取的不同策略，决定了不同的一致性：对于关系型数据库，要求更新过的数据都能被后续的访问看到，这是强一致性；如果能容忍后续的部分或者全部访问不到，则是弱一致性；如果经过一段时间后要求能访问到更新后的数据，则是最终一致性。

（2）可用性。可用性是指服务一直可用，而且是正常响应时间。对于一个可用性的分布式系统，每一个非故障的节点必须对每一个请求作出响应。也就是说，该系统使用的任何算法必须最终终止。当同时要求分区容忍性时，这是一个很强的定义：即使是严重的网络错误，每个请求也必须完成。好的可用性主要是指系统能够很好地为用户服务，不出现用户操作失败或者访问超时等用户体验不好的情况。在通常情况下，可用性与分布式数据冗余、负载均衡等有着很大的关联。

（3）分区容错性。分区容错性是指分布式系统在遇到某节点或网络分区故障的时候，仍然能够对外提供满足一致性和可用性的服务。分区容错性和扩展性紧密相关。在分布式应用中，可能因为一些分布式的原因导致系统无法正常运转。好的分区容错性要求能够使应用虽然是一个分布式系统，但看上去却好像是一个可以运转正常的整体。比如现在的分布式系统中有某一个或者几个机器宕掉了，其他剩下的机器还能够正常运转满足系统需求，或者是机器之间有网络异常，将分布式系统分隔成未独立的几个部分，各个部分还能维持分布式系统的运作，这样就具有好的分区容错性。

非关系型数据库一般用于需要高性能并发访问、数据库表格式不定的场景，因此非常适合于多源异构水文气象数据融合的数据平台，其具有以下的优点：

1）扩展性强。NoSQL 数据库去掉了关系型数据库的关系型特性，多采用键值对的形式来存储和检索数据，数据之间没有耦合性，因此非常容易扩展。此外，其分布式的架构也能够通过添加新节点的方式对系统的规模进行扩展，操作灵活。

2）读写性能高。NoSQL 数据普遍具有非常高的读写性能，尤其在数据量较大的情况下，读写性能表现更加突出。这得益于它的无关系性以及数据库的结构简单。此外，由于去掉了 SQL 语言的复杂多表联合查询等操作，使得 NoSQL 数据检索更为简单高效。

3）数据模型灵活。NoSQL 无需事先建立待存储数据的字段，随时可以存储自定义的数据格式。而在关系型数据库里，增删字段操作甚为烦琐。同时，NoSQL 支持各种形式的数据存储，包括文档、图片、视频等。

4）可用度高。NoSQL 在不太影响性能的情况下，就可以方便地实现可用度较高的架构。比如 Cassandra、HBase 模型，此外还可以通过复制模型实现高可用性。

NoSQL 由于上述特性，在现代的海量数据存储领域得到了广泛使用。但是，由于其为了追求效率，不能完全满足对事务处理和一致性的需要，同时不能提供对 SQL 语言一类标准的完全支持，因此尚且无法完全代替关系型数据库。

目前的水文行业是以关系型数据库为主，NoSQL 数据库还没有大规模投入使用，但是随着数据量的迅速增加以及对预报的精度和实时性要求越来越高，NoSQL 数据库将会得到大范围的应用。将来 NoSQL 会与关系型数据库结合使用。

2.2.3 数据存储系统应用

所有的数据经过数据汇集后，作为原始数据持久化地存储于大数据平台中，包括了结构化的数据和非结构化的数据。此外，经过数据分析、萃取后的数据，也会存储于大数据平台的数据仓库中。

2.2.3.1 结构化数据

1. 数据库分类

结构化数据存储由三部分组成：逻辑结构、物理结构和实例。其中，实例是维系物理结构和逻辑结构的核心。结构化数据库主要包括基础信息库、业务信息库、成果信息库等。

（1）基础信息库主要存储各类基本信息，如流域、水资源分区、水功能区、河流、测站、水库、水闸、堤防、行政区划、行政单位、人员信息等基础静态信息。

（2）业务信息库主要存储防汛业务信息、水资源业务信息、泥沙调度业务信息、水生态业务信息等由业务产生的相关数据。

（3）成果信息库主要存储预报成果信息、调度成果信息、模拟成果信息等各类成果相关数据信息。

结构化数据通常都依据相应的标准进行规范化的存储，具体的分类见表2.2。

表 2.2　　　　　　　　　　　　　　数 据 库 类 型 与 说 明

数 据 库 类 型	数 据 库 说 明
基础信息数据库	《水利对象基础信息数据库表结构与标识符》
	《基础水文数据库表结构及标识符》（SL 324—2005）
监测主题数据库	《实时雨水情数据库表结构与标识符》（SL 323—2011）
	水资源《监测数据库表结构及标识符》（SZY 302—2013）
	《水质自动监测数据表》（SL 325—2005）
	《实时工情数据库表结构及标识符》（SL 577—2013）
	《基础数据库表结构及标识符》（SZY 301—2013）
	《业务数据库表结构及标示符》（SZY 303—2014）
预报调度主题数据库	预报中间成果数据库
	调度成果数据库
	预报调度方案数据库
气象主题数据库	气象信息数据库
评价主题数据库	山洪灾害数据库表结构
	预报调度成果评价数据库
案例库	历史灾害数据分析数据库

2. 数据库表结构分类

数据库表结构和主要字段按照主题类分类如下：

（1）监视与评价数据库。监视与评价数据库主要存储调度目标节点、调度对象节点、监控断面的基本信息视频实时监测信息，告预警阈值及告预警信息。监测与评价系统主要数据库表及数据内容见表2.3。

（2）泥沙数据库。泥沙数据库主要存储调度目标节点、调度对象节点河床边界（断面地形）基本信息，以及水位、流量、含沙量、泥沙冲淤量信息。其中，针对调度对象节点和目标节点主要存储其基础信息、水沙信息、泥沙冲淤信息等。泥沙数据库主要数据库表及数据内容见表2.4。

（3）水生态数据库。水生态数据库主要存储水生态基础信息，包括鱼类基础生物学信息、栖息地基础信息、产卵场生境要素信息、鱼类自然繁殖信息、与繁殖相关的水文信息等，水生态调度子系统数据库表结构见表2.5。

表 2.3　　　　　　　　　　　监视与评价系统主要数据库表及数据内容

分类	序号	表　名	主　要　字　段
对象基本信息表	1	断面对象基本信息表	名称、代码、对象类型、所属省级行政区划代码、所属三级流域水系代码、所属二级水资源分区代码、经度、纬度
	2	断面测站表	名称、是否为自动站
	3	断面测站关系表	断面编码、关联测站
	4	断面业务类型关系表	断面编码、业务类型
	6	视频监控基本信息表	名称、站点代码、对象类型、所属省级行政区划代码、所属三级流域水系代码、所属二级水资源分区代码、经度、纬度、建设主体、项目来源、接入状态、在线状态、河流水系、是否为干流断面
	7	视频监控点业务类型关系表	视频监控点、业务类型
	8	视频监控频道信息	频道信息、关联视频监控点
调度评价结果相关表	9	调度评价结果	事件名称、评价时间、业务类型、评价项目、评价指标、评价指标值、评价结果等级
	10	调度评价标准	评价指标名称、评价项目类型、标准上限、标准下限
告警处理相关表	11	告警指标表	告警类型、告警级别、指标类型、指标值、阈值上限、阈值下限、阈值生效开始月、阈值生效开始日、阈值生效结束月、阈值生效结束日、告警关联测站信息
	12	告警成果表	告警类型、告警级别、预警数据时间、原始监测数据采集时间、是否历史数据标识
	13	告警成果指标表	预警成果关联信息、指标类型、指标值、告警级别阈值上限、告警级别阈值下限、告警指标关联信息
	14	告警处置记录表	告警成果关联信息、处置人、处置时间、处置方式、处置单位、处置对象管理单位、处置对象联系人、结果反馈、反馈时间
	15	处置条文信息表	所属三级流域水系、业务类型、预警级别、处置条文、预警类型

表 2.4　　　　　　　　　　　泥沙数据库主要数据库表及数据内容

分类	序号	表　名	主　要　字　段
对象基本信息表	1	干支流进口边界信息表	干支流名称、节点编号、顺序、时间、流量、含沙量
	2	出口边界表	出口边界名称、节点编号、顺序、时间、水位、流量
	3	河床边界表	河床边界（断面地形）名称、断面数、断面起点距、高程、断面节点数、断面间距
模拟计算结果数据表	4	坝前水位及出库水沙过程计算结果表	水库坝前水位及出库水沙过程计算结果名称、顺序、时间、流量、含沙量、库水位
	5	库区冲淤计算结果表	水库库区冲淤计算结果名称、泥沙输移量、泥沙冲淤量、泥沙冲淤分布、深泓点高程
	6	坝下游河道冲淤计算结果表	坝下游河道冲淤计算结果名称、泥沙输移量、泥沙冲淤量、泥沙冲淤分布、深泓点高程

表 2.5　　　　　　　　　　　　水生态调度数据库表及数据内容

分类	序号	表　名	主　要　字　段
水生态 基础信息	1	鱼类基础生物学信息	种类、保护地位、经济价值、繁殖生物学、分布范围、栖息水层、亲流特性等
	2	栖息地基础信息	所属河段、地形地貌、河床底质、植被覆盖、分布物种等
	3	产卵场要素信息	区域分布、流速、水深、底质、泥沙、水温、溶解氧、pH、地形等
	4	鱼类自然繁殖信息	繁殖时段、采样频次、采样时间、鱼卵数量、发育期、网具网口面积、流速、水温等
	5	水文信息	繁殖季节逐日水位、逐日流量、逐日流速、含沙量、断面水温等

（4）综合调度数据库。综合调度数据库主要通过直接存储、视图存储等方式存储断面基础信息、实况监视信息、预测预报信息、调度效益评估信息、调度对象基础信息、调度目标基础信息、历史洪水信息、调度方案和调度令信息、会商辅助信息等，其数据库表及数据内容见表 2.6。

表 2.6　　　　　　　　　　　综合调度主要数据库表及数据内容

分类	序号	表　名	主　要　字　段
控制目标 基础信息	1	引调水工程信息表	引调水工程编码、引调水工程名称、经度、纬度、河流水系编码、设计引水流量、设计年引水量、设计灌溉面积、输水干线总长度、输水干线上的水闸数量、输水干线上的泵站数量
	2	泵站信息表	泵站编码、泵站名称、经度、纬度、河流水系编码、泵站类型、装机流量、设计排水流量、设计装机总容量、所在水库工程编码、所在引调水工程编码
	3	涵闸信息表	涵闸编码、涵闸名称、经度、纬度、河流水系编码、涵闸类型、设计闸上水位、设计闸下水位、设计过闸流量、设计防洪标准、设计防洪闸上水位、设计防洪闸下水位、设计防洪过闸流量、校核洪水标准、校核闸上水位、校核闸下水位、校核过闸流量、所在水库工程编码、所在引调水工程编码
	4	蓄滞洪区信息表	蓄滞洪区编码、蓄滞洪区名称、经度、纬度、河流水系编码、蓄滞洪区总面积、设计行（蓄）洪面积、蓄滞（行）洪区圩堤长度、设计行（蓄）洪水位、设计蓄洪量、设计行洪流量
调度目标 基础信息	5	保护对象基础信息表	保护对象编码、保护对象位置、对象类型、业务类型
	6	防洪保护对象标准表	保护对象编码、防洪标准
	7	水量保护对象标准表	保护对象编码、取水量标准、下泄流量标准
	8	泥沙保护对象标准表	保护对象编码、泥沙淤积量标准
	9	水生态保护对象标准表	保护对象编码、保护对象类别、保护标准
	10	生态水量保护对象标准表	保护对象编码、生态保护对象类别、水量标准
	11	控制断面与保护对象关系表	控制断面编码、关联保护对象
历史洪水 信息	12	典型洪水事件信息表	事件编码、测站编码、洪水资料来源、洪峰出现时间、产流系数、瞬时洪峰流量、最大 2h 平均流量、最大 3h 平均流量、最大 6h 平均流量、最大 12h 平均流量、最大 24h 平均流量、30d 洪量、15d 洪量、7d 洪量、5d 洪量、3d 洪量、降雨总量、降雨开始时间、降雨结束时间、降雨历时、洪水历时、平均雨强、调度方案编码、调度令编码

分类	序号	表 名	主 要 字 段
调度方案信息	13	调度方案信息表	调度方案编码、调度原则、方案编制时间、调度方案审批单位、调度方案编制单位、调度方案审批时间、工程编码、是否启用、水位约束上限、水位约束下限、流量约束上限、流量约束下限、控制泄量上限、控制泄量下限、关联工程编码
	14	调度令信息表	调度令编码、下达时间、下达对象、调度工程、出库流量、日均流量
会商辅助信息	15	会商信息表	会商主题、会商日期、会商地点、创建者、会商成员、会议级别、视频状态、音频状态、网络状态、开始时间、结束时间
	16	会商人员信息表	姓名、性别、年龄、工作单位、职务、职称、联系方式、通信地址
	17	会商资料信息表	资料名称、存储位置、文件类型、播放程序位置、创建时间

结构化数据一般存储于关系型数据库当中，如 MySQL、Oracle、SQL Server 等。为了保证数据的高性能读取，也有针对性地开发了专项数据库。如针对实时河道数据、雨量数据等时序类数据，有专门的时序型数据库，包括 InfluxDB、OpenTSDB 等，这类数据库使用 LSM tree 专门对时间序列进行了优化。

2.2.3.2 非结构化数据

非结构化数据存储采用 Hadoop 分布式文件系统（Hadoop Districbuted File System，HDFS），HDFS 被设计成适合运行在通用硬件上的分布式文件存储系统。它和其他的分布式文件系统的区别是，HDFS 是一个高度容错性的系统，能提供高吞吐量的数据访问，非常适合大规模数据集上的应用，同时 HDFS 放宽了一部分 POSIX 约束，来实现流式读取文件系统数据的目的。具体的数据存储方式详见 2.3.1.3 节。

非结构化数据库主要包括文档信息库、多媒体信息库、舆情信息库等。

（1）文档信息库主要存储各类办公文件、调度规则、调度指令、政策法规等文件类信息。

（2）多媒体信息库主要存储各类图片信息、视频信息、音频信息等信息。

（3）舆情信息主要存储通过爬虫软件抓取的各类网络信息、社交媒体信息等。

非结构化数据库表见表 2.7。

表 2.7　　　　　　　　　　　非 结 构 化 数 据 库 表

数据库类型	数据库说明
专家知识库	调度成果库
	调度规则库
	知识图谱
社会经济主题数据库	社会经济数据库表结构设计
地理空间主题数据库	数字地图空间数据库标准
多媒体信息主题数据库	《多媒体数据库表结构及标识符》（SZY 305—2013）
文档资料主题数据库	文档资料数据库

2.3　海量异构数据处理

2.3.1　数据处理方式

大数据，指无法在一定时间范围内用常规软件工具进行捕捉、管理和处理的数据集合，需要新处理模式才能使其具有更强决策力、洞察发现力和流程优化能力的海量、高增长率和多样化的信息资产。大数据具有 5V 的特点，即 Volume（大量）、Velocity（高速）、Variety（多样）、Value（低价值密度）、Veracity（真实性）。如 2.2 节所描述的，水文气象信息符合大数据的特点。

大数据的处理流程一般分为数据采集、数据清洗及预处理、数据存储、数据分析和数据展现。各步骤不一定按照顺序运行，而是有机地融合为一个整体，具体的处理流程见图 2.2。

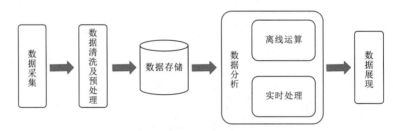

图 2.2　大数据处理流程

2.3.1.1　数据采集

数据采集包括从各类传感器收集到水文、水环境、气象等各类实况数据、图片和视频卫星影像，以及地形地貌信息、平面及高程控制信息、经济社会信息等各类相关信息。数据采集设备包括传感器、遥感卫星、摄像头、无人机等，涉及的文件类型包括模拟信息流、数字信息流、平面文本文件、图像文件、视频文件、流媒体等，具体的数据内容和数据传输格式详见 2.2 节。随着物联网技术的发展，终端设备的传输速率和采集频率也有了大幅提高，这都导致了数据量的增加，目前部分设备采用边缘计算等技术，对于单一设备采集的数据直接在终端进行处理，然后将处理后的信息进行传输，比如水位流量转换、面雨量计算等，以减少后台计算的压力或数据的传输量。

2.3.1.2　数据清洗及预处理

数据清洗及预处理主要包括异常数据检测、简单的异构数据格式处理、数据筛选和去重等工作。该步骤的主要工作是对不同来源收集到的数据进行整理，将相同实体的异构数据进行格式对齐。目的是消除存入数据中的歧义实体，保障数据在溯源时的唯一性，同时对于错误的数据进行筛查，强调数据的真实性。由于该步骤是在数据传输过程中完成的，如果对数据进行复杂操作，必然会影响数据的实时性和处理效率，所以在此进行的操作一般是对结构化的数据进行对齐，以保证存入数据库的一致性。随着计算机性能和并行计算等领域的技术发展，也有使用流处理技术的，在数据传输过程中就对数据进行深层次的处理和分类，具体的处理方法在 2.4 节中详细描述。非结构化的异常数据融合，涉及特征提取、自然语言处理、数据挖掘等内容，一般会采用"后处理"的方式，即数据存储到内存磁盘等介质后，在数据分析部分完成，利用旁路处理或者流处理的方式，对数据进行深加工，加工后的数据也存储到数据仓库等永久存储设备中。具体方法在 2.5 节中描述。

2.3.1.3 数据存储

数据存储是数据处理的关键功能，负责把收集到的数据记录到存储介质上，供数据分析等应用进行处理。数据流反映了系统中流动的数据，表现出动态数据的特征，而数据存储反映系统中静止的数据，表现出静态数据的特征。在软件层面，通常使用数据库来对数据进行存储。数据库主要分为关系型数据库（RDBMS）和非关系型数据库（NoSQL）。通常，实时的水雨情信息，包括各类水文要素、水库运行数据、水环境等具有固定表结构的数据采用关系型数据库进行存储；一些非结构化或半结构化的数据，以及具有高并发请求，海量数据的分布式存储采用非关系型数据库，包括各类文档、年报报表、水文气象图片、视频、地理信息等。

2.3.1.4 数据分析

在将采集到的数据存入存储设备之后，就可以对数据进行分析处理。数据分析方法很多，主要分为实时在线处理和离线处理。主流的实时数据分析框架有 Apache Storm、Apache Kafka、Apache Spark Streaming、Apache Flink 等，离线处理框架有 Apache Hadoop、Apache Spark 等。详细的数据分析框架在 2.3.3、2.3.4 小节中描述。在水文气象数据的融合分析中，信息的融合、各类水雨情资料的分析处理、知识图谱的构建都在数据分析部分完成。具体的处理方法在 2.5 节中详细描述。

2.3.1.5 数据展现

数据展现部分包括数据可视化、信息检索展示及防汛会商等与用户交互功能。这部分主要是针对具体的业务，进行定制化的设计开发，将前面各步骤的数据处理结果直观地展现出来供决策使用。

2.3.2 数据处理框架

2.3.2.1 数据处理框架类别

数据处理大致可以分成两大类：联机事务处理（Online Transaction Processing，OLTP）、联机分析处理（OnLine Analytical Processing，OLAP）。OLTP 是传统的关系型数据库的主要应用，主要是基本的、日常的事务处理，例如水雨情监视查询。OLAP 是数据仓库系统的主要应用，支持复杂的分析操作，侧重决策支持，并且提供直观易懂的查询结果，比如数据融合、知识图谱等与数据仓库、智能计算有关的业务。

1. 联机事务处理

联机事务处理 OLTP，表示事务性非常高的系统，一般都是高可用的在线系统，以小的事务以及小的查询为主，评估其系统的时候，一般看其每秒执行的事务（transaction）以及 SQL 语句执行的数量。在这样的系统中，单个数据库每秒处理的事务往往超过几百个，或者是几千个，Select 语句的执行量每秒几千个甚至几万个。在水文气象领域，目前主流的数据库应用大都属于 OLTP 类。

由于存储在 OLTP 数据仓库上的信息通常对业务来说至关重要，所以往往需要付出巨大的努力来确保数据的原子性、一致性、隔离性和持久性（即 ACID）。根据这四个原则存储的数据会被标记为与 ACID 兼容，这就是关系数据库管理系统的优势所在。

OLTP 系统最容易出现瓶颈的地方就是 CPU 与磁盘子系统。

（1）CPU 出现瓶颈常表现在逻辑读总量与计算性函数上，逻辑读总量等于单个语句的逻辑读乘以执行次数，如果单个语句执行速度虽然很快，但是执行次数非常多，那么也可能会导致很大的逻辑读总量。设计的方法与优化的方法就是减少单个语句的逻辑读，或者是减少它们的执行次数。另外，一些计算型的函数，如自定义函数、decode 等的频繁使用，也会消耗大量的 CPU 时间，造成系统的负载升高。正确的设计方法或者优化方法，需要尽量避免计算过程，如保存计算结果到统计表就是一个好的方法。

（2）在 OLTP 环境中，磁盘子系统的承载能力一般取决于它的 IOPS 处理能力，因为在 OLTP 环境中，磁盘物理读一般都是 "db file sequential read"，也就是单块读，但是这个读的次数非常频繁。如果频繁到磁盘子系统都不能承载其 IOPS 的时候，就会出现大的性能问题。

OLTP 比较常用的设计与优化方式为 Cache 技术与 B - tree 索引技术，Cache 决定了很多语句不需要从磁盘子系统获得数据，所以 Web cache 与 data buffer 对 OLTP 系统是很重要的。另外，在索引使用方面，语句越简单越好，这样执行计划也稳定，而且一定要使用绑定变量，减少语句解析，尽量减少表关联，尽量减少分布式事务，基本不使用分区技术、MV 技术、并行技术及位图索引。因为并发量很高，因此批量更新时要分批快速提交，以避免阻塞的发生。

OLTP 系统是一个数据块变化非常频繁、SQL 语句提交非常频繁的系统。对于数据块来说，应尽可能让数据块保存在内存中。对于 SQL 来说，应尽可能使用变量绑定技术来达到 SQL 重用，以减少物理 I/O 和重复的 SQL 解析，从而可以极大地改善数据库的性能。

2. 联机分析处理

联机分析处理 OLAP 系统，有的时候也叫 DSS 决策支持系统，就是所说的数据仓库。OLAP 和商业智能（BI）紧密相关，BI 是一种专门的软件开发模式，用于交付业务分析应用程序。换句话说，BI 的目标是允许高层管理人员在没有 IT 人员参与的情况下查询和研究数据。在这样的系统中，语句的执行量不是考核标准，因为一条语句的执行时间可能会非常长，读取的数据也非常多。所以，在这样的系统中，考核的标准往往是磁盘子系统的吞吐量（带宽），如能达到多少 MB/s 的流量。

在 OLAP 系统中，常使用分区技术和并行技术。分区技术在 OLAP 系统中的重要性主要体现在数据库管理上，比如数据库加载可以通过分区交换的方式实现，备份可以通过备份分区表空间实现，删除数据可以通过分区进行删除。分区对性能的影响，就是可以使得一些大表的扫描变得很快（只扫描单个分区）；分区结合并行，也可以使得整个表的扫描变得很快。总之，分区主要的功能是管理上的方便性，它并不能绝对保证查询性能的提高，有时候分区会带来性能上的提高。

在设计上要特别注意，如在高可用的 OLTP 环境中，不要盲目地把 OLAP 的技术拿过来用。如分区技术，假设不是大范围地使用分区关键字，而采用其他的字段作为 where 条件，那么，如果是本地索引，将不得不扫描多个索引，而使性能变得更为低下；如果是全局索引，又失去分区的意义。并行技术也是如此，一般在完成大型任务时才使用，如在实际生活中，翻译一本书，可以先安排多个人，每个人翻译不同的章节，这样可以提高翻译速度。如果只是翻译一页书，也去分配不同的人翻译不同的行，再组合起来，就没必要了，因为在分配工作的时间里，一个人或许早就翻译完了。位图索引也是一样，如果用在 OLTP 环境中，很容易造成阻塞与死锁。但是在 OLAP 环境中，可能会因为其特有的特性，提高 OLAP 的查询速度。

对于 OLAP 系统，在内存上可优化的余地很小，增加 CPU 处理速度和磁盘 I/O 速度是最直接的提高数据库性能的方法，当然这也意味着系统成本的增加。比如要对几亿条或者几十亿条数据进行聚合处理，这种海量的数据，全部放在内存中操作是很难的，而且也没有必要，因为这些数据块很少重用，缓存起来也没有实际意义，而且还会造成物理 I/O 相当大。所以这种系统的瓶颈往往是磁盘 I/O 上面的。

对于 OLAP 系统，SQL 的优化非常重要，因为它的数据量很大，做全表扫描和索引在性能上来说差异是非常大的。

2.3.2.2　数据处理框架介绍

随着数据量的急速增加，对于海量数据的分析处理也显得越来越重要。针对数据分析处理，业界也提出了几种处理框架，来使数据的处理步骤标准化，提高开发人员的效率。如 2.3.3 小节所述，数据处理框架，分为联机事务处理和联机分析处理。在联机事务处理方面，对大数据的流处理是目前的主流，具体有 Storm、Flink、Kafka 等。在联机分析处理方面，主要以 Hadoop、Spark 为主。下面将详细描述几种主流的大数据处理框架。

1. Apache Hadoop

Hadoop 是一个由 Apache 基金会所开发的分布式系统基础架构。用户可以在不了解分布式底层细节的情况下，开发分布式程序，充分利用集群的威力进行高速运算和存储。Hadoop 实现了一个分布式文件系统 HDFS。HDFS 有高容错性的特点，并且设计用来部署在低廉的硬件上；而且它提供高吞吐量来访问应用程序的数据，适合那些有着超大数据集的应用程序。HDFS 放宽了 POSIX 的要求，可以以流的形式访问文件系统中的数据。

Hadoop 的框架最核心的设计就是：HDFS 和 MapReduce。HDFS 为海量的数据提供了存储，而 MapReduce 则为海量的数据提供了计算。Hadoop 以一种可靠、高效、可伸缩的方式进行数据处理，可以让用户轻松架构和使用的分布式计算平台，在 Hadoop 上开发和运行处理海量数据的应用程序。它主要有以下几个优点：

（1）高可靠性。Hadoop 按位存储和处理数据的能力值得人们信赖。

（2）高扩展性。Hadoop 是在可用的计算机集簇间分配数据并完成计算任务的，这些集簇可以方便地扩展到数以千计的节点中。

（3）高效性。Hadoop 能够在节点之间动态地移动数据，并保证各个节点的动态平衡，因此处理速度非常快。

（4）高容错性。Hadoop 能够自动保存数据的多个副本，并且能够自动将失败的任务重新分配。

（5）低成本。与一体机、商用数据仓库及类似 SAN 的存储网络等数据存储相比，hadoop 是开源的，项目的软件成本因此会大大降低，而且，即使是普通的计算机，也可以用来构建强大的集群，减少了硬件成本。

Hadoop 带有用 Java 语言编写的框架，因此运行在 Linux 生产平台上是非常理想的。Hadoop 上的应用程序也可以使用其他语言编写，如 Python、C++。

目前 Hadoop 已经不仅仅作为一种数据分析工具，而是作为一套分布式系统管理平台，其提供的通用资源管理工具 YARN，可以支持多种数据处理框架运行，比如 Spark。

2. Apache Spark

Apache Spark 是专为大规模数据处理而设计的快速通用的计算引擎。Spark 是加州大学伯克利分校的 AMP 实验室开源的类 Hadoop MapReduce 的通用并行框架，可用来构建大型的、低延迟的数据分析应用程序。Spark 拥有 MapReduce 所具有的优点，但不同于 MapReduce 的是，Job 中间输出结果可以保存在内存中，从而不再需要读写 HDFS，因此 Spark 能更好地适用于数据挖掘与机器学习等需要迭代的 MapReduce 的算法。Spark 启用了内存分布数据集，除了能够提供交互式查询外，它还可以优化迭代工作负载。

Spark 是一种与 Hadoop 相似的开源集群计算环境，但是两者之间还存在一些不同之处，Hadoop 的 MapRedcue 操作有 Map 和 Reduce 两个阶段，并通过 shuffle 将两个阶段连接起来的。但是套用 MapReduce 模型解决问题，不得不将问题分解为若干个有依赖关系的子问题，每个子问题对应一个 MapReduce 作业。Spark 可以将多个有依赖关系的作业转换为一个大的 MapReduce 作业。其核心思想是将 Map 和 Reduce 两个操作进一步拆分为多个元操作，这些元操作可以灵活组合，产生新的操作，并经过一些控制程序组装后形成一个大的作业。

Spark 是在 Scala 语言中实现的，它将 Scala 用作其应用程序框架。与 Hadoop 不同，Spark 和 Scala 能够紧密集成，其中的 Scala 可以像操作本地集合对象一样轻松地操作分布式数据集。

尽管创建 Spark 是为了支持分布式数据集上的迭代作业，但是实际上它是对 Hadoop 的补充，可以在 Hadoop 文件系统中并行运行，由此产生由两个生态系统的工具混合起来的环境。

3. Apache Storm

Storm 是一个开源的分布式实时计算系统，属于基于数据流的处理框架，利用 Storm 可以很容易做到可靠地处理大量的数据流。和之前介绍的 Hadoop 不同，Hadoop 是批量的处理数据，而 Strom 是直接实时的处理数据流。

Storm 有许多应用领域，包括实时分析、在线机器学习、信息流处理（例如，可以使用 Storm 处理新的数据和快速更新数据库）、连续性的计算（例如，使用 Storm 连续查询，然后将结果返回客户端，如将微博上的热门话题转发给用户）、分布式 RPC（远过程调用协议，通过网络从远程计算机程序上请求服务）、ETL（Extraction Transformation Loading，数据抽取、转换和加载）等。

Storm 的处理速度惊人，经测试，每个节点每秒可以处理 100 万个数据元组。Storm 可扩展且具有容错功能，很容易设置和操作。Storm 集成了队列和数据库技术，Storm 拓扑网络通过综合的方法，将数据流在每个数据平台间进行重新分配。

由于 Storm 规定了一套通信协议，所以可以使用各种编程语言在其架构上进行开发，默认支持 Clojure、Java、Ruby 和 Python。要增加对其他语言的支持，只需实现一个简单的 Storm 通信协议即可。

4. Apache Flink

Apache Flink 是一个同时支持分布式数据流处理和数据批处理的大数据处理系统。其特点是完全从流处理的角度出发进行设计，而将批处理看作是有边界的流处理特殊流处理来执行。Flink 可以表达和执行许多类别的数据处理应用程序，包括实时数据分析、连续数据管道、历史数据处理（批处理）和迭代算法（机器学习、图表分析等）。

Flink 同样是使用单纯流处理方法的典型系统，其计算框架与原理和 Apache Storm 比较相似。Flink 做了许多上层的优化，也提供了丰富的 API 供开发者更轻松地完成编程工作。

Flink 程序在执行后被映射到数据流，每个 Flink 数据流以一个或多个源（数据输入，例如消息队列或文件系统）开始，并以一个或多个接收器（数据输出，如消息队列、文件系统或数据库等）结束。Flink 可以对流执行任意数量的变换，这些流可以被编排为有向无环数据流图，允许应用程序分支和合并数据流。

2.3.3 数据处理系统应用

在数据处理上，系统将所有水文气象类产品，采用分布式服务器＋面向服务的集成方式，先将各类产品生成程序部署在多个服务器上，再集成为统一的服务，对外提供一个接口。当业务系统需要应用某类产品时，只需调用统一的服务接口，做到"一次生成，多次使用"。分布式服务器保证了产品生成的负载均衡，产品扩展或更新只会影响某个服务器，这提高了程序的可靠性。面向服务的集成方式将产品生成细节封装，对外提供了统一标准的接口，为各类业务系统提供便捷规范化的产品服务。

系统在数据处理上的流程图见图 2.3。处理流程可分为六层结构，其中第一层为调用水文气象产品的各类系统；第二层为负载均衡服务器，涉及负载均衡策略；第三层为静态资源服务器，涉及静态资源配置；第四层为水文气象产品处理服务器，涉及应用拆分及高可用性；第五层为水文气象产品处理日志数据库；第六层为水文气象产品日志统计分析程序；第五、第六层涉及日志服务。

1. 第一层

第一层为需要展示水文气象产品的各类业务系统，目前已投入使用的系统包括长江防汛预报调度系统、长江流域水库群信息共享平台、西南诸河水情信息共享系统、汉江水资源预报调度系统及金沙江中游预报调度系统五个。这五类系统面向的用户群体有所不同，同时单个系统的用户数量平均在 1000 个左右，当遇到业务系统使用高峰期时，单台服务器难以承受如此大的压力。

2. 第二层

第二层 Nginx 作为反向代理服务器，对第三层的多台 Tomcat 服务器实现负载均衡，将来自各类业务系统的用户请求转发给不同服务器。方法在 upstream 模块中定义了后端

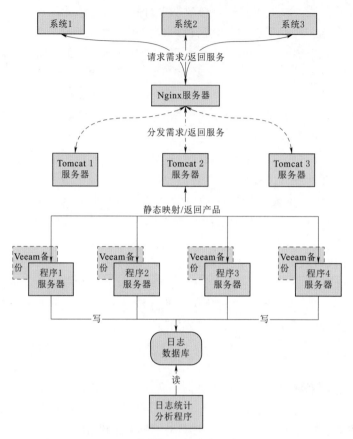

图 2.3 水文气象产品处理流程图

服务器列表，模块内的 server 即为服务器列表。

```
upstream HydMeteoProduct{
    server 10.6.1.10:2345;
    server 10.6.1.11:2345;
    server 10.6.1.12:2345;
}
```

本方法采用的负载均衡策略为轮询策略，分析原因为：①多台 Tomcat 服务器硬件配置相当；②水文气象产品为无状态服务，无须确保相同的客户端请求发送到同一台服务器；③水文气象产品在第四层已处理成直接可展示的成品，业务系统只需调用符合条件的产品进行展示，不会有复杂的计算操作，请求占用时间短。

3. 第三层

第三层为 Tomcat 服务器配置静态资源，把水文气象产品的实际路径映射成一个 web 工程，这些产品相当于在 web 路径下，用户即可访问。ECMWF 产品的静态资源映射配置信息如下：

```
<Context path="/moshichanpin"reloadable="false"docBase="Z:\Forecast"></Context>
```

4. 第四层

第四层为具体处理各类水文气象产品的服务器，涉及应用拆分及高可用性。

首先是对业务进行水平拆分，根据各类产品的相关度、重要性和生成时间分类。例如，实况 1 小时和 6 小时都是对离散点数据的处理，处理成果都为矢量和图片，故这两类产品可以合并为一大类；又如，红外卫星云图及水汽云图处理的产品为每日的气象预报提供参考依据，重要性强，必须保证产品能按时准确地生成，故这两类产品也可合并为一大类；再如，ECMWF 和 NCEP 网格数据源到达时间及产品调用时间都极其同步，为保证程序的负载均衡，这两类产品应分为两大类。按上述分类规则处理后，现有 85 种产品共分为 4 大类。

其次是高可用性，水文气象类产品为每日预报的基础和依据，高可用性在此显得尤为重要。本方法先建立 VMware vSphere 集群，利用 VMware vSphere 的 HA 和 DRS 策略保证产品处理的连续性和成果数据的安全性，再将各大类产品处理程序部署在集群中。其中 HA 设置为启动主机和虚拟机监控，当监控到集群中有主机意外故障时，可自动在其他主机上启动故障主机之前承载的虚拟机，当监控到虚拟机故障时，对其进行重置防止处理程序故障和操作系统崩溃。DRS 采用全自动模式，由 DRS 确定在不同主机之间分发虚拟机的最佳方式，并自动将虚拟机迁移到最合适的主机上。采用全自动模式的原因为水文气象产品数据源到达时间不确定，采用即来即处理模式，处理时间不可控，若采用手动模式，管理员可能在一天内的任意时间收到 VMotion 建议，这块工作量的增加没有必要。

5. 第五层

第五层为日志数据库，用来存储第四层中处理程序运行时的状态日志，供第六层日志统计分析程序调用。因产品种类多，且多个程序都在处理不同类产品，本方法对日志作了标准化的规范，主要有以下 3 种处理方式：

（1）为了方便第六层程序的统计分析，第四层多个程序的日志格式统一，以数据库表的形式写入，表包含流域名称、产品类型、产品起止时间、处理结束时间、状态及错误类型，涵盖了所有水文气象产品处理过程中包含的信息。CON_CPJS 表结构见图 2.4。

（2）日志根据处理状态分为三个等级：成功、失败和正在处理，对应数据库表中状态列 CSTATE，以便于第六层程序根据不同状态进行统计分析。

| CERROR | varchar(10) | ☑ |

图 2.4 CON_CPJS 表结构图

（3）为了快速查找定位过滤某一类日志记录，在数据库表的设计中应用了染色功能，表中前四个字段可以唯一确定某类产品中具体日期对应的成果，错误类型字段可以记录当产品生成失败时错误的原因。第四层的程序根据不同类别产品在处理时可能出现的错误进行了分类，当程序处理出现错误时，将具体错误对应的编号写入日志记录表中，再根据错误编号内容对应表即可了解具体错误类型。如图 2.5、图 2.6 所示，第四层程序在生成雅砻江水系短期预报图时失败，根据 CON_CPJS 表中 CERROR 字段的内容 "ERR16-1"，结合错误编号内容对应表 CON_CWLX 可以了解到生成失败的原因是短期预报数据未入库，快速定位问题。

| 1 | 雅砻江水系 | YDQM | 2019年03月15日08时_03月21日08时-03月22日08时 | 0 | 2019-03-15 09:32:22.000 | ERR16-1 |

图 2.5　日志记录表

6. 第六层

第六层为日志统计分析程序，该程序为自动化统计分析程序，可按不同时间类型为用户提供产品处理状态分析图表，包括各类产品的处理成功率、失败率统计、失败原因分布等。根据统计分析结果，可总结错误原因，进一步优化程序。

| 23 | ERR19 | 导出图片出错！ |

图 2.6　错误编号内容对应表

为了避免长期运行后，日志记录表中记录条数过多，统计分析程序增加了回滚功能：当表中记录条数达到指定值时，程序根据用户需求将符合条件的记录转移到日志记录备份表 CON＿CPJS＿BAK 中。用户需求包括根据流域名称、产品类型、产品起止时间、处理结束时间、状态及错误类型进行转移，如用户可通过设置处理结束时间为 2019 年 1 月 1 日将 2019 年以前的所有记录转移到备份表中。

2.4　海量异构数据共享

2.4.1　概述

受工作体制、管理机制及安全性和保密性等多方面因素影响，各个水库部门的水雨情信息无法直接与全国水利专网互相联通，导致信息无法及时共享，形成信息孤岛。此外，各个水库部门各自都有独立的水文信息系统以及自主制定的数据存储规范，数据格式、存储数据的内容和方式都有所不同，阻碍了信息的交互与共享。如果由各部门和数据中心建立各自的数据交换通道进行数据共享，则会导致重复建设、数据冗余、数据来源混乱等问题。本节描述了针对实时水雨情数据的信息共享、融合以及交换的方法，以结构化数据为主，这部分实时数据是目前实时预报、洪水调度所需的最基础的支撑数据。由于在水文部门内部，已有基于标准水雨情库表结构的数据交互机制，这里主要探讨对于各水库机构等非水文部门的异构化实时数据的数据融合和交互。非机构化的数据在 2.5 节中描述。

针对这种多源异构的跨系统数据共享场景，国内外普遍采用基于 Web Service 的二次开发，这种方法通过在各个数据中心现有的信息系统平台上，构建一个 Web Service 平台，处理数据的接收和发送请求，完成信息的交换共享。这种方式需要对现有的数据平台进行重构开发来完成数据的交互。由于需要针对不同的数据结构、业务流程和安全要求进行有针对性的开发，可复用程度较低，不适用于跨公司跨部门数据交互共享。此外，通过企业总线（Enterprise Service Bus，ESB）和消息队列（Message Queue，MQ）等技术来实现数据的分发交换也是现在比较流行的数据共享方式。企业总线是一种面向服务的消息中间件，利用消息队列等方式，把所有的数据传输到管道内进行统一的管理与分发。这种方式一般适用于单位内部的异构业务系统间的数据共享，不适用于广域网环境下的多源数据的信息整合。

据此，下面在分析水库群数据交换共享需求的基础上，描述适用于多源异构环境下的水文信息系统间的数据交互共享方案，并介绍水库群信息共享平台，该平台已经在长江流域水库部门和相关管理单位进行了部署和实际应用。

2.4.2 数据共享技术方案

2.4.2.1 需求分析

1. 共享数据类型

为了满足水库群联合调度的需要，必须获取水库的实时运行情况，包括水文状况、发电状况、闸门启闭状况等实时数据信息，以及发电计划、调度计划等文档类信息。

对于实时数据信息，具体包括水库水情（库水位、出入库流量/发电流量、蓄水量、坝下游水位、日平均出入库流量），水库实时运行、预报、调度信息（闸门启闭、调度计划、预报成果等）等信息，获取的来源为数据库，由于这类数据时效性要求较高，需要进行同步的转发。同时，这类数据由于原来存储在各个水库部门的信息系统内，数据存储的格式和方式不完全相同，需要制定统一的数据规范，满足对多种场景的数据交换需求。

对于文档类信息，由于时效性要求略低，可以采用异步方式进行数据的交互。这类数据的格式多样化，不仅仅是数据信息，所以不能通过数据流的方式进行数据的共享。

2. 共享数据范围

所有的信息需要在时效范围内，及时传递到有关管理部门。同时，为了满足水库部门自身的需求，信息也需要在各个水库部门间进行共享，数据要求实时传输到各个水库部门的信息系统内，完成与原有信息系统的对接。

3. 网络环境

各相关管理部门和水库部门间通过水利骨干网互相连接，内部数据共享交换可以直接到达目标。各个水库部门间和水库与管理部门间的网络由于所属机构不同并且地域分布较广，每个机构都有自己的内部网络，实现信息交换需采用公用网络传输数据，而且共享的信息可能涉及企业的敏感信息，数据会存储于安全核心保护区内，外部机构无法通过广域网直接访问。

2.4.2.2 总体架构

为了实现跨地域、跨网络环境的多源异构水文信息数据交换共享，数据共享平台采用去中心化的分布式架构部署（图2.7），在各个机构内部署一个数据转存服务器，实现内外网之间的数据共享以及防火墙的穿透，机构内的数据共享都通过该服务器完成。各个水库部门间的数据通过数据转存服务器实现端到端的数据分发，从而完成了数据内网到广域网上的数据共享。同时，由于只增加了单一的数据服务节点，保证了数据的可控性，也提高了系统的可维护性，方便部署。

水库部门的信息通过数据转发服务器发送到流域数据中心，流域数据中心负责信息的管理分发以及共享，同时也是水利专网与广域网数据交换的中间节点。水库部门除了共享部门内部的数据到流域数据中心外，也可以通过流域数据中心获取水文部门的信息，纳入自己的内部信息系统中，包括各省和流域内的水文数据。在流域数据中心内提供了数据信

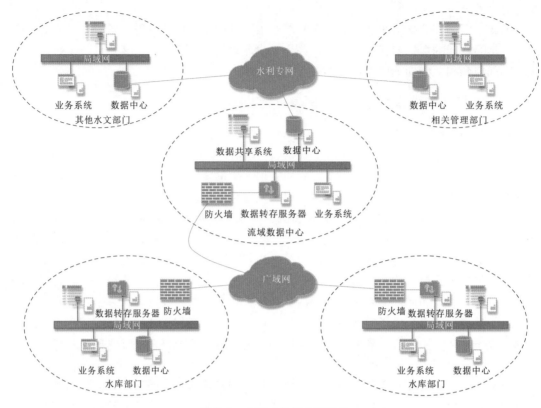

图 2.7　分布式数据共享架构

息展示平台，也可以直接进行查询检索。

水文部门的信息通过水利专网进行数据共享。流域数据中心在收到水库部门的信息后，也会通过水利专网共享水库的相关信息，同时各个水文部门也通过流域数据中心将流域水文信息共享到广域中的水库部门。

2.4.2.3　处理流程

信息共享平台实现了对各个水库部门异构数据的收集、管理以及共享，形成统一的数据仓库，满足信息共享与分析的需要。从水库部门的视角分析，数据传输共享由两个部分组成，即水库部门的数据对外共享，以及其他水文信息转入水库内网，具体流程（图2.8）如下：

（1）在水库部门内部，通过遥测、网络等方法收集到的信息，存入水库部门内部的数据中心，通过数据转换中间件进行数据的格式转换，以符合统一的数据传输规范要求。

（2）通过数据转存服务器内的交换系统进行信息发送，如果信息的发送对象是水库部门，则直接把转换后的信息传送到其他水库部门的数据转存服务器。如果信息发送的对象是流域调度中心，则把整理规范化后的数据从水库部门的内网传输到流域调度中心进行存储。

（3）数据在流域调度中心实现数据共享、存储和分析，共享的数据通过水利专网传入其他相关的部门，同时也可以直接在流域调度中心查询。

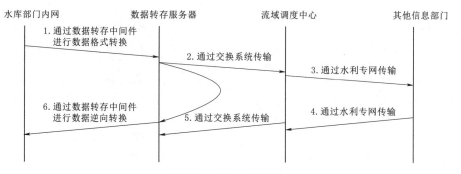

图 2.8　数据交换流程

（4）考虑到水库部门的需要，还需把流域内的其他水文数据转到水库部门，信息首先是由各个信息管理单位汇集到流域调度中心。

（5）流域调度中心把水库部门需要的信息通过数据交换系统发送到水库部门的数据转存服务器上。

（6）数据转存中间件把数据转存服务器中的数据，通过逆向处理，转换为各个水库部门需要的数据格式规范，供水库部门内部系统使用。

2.4.2.4　数据共享

数据信息的类型如前文所述包含了两种：实时数据及文档。

（1）实时数据信息采用数据转存服务器内的交换系统进行数据共享。数据在经过数据转存服务器转换后，形成了符合《实时雨水情数据库表结构与标识符》（SL 323—2011）的格式化信息。该标准规定了实时水情（如出入库流量、蓄水量、坝上下游水位、遥测雨量站雨量等）、统计数据（如日、旬、月、年出入库流量等）及水库基本信息（水库和电站基本设计值，基本曲线：库容曲线，下游水位流量关系曲线，NQH 曲线或耗水率曲线等）。交换系统实现了对基本信息、实时信息、预报信息、统计信息四类数据的实时交换功能。交换系统的四类数据及系统界面见图 2.9 和图 2.10，数据共享方式见图 2.11。

（2）文档类数据由于格式复杂类型多样，不适合转化为数据流进行实时的数据传输共享，此外，这些信息通常没有很高的实时性要求，因此采用了 Web Service 方式，通过提供文档的上传、下载以及查询接口，实现文档类型的数据共享。若水库部门需要共享文档，可以通过网络接口发送请求到流域调度中心的信息共享平台进行文档的上传。在信息共享平台中，使用 Web 方式提供文档的查看与下载，各部门可以在自己的权限范围内进行搜索下载，也可以通过下载接口进行定制化的批量下载。

2.4.2.5　转存服务器

在数据处理方面，鉴于各个水库（梯级）调度中心节点是不同厂商、不同时期建设完成的，其遥测数据均存储于各个厂商自己建立的遥测数据库中，存储机制及格式并不统一，并且业务系统、安全环境等方面各不相同。为了实现信息的统一管理和共享，在各个水库节点设立数据转存服务器。如图 2.13 所示，在数据转存服务器中，利用数据转存中间件对水库部门接收到的信息进行处理，把异构数据处理成符合《实时雨水情数据库表结构与标识符》（SL 323—2011）的数据，存入信息交换数据库，然后由信息交换系统发送

☐基本类表	☐实时类表		☑预报类表	☑统计类表
☑测站基本属性表	☑降水量表	☐堰闸（泵）站时段值表	☑水情预报成果注释表	☑日降水量均值表
☐测站报送任务表	☑降雪表	☑河道水情多日均值表	☑水情预报成果表	☑旬月降水量系列表
☐库（湖）站关系表	☑冰雹表	☑水库水情多日均值表	☑高度预报成果表	☑旬月降水量均值表
☐堰闸站关系表	☑日蒸发量表	☐堰闸（泵）水情多日均值表	☑潮位预报成果表	☑水位流量多年日平均统计表
☑河道站防洪指标表	☑河道水情表	☐潮汐水情多日均值表	☑天文潮预报成果表	☑水位流量旬月均值系列表
☑库（湖）站防洪指标表	☑水库水情表	☐气温水温多日均值表	☑含沙量预报表	☑水位流量多年旬月平均统计表
☑库（湖）站汛限水位表	☑堰闸水情表	☐地下水情多日均值表	☑冰情预报表	☑水位流量旬月极值系列表
☐土壤墒情特征值表	☐闸门启闭情况表	☑蒸发量统计表		☑水位流量年极值系列表
☐洪水传播时间表	☑泵站水情表	☑降水量统计表		☑库（湖）蓄水量多年日平均统计表
☑水位流量关系曲线表	☑潮汐水情表	☐引排水量统计表		
☑库（湖）容曲线表	☐风浪信息表	☐输沙输水总量表		
☐洪水频率分析参数表	☑含沙量表	☐地下水开采量统计表		
☐洪水频率分析成果表	☑气温水温表	☑河道水情极值表		
☑大断面测验成果表	☐定性冰情表	☑水库水情极值表		
	☐定量冰情表	☑堰闸水情极值表		
	☐土壤墒情表	☐泵站水情极值表		
	☐地下水情表	☐潮汐水情极值表		
	☐地下水开采量表	☐气温水温极值表		
	☑暴雨加报表	☐地下水水情极值表		

图 2.9　交换系统的四类数据

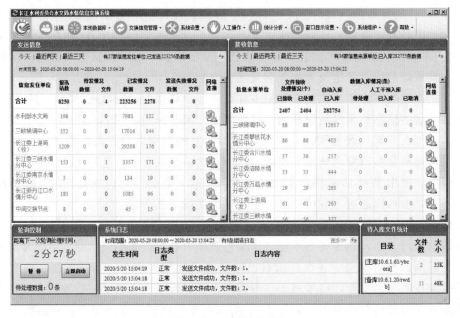

图 2.10　交换系统界面

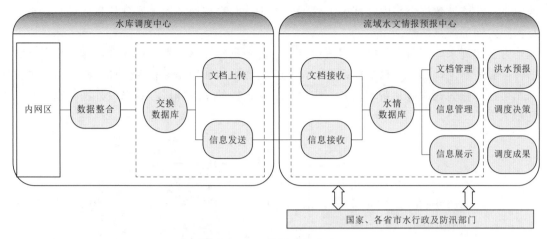

图 2.11　数据共享方式

到流域数据中心。同时，流域数据中心也通过交换系统把共享信息发送到数据转存服务器上的信息交换数据库，然后再通过数据转存中间件转存到水库部门的原始数据库，使得各水库原有应用系统能够调用接收到的共享数据。

数据转存采用数据转存中间件来完成，其核心为轮询模块和转换插件。转换插件负责数据格式的转换，由于各个水库部门的数据格式不统一，为了进行格式转换，采用定制不同插件的方式把异构的数据转换为标准数据。这保证了整个中间件的结构统一，若格式发生变化，只需要修改插件即可。同样，数据转存中间件把标准格式的数据流转为水库原始数据格式也是采用插件的方式工作。轮询模块负责定时查询数据库中是否有数据变化，若发现数据有更新，则实时调用相应的插件进行数据转换。数据转存方式见图 2.12。

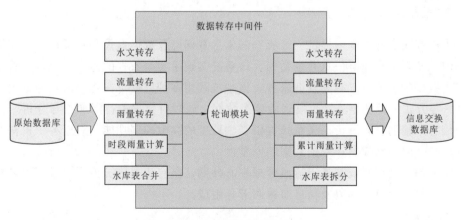

图 2.12　数据转存方式

2.4.2.6　部署方案

整个数据共享平台采用分布式的部署，在水库部门内部署数据转存服务器，各部门间可以直接通过数据转存服务器实现信息的交互。同时，所有共享信息也集中存放到流域数据中心。在流域数据中心内，部署了数据共享平台和数据服务器，实现信息的综合查询以及水利内网的信息共享。

为了实现水库部门内外网之间的信息共享，数据转存服务器需设立在广域网中。在数据转存服务器上，部署信息交换系统、信息交换数据库和数据转存中间件。对于水库内网则无须进行任何的改造和新增设备，实现了非侵入性的系统部署。数据内外网共享拓扑图见图 2.13。

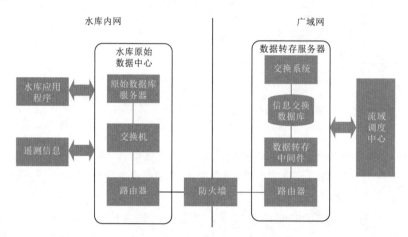

图 2.13　数据内外网共享拓扑图

在设立数据转存服务器时，与水库部门原有网络之间通过防火墙进行保护（图 2.13），控制外部网络的恶意访问，以保证各水库原有网络及应用系统的安全，实现数据传输的隔离。同时，实现了数据在内外网之间的穿透，使得信息在广域网上被各个相关机构共享。

2.4.3　数据共享技术应用

为了能够在全网范围内提供一个统一的信息查询以及数据监控和管理窗口，在流域数据中心内，开发了水库群信息共享系统。该系统实现了实时数据的监视、统计和管理，提供文档类数据的上传、下载和查询服务。该系统利用多种数据可视化手段，通过图、表和 GIS 地图等方式展现了全流域收集到的各类数据，同时对数据进行深加工与分析，提取有价值的信息来辅助决策分析。该系统提供了细粒度的权限控制功能，对于各个机构共享的数据进行分类的访问控制，保护数据的安全性。

水库群信息共享系统部署于流域数据中心外网，所有相关成员单位通过用户名密码进行访问，主要由信息查询以及信息监视两部分组成。

1. 信息查询

信息查询部分提供各类信息的查询和搜索，支持不同单位、不同站点的信息检索。展示的信息包括通过数据转存服务器获取的实时数据流信息，以及各个机构发布的各类文档信息，此外，也提供数据分析计算功能。信息查询部分主要包括四个功能模块（图 2.14），分述如下：

（1）实况监控主要是对各水文、水位、水库、雨量站的实时水雨情信息进行图表及地图展示。实况监视对应系统的首页，首页除了可通过地图查询到关注站的实时水雨情信息，还可通过左侧侧边栏查看超警戒、超保证、超历史、超汛限、蓄水期

图 2.14　信息查询功能模块

及消落期的站点预警信息，重要水库站最新的水库信息，降雨量较大的雨情信息，各水库部门的站点到报信息及用户收藏的站点最新的水雨情信息。信息查询功能界面见图 2.15，左侧侧边栏水库水情功能界面见图 2.16。

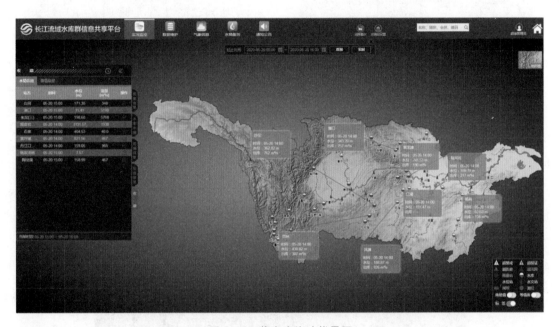

图 2.15　信息查询功能界面

（2）气象信息主要对雨量信息、模式预报、预报产品、卫星雷达、天气信息和水资源信息进行查询。其中雨量信息包括雨量图、分区面雨量、单站雨量、多站雨量、旬月雨量距平及历史面雨量；模式预报包括 ECMWF、T639、WRF、CFS、RegCM、NCEP 等；预报产品包括短中期降雨预报、延伸期降雨预报及长期预报；卫星雷达包括卫星云图、单站雷达、雷达拼图、遥感监测；天气信息主要是指中央气象台台风信息、天气图及每日天气提醒；水资源信息包括径流统计表、平均流量统计表和水库蓄量统计表。气象信息中雨量信息的分区面雨量功能界面见图 2.17。

（3）水情服务主要对通用报表、水雨情报表、水情简报、简报生成及超汛管理进行查询。通用报表是指按特定模板计算并生成报表。水雨情报表包括水情公报、主要水库水情表、水情简报表、河道站超警信息、重要站水情表、水库水情表、重要站当日水情、长江水利委员会属站水情、重要站与前一日水情对比表、当日水情与历史特征值对比、各区月雨量统计表、主要站水位流量统计表、重要站历史同期最高对比、主要水库蓄水量变化

表、年特征值距平表及重要水库特征值监测。水情简报包括水雨情综述、水情公报、汛期简报、长江流域水情综合分析、水资源分析预测、三峡水库水情综合分析及洪水预报。简报生成是指根据水情公报、综述等模板自动生成水情和雨情材料，简化重复的人力操作。超汛管理是指对水库的超汛、报汛情况进行查询统计。水情服务水雨情报表中的水情公报功能界面见图 2.18。

(4) 通知公告主要是指调度计划、公告信息、预报文档、调度令和分析材料的查看与下载及对应文档发布功能。文档查看与下载界面、文档发布界面见图 2.19 和图 2.20。

2. 信息监视

信息监视部分（图 2.21）主要对数据流信息进行实时的监视，包括数据的到报、漏报情况以及相关的时效性统计分析。可以实时查看全网的数据流，监控平台的运行情况。

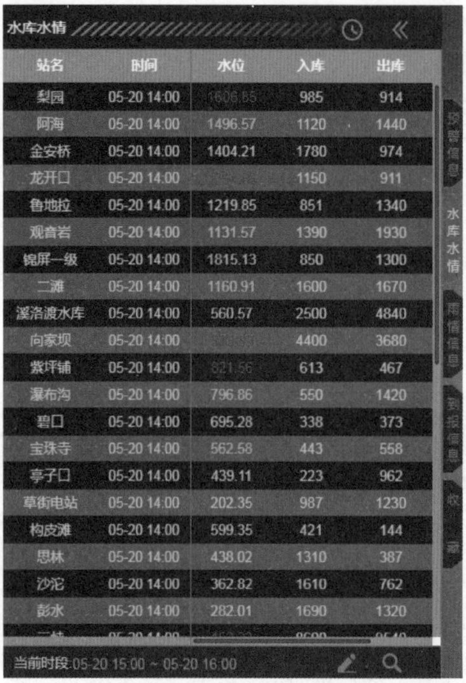

站名	时间	水位	入库	出库
梨园	05-20 14:00	1606.85	985	914
阿海	05-20 14:00	1496.57	1120	1440
金安桥	05-20 14:00	1404.21	1780	974
龙开口	05-20 14:00		1150	911
鲁地拉	05-20 14:00	1219.85	851	1340
观音岩	05-20 14:00	1131.57	1390	1930
锦屏一级	05-20 14:00	1815.13	850	1300
二滩	05-20 14:00	1160.91	1600	1670
溪洛渡水库	05-20 14:00	560.57	2500	4840
向家坝	05-20 14:00		4400	3680
紫坪铺	05-20 14:00	821.56	613	467
瀑布沟	05-20 14:00	796.86	550	1420
碧口	05-20 14:00	695.28	338	373
宝珠寺	05-20 14:00	562.58	443	558
亭子口	05-20 14:00	439.11	223	962
草街电站	05-20 14:00	202.35	987	1230
构皮滩	05-20 14:00	599.35	421	144
思林	05-20 14:00	438.02	1310	387
沙沱	05-20 14:00	362.82	1610	762
彭水	05-20 14:00	282.01	1690	1320

图 2.16 水库水情功能界面

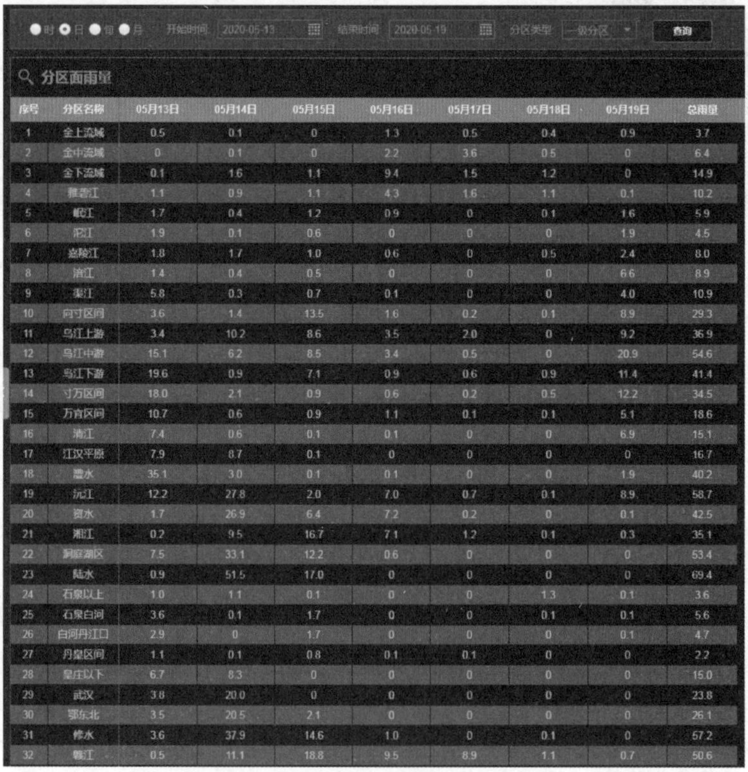

序号	分区名称	05月13日	05月14日	05月15日	05月16日	05月17日	05月18日	05月19日	总雨量
1	金上流域	0.5	0.1	0	1.3	0.5	0.4	0.9	3.7
2	金中流域	0	0.1	0	2.2	3.6	0.5	0	6.4
3	金下流域	0.1	1.6	1.1	9.4	1.5	1.2	0	14.9
4	雅砻江	1.1	0.9	1.1	4.3	1.6	1.1	0.1	10.2
5	岷江	1.7	0.4	1.2	0.9	0	0.1	1.6	5.9
6	沱江	1.9	0.1	0.6	0	0	0	1.9	4.5
7	嘉陵江	1.8	1.7	1.0	0.6	0	0.5	2.4	8.0
8	涪江	1.4	0.4	0.5	0	0	0	6.6	8.9
9	渠江	5.8	0.3	0.7	0.1	0	0	4.0	10.9
10	向寸区间	3.6	1.4	13.5	1.6	0.2	0.1	8.9	29.3
11	乌江上游	3.4	10.2	8.6	3.5	2.0	0	9.2	36.9
12	乌江中游	15.1	6.2	8.5	3.4	0.5	0	20.9	54.6
13	乌江下游	19.6	0.9	7.1	0.9	0.6	0.9	11.4	41.4
14	寸万区间	18.0	2.1	0.9	0.6	0.2	0.5	12.2	34.5
15	万宜区间	10.7	0.6	0.9	1.1	0.1	0.1	5.1	18.6
16	清江	7.4	0.6	0.1	0.1	0	0	6.9	15.1
17	江汉平原	7.9	8.7	0.1	0	0	0	0	16.7
18	澧水	35.1	3.0	0.1	0.1	0	0	1.9	40.2
19	沅江	12.2	27.8	2.0	7.0	0.7	0.1	8.9	58.7
20	资水	1.7	26.9	6.4	7.2	0.2	0	0.1	42.5
21	湘江	0.2	9.5	16.7	7.1	1.2	0.1	0.3	35.1
22	洞庭湖区	7.5	33.1	12.2	0.6	0	0	0	53.4
23	陆水	0.9	51.5	17.0	0	0	0	0	69.4
24	石泉以上	1.0	1.1	0.1	0	0	1.3	0.1	3.6
25	石泉白河	3.6	0.1	1.7	0	0	0.1	0.1	5.6
26	白河丹江口	2.9	0	1.7	0	0	0	0.1	4.7
27	丹皇区间	1.1	0.1	0.8	0.1	0.1	0	0	2.2
28	皇庄以下	6.7	8.3	0	0	0	0	0	15.0
29	武汉	3.8	20.0	0	0	0	0	0	23.8
30	鄂东北	3.5	20.5	2.1	0	0	0	0	26.1
31	修水	3.6	37.9	14.6	1.0	0	0.1	0	57.2
32	赣江	0.5	11.1	18.8	9.5	8.9	1.1	0.7	50.6

图 2.17 分区面雨量功能界面

序号	河名	站名	水位(m)	流量(m³/s)	水势	站号
				报表数据日期 2020-05-20 14:00	生成报表	
			水情公报(2020-05-20 14:00数据)			
1	敖水	温峡口	98.92	-	平	61919710
2	白河	新店铺(三)	75.09	37.9	平	62011800
3	北河	北河	84.65	9.99	涨	61909600
4	长江	寸滩	161.52	7080	落	60105400
5	长江	万县(二)	152.56	-	落	60106000
6	长江	三峡	152.22	8600	落	60106980
7	长江	宜昌	41.84	11500	落	60107300
8	长江	沙市	32.18	9910	落	60108300
9	长江	监利(二)	27.00	9520	落	60110500
10	长江	螺山	22.51	16000	落	60111300
11	长江	汉口	17.63	18800	落	60112200
12	东荆河	潜江	28.52	20.9	落	62213000
13	洞庭湖口	城陵矶(七里山)	23.66	6660	落	61512000
14	滚河	珠寺	78.78	0.38	平	62018710
15	汉江	安康	235.30	164	落	61801300
16	汉江	白河	171.37	345	平	61801700
17	汉江	龙王庙	159.05	-	落	61802500
18	汉江	丹江口水库	159.05	265	落	61802700
19	汉江	黄家港(二)	88.59	568	平	61802800
20	汉江	襄阳	64.74	-	平	61803400
21	汉江	宜城	50.35	-	平	61803500
22	汉江	皇庄	40.12	787	落	61804110
23	汉江	沙洋(三)	37.39	-	落	61804210
24	汉江	兴隆	29.66	925	落	61804250
25	汉江	泽口	29.31	-	落	61804300
26	汉江	岳口	27.42	-	平	61804400
27	汉江	仙桃(二)	24.08	836	落	61804600
28	汉江	汉川	19.59	-	落	61804700
29	蛮河	朱市	54.96	2.90	落	61918300
30	南河	开峰船	194.71	-	平	61910100
31	南河	谷城(二)	81.89	7.96	落	61910500
32	唐河	郭滩	77.00	0.14	平	62016400

图 2.18　水情公报功能界面

图 2.19　文档查看与下载

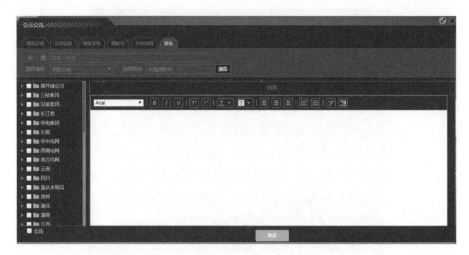

图 2.20　文档发布

图 2.21　数据监视平台

海量异构数据融合

　　大数据融合是一个多学科跨领域的研究问题。它的任务是将碎片化的数据相联系，从分散的数据集中，提取有用的知识信息，聚合整理成完善的知识资源，供各类分析使用。

　　数据融合针对结构化数据以及非结构化数据通常有不同的处理方式。结构化数据主要是指各类水雨情实时数据，其数据内容和格式都是事先指定的，其融合处理主要是进行真值识别和冲突解决。

　　非结构化数据主要涵盖三类富文本数据：①各类文本文件、比如调度计划、调度规程，预报文档等相关报告以及分析文档；②图片文件，包括卫星图片，遥感信息、地理信息、流域信息、气象预报图片等各类信息的实况和历史资料；③视频文件，包括各站点监控摄像头实时拍摄信息、施工现场视频以及水库监控视频等。

此前，这类信息虽然有进行收集整理，但是并没有在实时预报中使用，由于这类信息格式较为复杂，内容多变，无法做到像结构化数据一样直接带入模型中进行实时预报计算。但是，这类数据中往往附带有重要的决策信息，如果能够用来指导预报计算分析，将进一步提高预报调度的精确度。因此，这里提出一种数据萃合方法，通过采用数据挖掘的方法，提取各类非结构化的数据中的关键信息，进行数据去重后形成知识库，在进行实时预报时，以深度学习为基础，智能筛选出对于判断当前形势有用的信息，并形成直观的分析报告，供决策使用。

具体针对两种类型的数据萃合方法在 2.5.2 小节中详细描述，2.5.3 小节描述一个完整的数据萃合框架，尤其是难以处理的非结构化数据，2.5.4 小节对其中的关键技术进行详细的描述。

2.5.1　数据融合技术概述

结构化数据和非结构化数据有不同的处理分析方法。结构化数据的数据融合方法主要包括模式对齐与映射、冲突解决以及数据融合分析；非结构化数据的数据融合方法主要包括关键信息提取、信息识别与对齐、知识融合与歧义消除。

2.5.1.1　结构化数据

结构化数据主要是指有统一的数据结构、规范的数据格式的数据。例如实时水雨情数据、整编数据等，这类数据的处理由于格式比较统一，可以按照统一的模式进行数据融合。

1. 模式对齐与映射

由于数据源模式的异构性，所以首先需要解决模式对齐的问题，使相同的数据归一到统一的数据维度下，以提高融合的效率。模式对齐解决两个模式元素之间的一致性问题，主要是利用属性名称、类型和值的相似性，以及属性之间的邻接关系寻找源模式与中介模式的对应关系，包括利用数据的表名、字段名等条件来约束不同表的同类数据。这里面需要大量的人工操作，虽然现在有一些通过演化模型、概率模型和语义匹配等方法来自动完成模式对齐，但是效果往往不是特别理想。

模式映射是在完成了同源数据的认定后，使相同的数据映射到同一空间或相同的坐标系内的操作。比如针对水位数据，由于测量设备使用的高程不同，使得即使在相同位置测量的数据也无法进行比对，因此必须针对同一要素的数据进行数据映射，统一到相同的空间下才能够完成后续的数据融合操作。针对测量数据，主要是使用地理信息以及对比观测等手段，对各类数据进行换算。针对实际序列数据，主要是利用时间对齐以及各类插值算法来实现数据的映射。

2. 冲突解决

冲突是指模式、标识符或数据中存在不一致的现象。模式冲突由数据源的模式异构引起，一般在模式对齐过程中解决，标识冲突主要是指异名同义现象，数据冲突主要是指同一属性具有多个不同值，后两种冲突是这一步骤中关注的重点。具体来说，冲突解决主要是解决不同来源的数据在描述同一类对象时数据不一致的问题。针对水文气象数据，由于数据来源复杂，各种来源的数据质量参差不齐，会造成无法对数据进行准确的评估，这就被称为数据冲突。

冲突解决一般采用识别函数来完成，包括真值发现、真实性评估和演化建模等步骤。真值发现也称事实甄别，即从所有冲突的值中甄别正确的值（真值），真值可以不止一个，但多个真值间语义上相同，语义消除已经在模式对齐与映射中完成，所以这里处理的真值只有一个。真实性评估一般根据值的置信度、值的贝叶斯后验概率等推理得到真实性结果。演化模型主要针对时间序列，有的数据在一段时间内有一定的变化范围，重点是对演化行为的建模。

针对水文气象数据，利用认知计算等相关技术来完成对多维度数据真实性评估。采用时间衰减模型，捕获水文气象要素各实体属性值在时间跨度范围内改变的可能性，来对数据的演化行为进行建模。利用数据源模式的异构性，通过聚类算法找出各记录中的同源描述，综合河道比降等水文方法、函数拟合等数理方法以及基于非监督的数据关联分析算法，挖掘数据属性关联信息，实现对多元数据进行交叉印证，通过值的置信度以及贝叶斯后验概率来对数据的真实性进行评估，从而解决数据冲突问题。

在降雨量的冲突解决上，以全流域已有水文站、雨量站等测站为基础，利用 DEM 高程数据与近一小时、近一天、近三天、近十天降雨量等累计数据，计算全流域网格降雨量信息，并通过网格面雨量与实际测站降雨量对比分析，分析实际降雨可能存在误差的测站、误差等级、分析值，从而分析区域内当前时间所有测站降雨量的误差。通过透明的多元数据分析和使用拉普拉斯平滑样条函数算法进行插值。薄板样条函数可以被看作是一个概括的、标准的多元线性回归模型，并通过适当的平滑非参数函数代替，该参数与光滑程度、复杂程度成反比，拟合函数的确定一般是从数据中自动确定，在给定拟合曲面的预测误差后由广义交叉验证测量（GCV）。

3. 数据融合分析

在完成数据映射和冲突解决后，即可将多源异构数据融合到单一的存储设备中，完成数据融合。有时候，除了记录经过数据处理外，还需要与原始数据进行比对，因此还需要完成数据的聚类操作。从数据集中识别和聚合表示现实世界中同一实体的记录，即对相似度达到一定阈值的记录做聚类操作。相似性一般根据领域知识设定匹配规则度量，也可用机器学习训练分类器的方法实现，或利用编辑距离或欧氏距离计算。记录原始数据需要考虑到数据类型的不确定性，通常使用非关系型数据库。

2.5.1.2　非结构化数据

非结构化数据主要是指数据类型多样、格式无法统一的数据，包括地形地貌信息、平面及高程控制信息、社会经济信息以及视频影像、雷达图片等信息。针对这类文件的处理没有统一的模式，需要根据实际的需求来针对某一问题进行数据融合，下面给出了一些处理非结构化数据的基本方法，其数据融合的流程与结构化数据类似，但是数据的处理方式不同。

1. 关键信息提取

如果需要对非结构化数据进行自动融合分析，最主要的是提取各类文件中的关键词并对文件进行标记，即文件内容感知理解。考虑到文本以及文档信息多以中文作为使用语言，为了提取关键词，首先需要对文本进行分词，将大段的文本信息拆分成逻辑独立的词组；之后，利用文本挖掘方法，进行词频和关键词统计，提炼出文本的摘要信息；然后用特征学习，获取文本的特征。

2. 信息识别与对齐

信息识别与对齐，与结构化数据处理的模式对齐与映射类似，是将对相同实体进行描述的数据进行归一化处理，并将表示同一实体的实体表象聚类到一起，用来弥合文本异构性。本体对齐主要解决本体不一致问题，需要识别本体演化。文本的对齐与数据的对齐差别较大。本体对齐主要通过数据挖掘和关联分析的方法来完成，即运用关键信息提取的结果。本体的演化过程用图论方法表示，采用一致性约束跟踪本体的全局演化过程实现可溯源。为了加快本体对齐的速度和提高对齐质量，通常会根据本体的相似性、使用频率等构建对齐模板，比如为频繁错配的本体建立对齐模板，采用多重相似度度量与本体树结合实现多策略的本体匹配。

3. 知识融合与歧义消除

知识融合与歧义消除主要是从文本中消除实体歧义，完成真值识别并实现知识聚类的过程。真值识别通常是在知识融合的过程中同时完成的，将识别出的信息，根据不同的类别构建知识链，从而完成知识关联。这种关联分为可链接和不可链接两种：不可链接是指知识库中不存在对应实体的情况，这时应当作为新的知识节点加入；可链接关系的核心是在知识库中寻找最优匹配实体，通过产生候选对象并对其排序得到。候选链接的产生可以通过图论的方法或借助语义知识、概率模型获得。在同一条知识链中的信息是对同一类型实体的描述，歧义数据也存在于这条知识链上。歧义的消除通过设定阈值的方法判定，通过计算一条知识链中数据相似度的高低来决定数据的真实性。共指识别则是要将多个项关联到同一正确的实体对象。共指识别问题可以看作分类问题，也可以看作聚类问题，一般以句法分析为基础，结合词法分析和语义分析完成。

知识融合的下一个阶段是知识推理，目前主要集中在从已有的实体关系中推断实体间的新关系或者实体的新属性，在用户进行搜索或者有新的信息加入知识库时，可以自动地进行分析和归类，给出相关的信息。通常采用基于命题的一阶谓词逻辑推理简单关系，采用基于对象的描述逻辑推理复杂关系。除了基于逻辑的推理外，还有基于图的推理，经典的方法如基于神经网络、张量的方法和基于路径排序的方法等。

2.5.2 数据融合技术介绍

2.5.2.1 中文分词

中文分词是中文自然语言处理的基础。在语言语义学上，词是最小的能够独立运用的语言单位，即单独做句法成分或单独起语法作用。在中文中，单个汉字是构成语句的基础，但是单个汉字是无法单独做句法成分或单独起语法作用的。国际上常用的自然语言处理算法、深层次的语法语义分析通常都以词作为基本单位。在英文中，单词是表示意思的基础，其天然地有空格予以分隔，不需要人为处理。为了能够让中文的自然语言处理任务正常运行，必须添加一个预处理的过程来把连续的汉字分隔成更具有语言语义学上意义的词。这个过程就叫作分词。

在语言语义学上，词有着相对清晰的定义，对于计算机处理自然语言来说，分词很多时候没有固定标准。由于分词本身更多时候是作为一个预处理的过程，判断其质量的好坏需要结合具体的应用来进行。比如在语音识别中，语言模型的创建通常需要经过分词，从识别效果来看，越长的词往往准确率越高（声学模型区分度更高）。但是在文本挖掘中，很多时候短词的效果会更好。因此在进行处理的时候，需要结合特定的专业来进行分析处理。

目前主流的分词方法可分为三大类：基于字符串匹配的分词方法、基于理解的分词方法和基于统计的分词方法。

1. 基于字符串匹配的分词方法

基于字符串匹配的分词方法又称机械分词方法，它是按照一定的策略将待分析的汉字串与一个"充分大的"机器词典中的词条进行匹配，若在词典中找到某个字符串，则匹配成功（识别出一个词）。

按照扫描方向的不同，字符串匹配分词方法可以分为正向匹配和逆向匹配；按照不同长度优先匹配的情况，可以分为最大（最长）匹配和最小（最短）匹配；按照是否与词性标注过程相结合，可以分为单纯分词方法和分词与词性标注相结合的一体化方法。常用的字符串匹配方法有以下几种：正向最大匹配法（从左到右的方向）；逆向最大匹配法（从右到左的方向）；最小切分（每一句中切出的词数最小）；双向最大匹配（进行从左到右、从右到左两次扫描）。

这类算法的优点是速度快，时间复杂度可以保持在 $O(n)$，即在线性的时间内完成，实现简单，效果尚可，但对歧义和未登录词处理效果不佳。

2. 基于理解的分词方法

基于理解的分词方法是通过让计算机模拟人对句子的理解，达到识别词的效果。其基本思想就是在分词的同时进行句法、语义分析，利用句法信息和语义信息来处理歧义现象。它通常包括三个部分：分词子系统、句法语义子系统、总控部分。在总控部分的协调下，分词子系统可以获得有关词、句子等的句法和语义信息来对分词歧义进行判断，即它模拟了人对句子的理解过程。这种分词方法需要使用大量的语言知识和信息。由于汉语语言知识的笼统性、复杂性，难以将各种语言信息组织成机器可直接读取的形式，因此目前基于理解的分词系统还处在试验阶段。

3. 基于统计的分词方法

基于统计的分词方法是在给定大量已经分词的文本的前提下，利用统计机器学习模型学习词语切分的规律（称为训练），从而实现对未知文本的切分。例如最大概率分词方法和最大熵分词方法等。随着大规模语料库的建立，统计机器学习方法的研究和发展，基于统计的中文分词方法渐渐成了主流方法。

主要的统计模型有 N 元文法模型（N - gram）、隐马尔可夫模型（Hidden Markov Model，HMM）、最大熵模型（ME）、条件随机场模型（Conditional Random Fields，CRF）等。

在实际应用中，基于统计的分词系统都需要使用分词词典来进行字符串匹配分词，同时使用统计方法识别一些新词，即将字符串频率统计和字符串匹配结合起来，既发挥匹配分词切分速度快、效率高的特点，又利用了无词典分词结合上下文识别生词、自动消除歧义的优点。

2.5.2.2 文档特征分析

通过前文的分析方法，已经将文本信息拆分成了单独的关键词，但是，如何使用计算机对这些关键词分析，还需要完成一个建模的过程，将词表示成计算机能够处理的数据结构。词的分布式表示主要由三种不同的建模方法：基于矩阵的分布表示、基于聚类的分布表示和基于神经网络的分布表示。尽管这些不同的分布表示方法使用了不同的技术手段获取词表示，但由于这些方法均基于分布假说，它们的核心思想也都由两部分组成：①选择一种方式描述上下文；②选择一种模型刻画某个词（称为"目标词"）与其上下文之间的关系。

基于矩阵的分布表示通常又称为分布语义模型，在这种表示下，矩阵中的一行，就成了对应词的表示，这种表示描述了该词的上下文的分布。由于分布假说认为上下文相似的词其语义也相似，因此在这种表示下，两个词的语义相似度可以直接转化为两个向量的空间距离。

常见到的 Global Vector 模型（GloVe 模型）是一种对"词—词"矩阵进行分解从而得到词表示的方法，属于基于矩阵的分布表示。

基于神经网络的分布表示一般称为词向量、词嵌入（word embedding）或分布式表示（distributed representation）。

神经网络词向量表示技术通过神经网络技术对上下文及上下文与目标词之间的关系进行建模。由于神经网络较为灵活，这类方法的最大优势在于可以表示复杂的上下文。在前面基于矩阵的分布表示方法中，最常用的上下文是词。如果使用包含词序信息的语言模型（n-gram）作为上下文，当词的数量增加时，n-gram 的总数会呈指数级增长，此时会遇到维数灾难问题。而神经网络在表示 n-gram 时，可以通过一些组合方式对多个词进行组合，参数个数仅以线性速度增长。有了这一优势，神经网络模型可以对更复杂的上下文进行建模，在词向量中包含更丰富的语义信息。

词嵌入的训练方法大致可以分为两类：一类是无监督或弱监督的预训练；一类是端对端（end to end）的有监督训练。无监督或弱监督的预训练以 word2vec 和 auto-encoder 为代表。这一类模型的特点是，不需要大量的人工标记样本就可以得到质量还不错的嵌入向量。

端对端的有监督模型在最近几年里越来越受到人们的关注。与无监督模型相比，端对端模型在结构上往往更加复杂。同时，也因为有着明确的任务导向，端对端模型学习到的 embedding 向量也往往更加准确。例如，通过一个嵌入层和若干个卷积层连接而成的深度神经网络以实现对句子的情感分类，可以学习到语义更丰富的词向量表达。

目前最常用的神经网络模型为 word2vec，它可以将所有的词向量化，这样词与词之间就可以定量的去度量他们之间的关系，挖掘词之间的联系。word2vec 主要包含两个模型 CBOW（Continuous Bag-of-Word Model）和 Skip-gram。

CBOW 又称连续词袋模型，是一个三层神经网络（图 2.22），该模型的特点是输入已

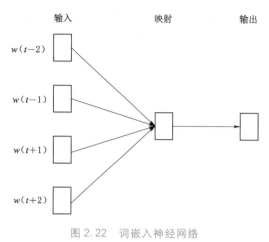

图 2.22 词嵌入神经网络

知上下文，输出对当前单词的预测。

其学习目标是最大化对数似然函数：

$$L = \sum_{\omega \in c} \lg p[\omega | \text{Context}(*)] \quad (2.1)$$

式中：ω 表示语料库 C 中任意一个词。

输入的是 one-hot 向量，第一层是一个全连接层，没有激活函数，输出层是一个 softmax 层，输出一个概率分布，表示词典中每个词出现的概率。

这里并不关心输出的内容，训练完成后第一个全连接层的参数就是 word embedding，其结果可以直接作为后续的神经网络学习算法的输入。

Skip-gram 逆转了 CBOW 的因果关系而已，即已知当前词语，预测上下文。

2.5.2.3 关键词提取

在分词完成后，可以利用分词的结果来进行关键词提取，作为文件的摘要或主题，便于在搜索、关联性分析、推荐的时候使用。文本的关键词一般根据权重进行排序，权重的计算决定了算法的质量。下面介绍几种主流的关键词提取的算法。

1. TextRank 算法

TextRank 算法是基于谷歌公司的网页排名算法 PageRank 修改而来。PageRank 算法以该公司创办人拉里·佩奇（Larry Page）之姓来命名。Google 用它来体现网页的相关性和重要性，在搜索引擎优化操作中是经常被用来评估网页优化的成效因素之一。PageRank 通过互联网中的超链接关系来确定一个网页的排名，其公式是通过一种投票的思想来设计的：如果要计算网页 A 的 PageRank 值（以下简称 PR 值），那么需要知道有哪些网页链接到网页 A，也就是要首先得到网页 A 的入链，然后通过入链给网页 A 的投票来计算网页 A 的 PR 值。这样设计可以保证达到这样一个效果：当某些高质量的网页指向网页 A 的时候，那么网页 A 的 PR 值会因为这些高质量的投票而变大，而网页 A 被较少网页指向或被一些 PR 值较低的网页指向的时候，A 的 PR 值也不会很大，这样可以合理地反映一个网页的质量水平。那么根据以上思想，佩奇设计了下面的公式：

$$S(V_i) = (1-d) + D \times \sum_{j \in \text{In}(V_i)} \frac{1}{|\text{Out}(V_j)|} S(V_j) \quad (2.2)$$

式中：V_i 表示某个网页；V_j 表示链接到 V_i 的网页（即 V_i 的入链）；$S(V_i)$ 表示网页 V_i 的 PR 值；$\text{In}(V_i)$ 表示网页 V_i 的所有入链的集合；$\text{Out}(V_j)$ 表示网页；d 表示阻尼系数，是用来克服这个公式中"$d*$"后面部分的固有缺陷的：如果仅仅有求和的部分，那么该公式将无法处理没有入链的网页的 PR 值，因为这时，根据该公式这些网页的 PR 值为 0，但实际情况却不是这样，所有加入了一个阻尼系数来确保每个网页都有一个大于 0 的 PR 值，根据实验的结果，在 0.85 的阻尼系数下，大约 100 多次迭代 PR 值就能收敛到一个稳定的值，而当阻尼系数接近 1 时，需要的迭代次数会陡然增加很多，且排序不稳定。公式中 $S(V_j)$ 前面的分数指的是 V_j 所有出链指向的网页应该平分 V_j 的 PR 值，这样才算是把自己的票分给了自己链接到的网页。

TextRank 是由 PageRank 改进而来，其公式有颇多相似之处，这里给出 TextRank 的公式：

$$WS(V_i) = (1-d) + D \times \sum_{V_j \in \text{In}(V_i)} \frac{w_{ji}}{\sum_{V_k \in \text{Out}(V_j)} w_{jk}} WS(V_j) \tag{2.3}$$

可以看出，该公式仅仅比 PageRank 多了一个权重项 W_{ji}，用来表示两个节点之间的边连接有不同的重要程度。TextRank 用于关键词提取的算法如下：

（1）把给定的文本 T 按照完整句子进行分割。

（2）对于每个句子，进行分词和词性标注处理，并过滤掉停用词，只保留指定词性的单词，如名词、动词、形容词，即其中 T_{ij} 是保留后的候选关键词。

（3）构建候选关键词图 G＝(V，E)，其中 V 为节点集，由（2）生成的候选关键词组成，然后采用共现关系（co‐occurrence）构造任两点之间的边，两个节点之间存在边仅当它们对应的词汇在长度为 K 的窗口中共现，K 表示窗口大小，即最多共现 K 个单词。

（4）根据上述公式，迭代传播各节点的权重，直至收敛。

（5）对节点权重进行倒序排序，从而得到最重要的 T 个单词，作为候选关键词。

（6）由（5）得到最重要的 T 个单词，在原始文本中进行标记，若形成相邻词组，则组合成多词关键词。

提取关键词短语的方法基于关键词提取，可以简单地认为：如果提取出的若干关键词在文本中相邻，那么构成一个被提取的关键短语。

TextRank 生成摘要的方法是将文本中的每个句子分别看作一个节点，如果两个句子有相似性，那么认为这两个句子对应的节点之间存在一条无向有权边。其主要步骤如下：

（1）预处理。将输入的文本或文本集的内容分割成句子得 $T = [S_1, S_2, S_3, \cdots, S_m]$，构建图 G＝(V，E)，其中 V 为句子集，对句子进行分词、去除停止词，得 $S_i = [t_{i,1}, t_{i,2}, t_{i,3}, \cdots, t_{i,m}]$，其中 $t_{i,j} \in S_j$ 是保留后的候选关键词。

（2）句子相似度计算。构建图 G 中的边集 E，基于句子间的内容覆盖率，给定两个句子，采用以下公式进行计算：

$$\text{Similarity}(S_i, S_j) = \frac{|\{w_k \mid w_k \in S_i \& w_k \in S_j\}|}{\lg(|S_i|) + \lg(|S_j|)} \tag{2.4}$$

式中：S_i、S_j 分别表示两个句子；w_k 表示句子中的词，那么分子部分的意思是同时出现在两个句子中的同一个词的个数，分母是对句子中词的个数求对数之和。分母这样设计可以遏制较长的句子在相似度计算上的优势。

（3）构建连接图。可以根据以上相似度公式循环计算任意两个节点之间的相似度，根据阈值去掉两个节点之间相似度较低的边连接，构建出节点连接图。

（4）抽取文摘。计算 TextRank 值，最后对所有 TextRank 值排序，选出 TextRank 值最高的几个节点对应的句子作为候选摘要。

（5）形成文摘。根据字数或句子数要求，从候选文摘句中抽取句子组成文摘。

文摘作为文档的关键信息，在分类、聚类中作为文本的输入使用，也是智能搜索的重要条件。

2. TF - IDF 算法

TF - IDF 即词频-逆文档频率（Term Frequency - Inverse Document Frequency）的缩写。它由两部分组成：TF 和 IDF。

TF - IDF 算法是建立在这样一个假设之上的：对区别文档最有意义的词语应该是那些在文档中出现频率高而在整个文档集合的其他文档中出现频率小的词语，所以如果特征空间坐标系取 TF 词频作为测度，就可以体现同类文本的特点。另外，考虑到单词区别不同类别的能力，TF - IDF 算法认为一个单词出现的文本频数越小，它区别不同类别文本的能力就越大。因此引入了逆文本频度 IDF 的概念，以 TF 和 IDF 的乘积作为特征空间坐标系的取值测度，并用它完成对权值 TF 的调整，调整权值的目的在于突出重要单词，抑制次要单词。

TF 也就是词频，表示关键词 w 在文档 D_i 中出现的频率：

$$\mathrm{TF}_{w,D_i} = \frac{\mathrm{count}(n)}{|D_i|} \tag{2.5}$$

式中：count(w) 为关键词 w 的出现次数，$|D_i|$ 为文档 D_i 中所有词的数量。

逆文档频率（Inverse Document Frequency，IDF）反映关键词的普遍程度，当一个词越普遍（即有大量文档包含这个词）时，其 IDF 值越低；反之，则 IDF 值越高。IDF 就是来帮助反应这个词的重要性的，进而修正仅用词频表示的词特征值。概括地来讲，IDF 反映了一个词在所有文本中出现的频率，如果一个词在很多的文本中出现，那么它的 IDF 值应该低。IDF 定义如下：

$$\mathrm{IDF}_w = \log \frac{N}{\sum_{i=1}^{N} I(w,D_i)} \tag{2.6}$$

式中：N 为所有的文档总数；I（w，D_i）表示文档 D_i 是否包含关键词，若包含则为 1，若不包含则为 0。若词 w 在所有文档中均未出现，则 IDF 公式中的分母为 0。比如某一个生僻词在语料库中没有，这样分母会为 0，IDF 没有意义了。所以常用的 IDF 需要做一些平滑，使语料库中没有出现的词也可以得到一个合适的 IDF 值。平滑的方法有很多种，最常见的 IDF 平滑后的公式之一为

$$\mathrm{IDF}_w = \log \frac{N}{1 + \sum_{i=1}^{N} I(w,D_i)} \tag{2.7}$$

有了 IDF 的定义，就可以计算某一个词的 TF - IDF 值了，关键词 w 在文档 D_i 的 TF - IDF 值为

$$\mathrm{TF-IDF}_{w,D_i} = \mathrm{TF}_{w,D_i} \times \mathrm{IDF}_w \tag{2.8}$$

从上述定义可以看出：当一个词在文档频率越高并且新鲜度高（即普遍度低），其 TF - IDF 值越高；TF - IDF 兼顾词频与新鲜度，过滤一些常见词，保留能提供更多信息的重要词。

3. 文档主题模型（LDA）

LDA（隐含狄利克雷分布，Latent Dirichlet Allocation）是一种文档主题生成模型，

也称为一个三层贝叶斯概率模型，包含词、主题和文档三层结构。所谓生成模型，就是说，可以认为一篇文章的每个词都是通过"以一定概率选择了某个主题，并从这个主题中以一定概率选择某个词语"这样一个过程得到。文档到主题服从多项式分布，主题到词也是服从多项式分布。

LDA 的使用是上述文档生成的逆过程，它将根据一篇得到的文章，去寻找出这篇文章的主题，以及这些主题对应的词。由于主题分布和词分布都属于多项式分布，如果能估算出它们的参数，就能求得这些主题分布和词分布。LDA 的主要目的就是求出主题分布和词分布。该算法利用的狄利克雷分布（Dirichlet Distribution）是多项式分布的共轭先验概率分布的原理，通过计算后验概率，采用吉布斯采样（Gibbs Sampling）和变分推断 EM 算法来完成 LDA 的参数学习过程。

LDA 是一种非监督机器学习技术，可以用来识别大规模文档集（document collection）或语料库（corpus）中潜藏的主题信息。它采用了词袋（bag of words）的方法，这种方法将每一篇文档视为一个词频向量，从而将文本信息转化为了易于建模的数字信息。但是词袋方法没有考虑词与词之间的顺序，这简化了问题的复杂性，同时也为模型的改进提供了契机。每一篇文档代表了一些主题所构成的一个概率分布，而每一个主题又代表了很多单词所构成的一个概率分布。

由于 LDA 涉及的数据理论较为复杂，这里不展开说明。

2.5.2.4　全文搜索

在完成基于文本理解的信息加工之后，各类非结构化的数据都按照对应的标签和摘要进行了分类。视频、图片等信息根据文件名、文件的属性信息进行分类，文本信息则是根据文本内容提取摘要。为了能够利用这些已经处理好的信息，针对整个数据库的全文搜索是必不可少的，因此，需要构建一个基于水利行业知识库的搜索引擎，满足针对海量数据实时搜索以及关联搜索的需要。

目前，使用范围最广的大数据搜索引擎是 ElasticSearch。它是一个基于 Apache Lucene 的开源高扩展分布式全文检索引擎。通过简单的 RESTful API 来隐藏 Lucene 的复杂性，从而让全文搜索变得简单。ElasticSearch 可以实现分布式实时文件存储，并将每一个字段都编入索引，使其可以被搜索。同时具有高扩展性，可以扩展到上百台服务器，处理 PB 级别的结构化或非结构化数据。

1. 存储

ElasticSearch 是面向文档型数据库，一条数据在这里就是一个文档，用 JSON 作为文档序列化的格式。以下是汉口站一个水文要素的存储数据：

```
{
    "STCD" :    "60112200",
    "STNM" :    "汉口",
    "TM"   :    "2019-04-18 15:00",
    "Z"    :    18.00,
    "Q"    :    18600
}
```

与关系型数据库类似，ElasticSearch 也有数据库、表、行、列等结构。其中数据库在 ElasticSearch 中为索引（Index），行对应类型（Type），列对应文档（Document），文档有很多字段（Field）对应每一列。一个 ElasticSearch 集群可以包含多个索引（数据库），也就是说其中包含了很多类型。这些类型中包含了很多的文档，然后每个文档中又包含了很多的字段。ElasticSearch 的交互，可以使用 Java API，也可以直接使用 HTTP 的 Restful API 方式。

2. 索引

ElasticSearch 最主要的功能是搜索，因此索引技术是 ElasticSearch 的关键。为了提高搜索性能，ElasticSearch 在插入记录的时候，还会为这些字段建立一个倒排索引。

常规的关系型数据库使用的是 B 数作为索引的数据结构，二叉树查找效率是 logN，同时插入新的节点不必移动全部节点，所以用树型结构存储索引，能同时兼顾插入和查询的性能。因此在这个基础上，再结合磁盘的读取特性（顺序读/随机读），减少磁盘寻道次数，将多个值作为一个数组通过连续区间存放，一次寻道读取多个数据，同时也降低树的高度。

倒排索引（inverted index），也常被称为反向索引、置入档案或反向档案，是一种索引方法，被用来存储在全文搜索下某个单词在一个文档或者一组文档中的存储位置的映射。它是文档检索系统中最常用的数据结构。通过倒排索引，可以根据单词快速获取包含这个单词的文档列表。倒排索引主要由两部分组成：单词词典和倒排文件。

倒排索引有两种不同的反向索引形式：①一条记录的水平反向索引（或者反向档案索引）包含每个引用单词的文档的列表；②一个单词的水平反向索引（或者完全反向索引）又包含每个单词在一个文档中的位置。后者的形式提供了更多的兼容性（比如短语搜索），但是需要更多的时间和空间来创建。

现代搜索引擎的索引都是基于倒排索引。相比"签名文件""后缀树"等索引结构，"倒排索引"是实现单词到文档映射关系的最佳实现方式和最有效的索引结构。

ElasticSearch 为每一个字段都建立了一个倒排索引，通过记录所有单词在文件中位置，为快速的搜索提供了数据基础。

2.5.3　数据融合技术应用

数据融合处理按照业务需求分为不同的专题，为了实现复杂特征大数据的深度融合，首先要实现一个在业务范围内公认的知识体系结构。其中以语义形式保存着业务中涉及的客观实体，并记录实体的语义属性，同时能够被计算机所解析和理解。采用本体作为知识体系的载体，将水文水资源业务实体建立为本体中的概念，业务实体的具体类别以及指标或特征都保存为概念的属性。这里通过建设一个数据支撑服务来完成知识体系个构建，主要包括内部数据融合服务、外部数据融合服务两部分。

2.5.3.1　内部数据融合服务

1. 概述

内部数据融合服务，涉及整个流域内各部门分散的数据和非结构化数据。其中基础数据资源包括基础地理信息、河湖水系信息、水利工程信息（水库、水电站、水闸、泵站、引调水等）、其他业务信息（水资源分区、水文测站等）以及政策法规、标准规范和规章制度等载体信息；业务数据库主要包括水下地形、水文泥沙、基础水文数据库，水库部门数据库，水质数据库及水生态数据库等；非结构化数据包括文档信息库、多媒体信息库、舆情信息库等。

以本体知识结构为基础，对内部数据进行解析，利用实体抽取技术将数据与实体之间建立关联关系的映射结果，并将不确定的映射结果反馈，进行人工审核，审核通过后连同确定性结果形成水文水资源主题数据。按照实体类型以及实体将原始数据对应到主题和实体上，每个实体都包含其不同类型的属性，在融合过程中应记录原始数据的位置、需要进行的清洗处理以及对应的实体等信息，以便进行基于实体的大数据处理统计及分析。每个实体都包含空间和时间特性，并封装成 Web Service 服务，以保证支撑基于时空的大数据挖掘和综合分析。

2. 主题数据逻辑结构

内部数据融合主题数据服务逻辑组成（图 2.23）包括以下几个部分：

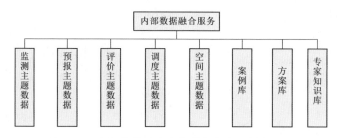

图 2.23　内部数据融合主题数据服务逻辑组成图

（1）监测主题数据。主要为基于时空分布的气象监测、水文监测、水资源监测、水环境监测、水生态监测和地形地貌监测等主题数据。

（2）预报主题数据。主要为基于时空分布的气象预报、水文预报、水资源预测、水环境预测、水生态预测等主题数据。

（3）评价主题数据。主要为基于时空分布的防洪影响评价、洪水风险评价、洪灾评估、水资源评价、水环境评价、水生态评价等主题数据。

（4）调度主题数据。主要为基于时空分布的防洪调度、水量调度、泥沙调度、水库群联合调度、水量水质联合调度、水生态调度等主题数据。

（5）空间主题数据。主要为基于时空分布的基础地理、水利一张图、遥感影像、航拍影像、数据正射影像等主题数据。

（6）案例库。主要为基于时空分布的各地发布的防汛抗旱简报、防汛抗旱应急响应和下发的调度令等非结构化数据及由此形成的结构化数据。

（7）方案库。主要为基于时空分布的控制性水库、引调水工程、涵闸、泵站、蓄滞洪区的洪水调度方案、应急调度方案和应急预案调度方案，以及城市防洪应急预案非结构化数据及由此形成的结构化数据。

（8）专家知识库。主要包括气象常识、水文水资源常识、水利常识、洪水保险常识、洪水资源化知识、水利工程抢险知识、水污染防治知识等。

2.5.3.2　外部数据融合服务

1. 概述

外部数据融合服务是在内部数据融合服务的基础上，融入大量的外部数据为水文水资源预报业务进行全方位的大数据分析，融合的外部数据主要包括维基百科、公众舆情和第三方发布的信息产品，如气象数值预报成果、社会经济状况的数据和遥感影像数据。外部数据经过清洗后，通过实体识别算法结合人工的方式与主题实体进行关联，加入到统一的大数据处理和分析过程中。

2. 主题数据逻辑结构

外部数据融合主题服务逻辑组成（图 2.24）包括以下几个部分：

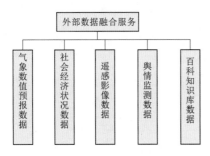

图 2.24　外部数据融合主题服务逻辑组成图

（1）气象数值预报数据。主要为基于时空分布的气象数值预报数据，包括欧洲、美国、日本等发布的数值天气预报成果。

（2）社会经济状况数据：主要为基于时空分布的区域社会经济状况的数据。

（3）遥感影像数据。主要为不同空间尺度、不同分辨率、不同时间范围的遥感或航拍影像数据。

（4）舆情监测数据。主要为互联网、社交媒体等社会公众舆情数据。

（5）百科知识库数据。主要为维基百科、行业知识等知识库数据。

2.5.3.3　水文水资源知识图谱

知识图谱是对融合数据的一种表现方式，利用前期汇集、分析、提取的关键信息，构建水文水资源知识图，实现知识推理、数据分析。知识图谱的构建主要由三部分组成：首先是提取水文水资源行业语义库；之后是对所有的数据进行内容分析；最后是构建知识图谱，完成数据推理。知识图谱构建完成后，可以用于基于推理的自然语言交互问答。

1. 行业语义库

行业语义库，是按照明确的目标而制作的具有行业和专业含义特征的词库。创建行业专属的术语名词、等价词、同义词来注入系统的用户字典，来辅助系统进行非结构化数据的认知理解。行业语义库是语义分析引擎运行的基础词库，具有检索、样本录入、管理等功能，可在此基础上进行优化和扩展，使用户能够保留人工控制能力的同时获得自动化带来的效率提升。在进行非结构化数据文本分析时，将使用字典中的定义来抽取文本以及对文本添加注释。在内容分析过程中，系统会自动检测某些词汇之间的关系。行业语义库主要包括语义库创建和语义分析引擎建设。其中语义库创建主要包括基础语义库、水利工程名录词库、测控站网名录词库、调度控制常用词令、防洪保护对象名录词库、防汛抗旱指挥机构词库。

水文水资源行业语义库功能结构组成（图 2.25）包括以下几部分：

（1）基础语义库。主要收录中文分词词库、网络新词词库、中文倾向性词条。可以定义单词或等价词汇的其他语法形式（如大小写、简写、缩略语等），添加不同表达形式或虚拟语气形式。

（2）水利工程名录词库。主要收录水文水资源预报业务涉及的水利工程信息，主要包括水库、水电站、水闸、泵站、引调水工程、蓄滞洪区、堤防等。

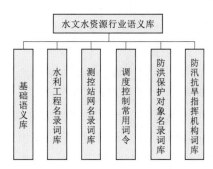

图 2.25 水文水资源行业语义库功能结构

（3）测控站网名录词库。主要收录水文水资源预报业务涉及的测控站网信息，主要包括气象监测站、气象雷达台站、水文遥测站、工情监测站、水资源监控站、水环境监测站等。

（4）调度控制常用词令。主要收录防洪调度、水量调度、泥沙调度和水环境水生态调度过程中的调度控制常用术语，诸如汛限水位、防洪高水位、预报调度、规则调度、应急调度等。

（5）防洪保护对象名录词库。主要收录水文水资源预报业务涉及的上下游、左右岸相关防洪保护对象信息，诸如跨河大桥、铁路、公路、政府机关单位等。

（6）防汛抗旱指挥机构词库。主要收录水文水资源预报业务涉及的沿途省、市、县防汛抗旱指挥部门名录信息。

2. 内容分析

内容分析包含两个层面的含义：第一个层面是文本分析，也叫自然语言处理；第二个层面是内容挖掘，即对文本分析的结构进行数据挖掘，比如进行关联分析或者趋势分析。通过内容分析实现对调度相关文件信息的数据挖掘及提取，实现非结构数据的分析应用。内容分析主要包括认知分析模型和认知分析引擎建设。其中认知分析模型包括文本分析、情感分析、相关分析和趋势分析等四类模型。

内容分析的功能结构（图 2.26）组成包括以下几部分：

（1）文本分析。主要为依据行业语义库和语义规则算法，对防汛抗旱简报、调度方案、应急预案和公众舆情等非结构化文档的浅层语义分析，包括最基础的中文分词、词性标注、句子主干提取，也包括在此基础上的语义库匹配、自动摘取、结构化提取、自动分类、自动聚类等。

（2）情感分析。主要在文本分析的基础上，对词性进行准确标注，自动对文本描述的情感对象进行识别，并提取出来。在存在多个情感对象的情况下，根据重要程度依次提出，并对文本内容自动进行正负面、乐悲观、好恶感等情感分析。

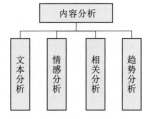

图 2.26 内容分析的功能结构

（3）相关分析。主要对文本分析的内容进行相关联数据挖掘分析，通过内容分析实现对综合调度相关文件信息的数据挖掘及提取，实现非结构数据的分析应用。比如防洪调度方案中控制性水利工程调度规则与防洪保护对象之间的相关关系。

（4）趋势分析。主要对文本分析的内容进行趋势性数据挖掘分析，通过内容分析实现对综合调度相关文件信息的数据挖掘及提取，实现非结构数据的分析应用。

3. 知识图谱

知识图谱的核心内容是表达现实世界中实体信息之间关联关系的知识结构。其构建需要用到语义技术，包括知识库、自然语言处理（NLP）、机器学习（ML）和数据挖掘等技术，从各种类型的数据源抽取构建知识图谱所需的各种候选实体（概念）及其属性关联，形成一个个孤立的抽取图谱（extraction graphs）。

本章主要构建调度相关关系图谱，为综合调度提供相关可视化关系应用，它用可视化技术描述知识资源及其载体，挖掘、分析、构建、绘制和显示知识及它们之间的相互联系，让用户能够更快更简单地发现调度相关信息以及其关系，并可以通过任何一个实体搜索获得其完整的知识体系。

知识图谱的功能结构（图 2.27）组成包括以下几部分：

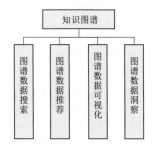

图 2.27 知识图谱的功能结构

（1）图谱数据搜索。基于知识图谱搜索引擎，可以检索知识库中与关键词匹配的信息内容。同时，具有自然语言搜索能力，搜索引擎能够理解用户输入的需求，并对此返回各种相关内容信息。

（2）图谱数据推荐。结合用户输入的搜索需求，搜索引擎可以结合语义理解，返回并推荐最优的信息内容。

（3）图谱数据可视化。构建调度相关知识图谱的过程包括节点（实体）分类系统搭建、边（实体关系）推理和图形化展示。为发现知识间的关系，更好地展示各单元，需要样本数据的进一步处理，即简化分析：因子分析、多维尺度分析、自组织映射图（SOM）、寻径网络图谱（PFNET）。此外，还有聚类分析（Cluster）、潜在语义分析（Latent Semantic Analysis）、三角法（Triangulation）、最小生成树法和特征向量法（Eigenvector）等。

（4）图谱数据洞察。从标准化后的知识图谱中发现数据洞察是一个由经验驱动的数据挖掘过程。通过调度相关知识图谱，洞察可以帮助领导和专家做出业务判断，并增强业务人员的参与度。在图形之上的聚合可以提供更多的洞察，其中有一些还可以形成反馈来进一步完善图谱。

4. 自然语言交互

通过非结构化数据分析引擎，直接为基于自然语言搜索的问题给出答案，而不是网页链接。这个答案同时附有一个可视化的逻辑图谱，最后还会有一些参考链接。

实现自然语言的查询包含以下内容：

（1）数据基础：文本语料库，比如行业相关的语义库。

（2）训练器：实现无监督的机器学习算法，输入行业语义库，进行反复训练。输出实体关系，比如缩略语、同义词、关联词等。

（3）自然语言查询器：实现实时自然语言处理（NLP）技术的查询工具，使用 PEAR 文件进行分词、词性标记等。

2.5.3.4　水文气象多源数据融合

通过水文气象数据汇集，海量的数据存储于大数据平台当中。以长江流域为例，包括了近 1 万个水文部门测站数据、近 2 万个气象部门测站数据、10 余部雷达基数据、高分辨率卫星资料、各类数值预报格点资料以及网上获取的大量非结构化数据，日数据量在10GB 以上。

水文气象数据融合的主要目标是对多源数据进行抽取、融合、处理，形成洪水预报计算所需要数字河流数据集、单元拓扑关系数据集、下垫面数据集等基础信息数据集以及标准网格化降水信息产品数据集、网格化水工程水情信息产品数据集。

目前，水文气象多源数据融合在水文水资源预报业务中有以下三个场景：

（1）实况降水信息多源融合。为提高洪水预报精度，需要利用卫星、雷达等多源降水信息对洪水预报方案涉及的地面监测站点（包括水文、气象部门）实况雨量数据进行质量控制和信息融合，并将多源融合后的实况雨量信息通过网格化处理方法生成标准化雨量产品，提高输入洪水预报模型的实时降水量数据精度。

（2）多模式细网格降水预报标准化。洪水预报使用的降水预报信息包括：人工未来 7天逐日短中期降水预报产品，中国、美国、日本、德国等多个国家未来 1~10 天短期逐3h（或 6h）和未来 10~45 天延伸期逐日的全球模式网格化数值降水预报产品。考虑到现有洪水预报系统运算效率，采取将人工降水预报和短期（1~9 天）细网格数值降水预报数据转化成固定网格点的粗网格降水预报数据。为提高洪水预报精度，需要对多家全球模式网格化数值降水预报产品进行标准网格化处理，实现多模式数值降水预报驱动的网格化洪水预报模拟。

（3）水文气象数据质量控制与标准化。各地水文部门上报的实时雨水情信息和气象部门交换的气象数据等时序信息存在时段长度不一致的问题，如实时雨水情信息中，雨量信息最小时段长度为 5min，最大时段长为 24h。河道站和水库站报送时段也会根据洪水和干旱发展趋势，加密报送频次。由于业务系统作业预报需要统一的时段长，因此，需要提供高速计算能力，用于时序数据的标准化处理。

利用时序数据异常检测技术、径流模拟方法对水工程水情历史及实时信息进行质量控制和数据插补，融合之后进行标准化处理，加工生成不同时间尺度（1 小时、6 小时、1日等）的水工程水情信息产品数据集，满足模型参数率定和验证、实时预报作业的需求。

由于水文气象数据量巨大，传统的数据处理方式无法按时按需完成，必须使用海量数据处理框架（图 2.28）进行。这里所有的融合处理方法都会封装成单独的作业（JOB），利用基于 Hadoop 的集群 Spark 和 Flink 框架来完成分布的计算，具体详见 2.3.3 节。在处理过程中，大部分信息都是以格点为单位进行计算，在作业划分时，可以将整个流域分为若干个格点区域，具体的区域大小由算力决定，每一块区域对应一系列的作业，之后使用流处理框架，让所有的数据"流"过这些计算作业，完成相关任务。

实施过程包括构建基础信息、降水信息、水工程水情信息等三大类信息融合方法集合，其作业任务包括：基于多源外部数据，加工洪水预报计算所需的下垫面空间信息；应用静止气象卫星观测数据反演降水量，融合处理卫星反演、雷达估算和地面雨量站等多源监测降水量信息，基于降水数据网格化处理方法，将多源融合实况降水信息和数值模式

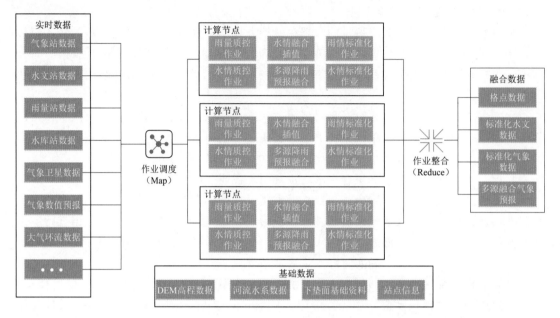

图 2.28　水文气象数据融合框架

预报降水信息加工处理成标准网格化降水产品数据集；利用降雨径流模拟、时序数据异常检测等技术，对历史和实时水工程水情信息进行质量控制、数据插补融合和标准化处理，生成不同时间尺度（分钟、小时、日等）的标准化水工程水情信息产品数据集。

第 3 章

水库群大数据深度挖掘技术及应用分析

3.1 水库群大数据体系及特征分析

3.1.1 水库群大数据概述

随着遥感、传感网、射频技术等信息技术的发展，水利行业数据采集能力不断提升，能够收集到更多、更广、更详细的数据，这些数据呈现出多源异构、分布广泛和动态增长的特点。从数据类别看，既有静态的水利基础数据，如水利工程基础数据、水利空间基础数据等，也有动态的水利监测数据和水利业务数据，如来自各类传感器、物联网设备的水文气象、水资源、水环境、水生态等监测数据，以及水利工程运行管理数据，这些数据并不是完全独立的，存在复杂的业务联系和逻辑关系。从数据格式看，既包括传统的结构化数据，也包括图片、视频等非结构化的数据。随着大数据技术的发展，越来越多的学者开始了对水利大数据的特征、组织、分析及应用进行研究和探讨，龚琪慧等（2015）提出水利大数据具有数据量大、数据来源形式多样、数据持续增长、数据价值高、数据有实时性或准实时性要求等特征。陈蓓青等（2016）认为水利大数据具有数据量大、数据类型复杂、计算过程复杂耗时等特点。陈军飞等（2017）认为水利大数据是由水利业务数据、水利相关行业和领域数据以及社会公众数据共同构成，并且用常规的数据分析方法难以在合理时间内获取、存储、处理和分析的数据集，为此需要借助大数据相关的技术和方法对其进行处理、分析和信息挖掘。蒋云钟等（2019）从数据源、数据管理、模型计算、业务应用等 4 个层面提出适用于智慧水利建设的水利大数据基础体系架构。

概括地说，本书中的水库群大数据是指流域梯级水库在规划设计、运行、管理过程中产生的一系列与水工程、水资源、水环境、水生态相关的水利数据。这些数据有些是静态，或者变化不大的，有些则是实时动态变化的。水库群大数据体系如图 3.1 所示。

3.1.1.1 水文预报大数据

水文数据体量庞大、来源广泛、类型多样，通常涉及水文、气象、水库管理等多个部门，既包括水位、流量、雨量、蒸发等结构化数据，又包括输沙率、河道地形、水文年鉴等半结构化或非结构化数据（陈瑜彬等，2019）。就水文预报数据而言，主要包括水文基础数据、大气环流数据、天气系统数据、水雨情监测数据、地形地貌数据、土壤植被数据、土地利用数据、预报成果数据等。

1. 水文基础数据

水文基础数据主要包括水文测站的各项基础资料，水文测站包括基本站、实验站、小

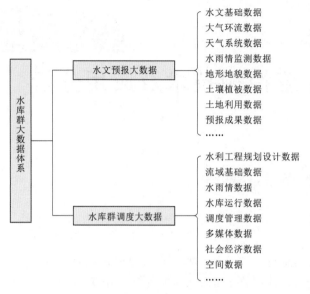

图 3.1　水库群大数据体系

河站，以及非水文部门建立的专用站。水文测站数据包括：测站名称、编码、位置、流域名称、水系名称、河流名称、等施测项目编码、行政区划编码、水资源分区编码、设站日期、集水面积等信息。

2. 大气环流数据

地球表面的大气经常在广阔的区域里做相当稳定的气流运行，有的规模较大，稳定运行时间较长，有的规模较小，稳定运行时间较短，这种大范围的大气运行状态称为大气环流。大气环流是地表水、热分布的调节系统，地球上各种气候和天气变化形成的主要因素就是大气环流。大气环流数据主要用于流域中长期降雨预报中对天气系成因的分析，主要包括三圈环流（哈得来环流、极地环流、费雷尔环流）、季风环流、七个气压带和六个风带及相关的各项指数因子，实际应用中，常根据流域所处的地理位置来选择相应的大气环流指数因子进行研究。

3. 天气系统数据

天气系统数据主要包括气温、气压、相对湿度、水汽压、风、降水量等要素的小时观测值，是一种实时性很强的气象资料，用于天气分析和气象预报服务。

4. 水雨情监测数据

水雨情监测数据包括雨情水情实时监测数据、统计数据和摘录整编数据。雨情实时监测数据包括测站编码、起止时间、降水量、降水量注解码等信息。水情实时监测数据包括测站编码、流量施测号数、测流起止时间、断面位置、测流方法、基本水尺水位、流量、流量注解码、断面总面积、断面过水面积、断面面积注解码、断面平均流速、断面最大流速、水面宽、断面平均水深、断面最大水深、水面比降、糙率、测次说明等信息。统计数据主要包括测站日、旬、月、年平均水位数据，如测站编码、日期、平均水位、平均水位注解码等信息。摘录整编数据主要包括水位流量整编数据以及降水量、蒸发量、水温等摘编数据。

5. 地形地貌数据

地形地貌数据主要包括数字高程模型（DEM）、河流湖泊等水系数据。地形地貌数据主要用于水文预报分区划分、预报方案制定、面雨量计算等。

6. 土壤植被数据

土壤植被数据主要包括反映流域土壤和植被状况监测数据、遥感影像数据等。

7. 土地利用数据

土地利用数据主要包括流域的土地利用状况数据，包括土地利用类型、空间分布范围、面积等。

8. 预报成果数据

预报成果数据主要指水情预报成果数据，主要包括洪水预报、枯水预报、冰情预报。洪水预报对象为河流、湖泊、水库汛期洪水，分为短期洪水预报和中长期洪水预报，预报内容主要包括最高洪峰水位（或流量）、洪峰出现时间、洪水涨落过程、洪水总量等。枯水预报数据主要包括枯季水位、流量和河网蓄水量；冰情预报数据主要反映水体冻结和消融过程，预报内容包括封冻日期、冰厚、解冻日期。

3. 1. 1. 2　水库群调度大数据

1. 水利工程规划设计数据

水利工程规划设计数据反映水利工程的基础信息、特征参数和运行能力，主要包括：

（1）水库（电站）名称、工程所在地址、坝址经纬度、建设时间、第一台机组投产时间、全部机组投产时间。

（2）坝址以上流域面积、距河源距离、多年平均降水量、多年平均年径流量、多年平均流量。

（3）实测最大流量、实测最小流量、调查历史最大流量、实测最大洪量（3天）、多年平均输沙量、多年平均含沙量、实测最大含沙量。

（4）设计入库洪水流量及频率、校核入库洪水流量及频率、设计洪量（3天）、校核洪量（3天）。

（5）校核洪水位、设计洪水位、正常蓄水位、防洪高水位、防洪限制水位、年消落水位、死水位、正常蓄水位水库面积、回水长度。

（6）总库容、正常蓄水位以下库容、调洪库容、调节库容、死库容、库容系数、调节性能、设计洪水位时最大下泄流量及相应下游水位、校核洪水位时最大下泄流量及相应下游水位、枯水期调节流量及相应下游水位、发电最大引用流量及相应下游水位。

（7）坝型、最大坝高、坝顶高程、坝顶长度、泄洪闸底坎高程、孔数、孔口尺寸、闸门型式、消能方式、校核泄洪流量、设计泄洪流量。

（8）装机台数、装机容量、容量构成、保证出力、多年平均年发电量、年利用小时数、水轮机型号、额定功率、额定流量、设计水头、最大水头、最小水头、平均出力系数、水头损失系数。

2. 流域基础数据

流域基础数据包括流域地形地貌数据、流域水文气象特征数据、流域划分等。地形地貌数据反映流域的自然地理特征，主要包括流域数字高程模型（DEM）、数字正射影像（DOM）、遥感影像监测、水系数据（河流、湖泊）。水文气象数据是服务于水利工程建设和江河防汛的重要数据资料，主要包括水位、流量、泥沙、水温、冰情、水质、地下水、降水量及蒸发量。流域划分数据包括流域分级体系、各流域及子流域边界、流域面积、集水面积等。

3. 水雨情数据

水雨情数据包括水雨情监测数据和水雨情预报数据，水库调度用到的水雨情数据一般直接从水文部门接入。

4. 水库运行数据

水库运行数据包括水库实时状态监测数据、水务计算整编数据、水库调度依据数据、水库调度计划数据。水库实时状态监测数据包括坝前水位、入库流量、出库流量监测数据；泥沙、水质监测数据等；水务计算整编数据包括水位库容曲线、尾水流量曲线、闸门泄流曲线、机组 NHQ 曲线、出力限制曲线、耗水率曲线、蓄能值曲线、水头损失曲线、水库调度图；水库调度依据数据主要包括梯级水流传播时间、入库流量历史小时资料、雨量站历史小时资料、水文站历史小时资料、雨量站和流量站蒸发资料、历史径流资料、水库调度规程、水库调度图，以及各类相关技术规范文件、政策文件等；水库调度计划数据包括防洪调度、水资源调度、发电调度、航运调度、生态调度和其他调度等。针对流域梯级水库，应包括单库的水库调度计划和梯级水库联合调度计划。水库调度计划包括来水量预测、需水量预测、汛期运行控制等相关内容。

5. 调度管理数据

调度管理及实际运行总结相关数据，主要包括防洪、度汛、蓄水、消落、发电、生态调度管理及调度总结等相关数据。

6. 多媒体数据

多媒体数据主要指河道及水库重要断面重点部位的视频监控数据、图片等多媒体数据。

7. 社会经济数据

社会经济数据主要指流域范围内的人口分布、重要城镇等重点防洪保护对象的空间分布、防洪保护能力、土地利用等相关数据。

8. 空间数据

空间数据主要包括流域地形地貌、水系、流域边界、行政区划、工程空间布局、站网分布、遥感影像等地理空间数据。

3.1.2 物理成因分析技术和数据筛选技术

3.1.2.1 物理成因分析技术

地球上的水以液态、固态、气态的形式分布于海洋、陆地、大气和生物体内，这些水体构成了地球的水圈。水圈中的水在太阳能和大气运动的驱动下，不断地蒸发成水汽进入大气圈，在适当的条件下，水汽会凝结成小水滴，小水滴相互碰撞合并成大水滴，在重力作用下以降水的形式降落到地球表面，降水直接或以径流的形式补给地球上的海洋、河流、湖泊、土壤、地下和生态水等，如此永不停止的循环运动，称为水文循环。水文循环示意图如图 3.2 所示。

一切水文要素的变化都有其特定的物理机制，从物理成因上解释预报因子的合理性，从形成水文现象的物理机制分析入手，使预报模型建立在严格物理成因的基础上，是今后中长期水文预报及其他水文预报应遵循的基本原则（王富强，2008）。

物理成因分析技术主要用于构建流域中长期水文预报模型，遴选预报因子，从分析预报对象的各种物理过程入手，研究预报因子与预报对象之间的物理联系（冯小冲，2010），挑选出相关因子，分析影响预报对象的"关键区"与"关键时段"，再考虑时空的连续性

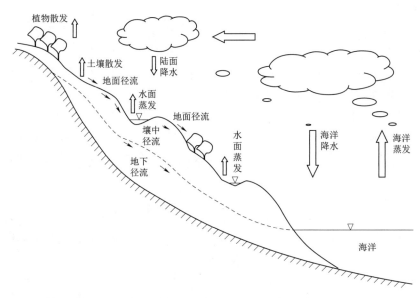

图 3.2　水文循环示意图（沈冰等，2015）

与气候学上的物理意义，分析相关因子与预报对象之间的物理成因联系，同时考虑因子地域性影响以及不同季节的变化规律，去除高相关但无物理成因联系的相关因子，剔除虚假相关因子。

归纳起来，物理成因分析法主要有以下几类（王富强等，2010）：

（1）应用前期环流进行预报，也称为天气学方法。通过对大量的历史气候资料进行综合分析，概括出前期的环流模式，在此基础上，根据前期环流特征进行后期水文定性预报，或在前期月平均环流形势图的基础上分析与预报对象关系密切的地区与时段，从中挑选出物理意义明确、有显著统计特性的预报因子，然后采用逐步回归或其他多元分析方法与预报对象建立函数关系，并进行定量预测。

（2）应用前期海温特征数据进行预报，即分析历史海温资料与预报对象的关系，概括出前期海温分布的定性模式，或考虑海温在时空的连续性，在关键时段内挑选若干个点的海温作为预报因子，与预报对象建立回归方程并进行定量预报。

（3）根据太阳黑子相对数 n 年周期中的相位或分析黑子数与水文要素变化之间的关系，对后期可能发生的旱涝进行定性预测。

（4）分析地球自转速度的变化、行星运动的位置、火山爆发、臭氧的多少等与水文过程的对应关系，定性预估后期可能发生的水文情况。

（5）概率统计预报，简称统计预报，即从大量历史资料中应用数理统计方法去寻找分析水文要素历史变化的统计规律以及与其他因素的关系，然后运用这些规律来进行预报。

王富强（2008）从水文循环机理和我国水文循环的特点出发，综合分析了影响区域水文情势的物理因素，主要包括天文因素、海表温度以及大气环流等，并详细分析了太阳黑子活动情况、太阳月球地球之间位置关系、北太平洋海温冷暖变化、ENSO（厄尔尼诺与南方涛动）事件以及大气环流因子变化等物理因素对区域水文情势的影响，将关联规则数据挖掘分析方法引入到中长期水文预报，研究中长期径流关联规则模式的提取及预测方法，根据预报的目标初选物理影响因子，结合关联规则挖掘算法的要求对数据进行清洗和处理，构成预报事务数据集，并进行径流关联规则模式的提取，改进了经典的关联规则挖掘算法 Apriori 算法，利用改进的 Apriori 算法提取满足事先设定的最小支持度和最小置信度的强关联规则，解释规则并建立模型进行预测。

3.1.2.2　数据筛选技术

数据筛选技术是整个数据预处理流程中的基础环节，其目的是提高数据的质量和可用性，从而提高后期的数据分析和处理的精度和效率，包括数据抽取、数据清理、数据加载三个环节。

1. 数据抽取

数据抽取就是要把不同数据源中的数据按照给定的数据格式抽取并进行转存，其主要任务是数据类型和数据格式的转换，可借助数据抽取工具完成，常用的数据抽取工具包括 DataPipeline、Kettle、Talend、Informatica 等。

2. 数据清理

数据清理主要包括缺失数据处理、噪声数据和离群点处理、重复数据处理、异常数据处理及不一致数据处理。

（1）缺失数据处理。缺失数据的处理一般包括下面一些方法：①忽略数据记录，当一条数据记录有多个字段的值缺失时，可以直接忽略该条数据记录；②人工填写缺失值，当数据集很大，缺失很多值时，该方法需要大量工作量；③使用一个全局常量填充缺失值，该方法可以批量处理，但有时并不可靠；④使用属性的中心度量填充缺失值，该方法是使用数据集中反映该属性值的一些统计量，如均值、中位数，来填充该属性的缺失值；⑤使用与给定数据记录属同一类的所有样本的属性均值或中位数；⑥使用最可能的值填充缺失值，填充所需的最可能值可以使用基于推理的工具或决策树归纳辅助确定。

（2）噪声数据和离群点处理。噪声是被测量的变量的随机误差或方差，可以采用分箱方法通过考察数据的"近邻"（即周围的值）来光滑有序数据值。这些有序的值被分布到一些"桶"或箱中，由于分箱方法考察近邻的值并进行局部光滑，包括采用均值光滑、中位数光滑、箱边界光滑以及函数拟合光滑等。对于离群点，通常采用聚类分析方法来检测离群点并剔除。聚类分析的作用是将具有相同特征的事物进行分组，又称为群分析。聚类分析可以用来大致判断将对象分为多少组，并提供每组数据的特征值。在聚类分析中可以将给定实例分成不同类别，相同类别中的实例是相关的，不同类别之间是不相关的。

（3）重复数据处理。重复数据包括数据记录重复、属性冗余、属性数据冗余。重复的数据记录可以直接删除，冗余的属性和冗余的属性数据需要经过分析再删除。

（4）异常数据处理。异常数据是指与数据集中其他数据有很大区别或者不一致的数据。有区别并不代表数据就一定为异常，这些特殊的数据也可能反应出实际中的情况。如果数据位异常则需要将数据剔除，避免影响数据分析的准确性。不一致的数据并不一定就是异常数据，要注意其背后隐藏的信息，找出造成不一致的原因，常采用关联分析方法进行分析。关联分析方法通常分为两步：第一步就是在集合中寻找出现频率较高的项目组，这些项目组相对于整体记录而言必须达到一定水平。通常会认为设置要分析实体间支持度，如果两实体间支持度大于设定值，则称二者为高频项目组。第二步是利用第一步找出的高频项目组确定二者间关系，这种关系通常由二者间概率表示。关联分析能够从数据库中找出已有数据间的隐含关系，从而利用数据获得潜在价值。

3. 数据加载

数据加载分为全量加载和增量加载两种方式。全量加载一次加载数据源中所有数据；增量加载仅加载源表中变化的数据。

从技术角度来说，全量加载比增量加载要简单很多，一般只要在数据加载之前清空目标表，再全量导入源表数据即可。源表数据量往往很大，由于系统资源和数据的实时性的要求，全量加载方式并不可取，很多情况下都需要使用增量加载方式。增量加载时需要从数据源中抽取变化的数据，优秀的增量抽取机制不但要求 ETL 能够将业务系统中的变化数据按一定的频率准确地捕获到，同时不能对业务系统造成太大的压力，影响现有业务，而且要满足数据转换过程中的逻辑要求和加载后目标表的数据正确性。

3.1.2.3　各技术在水库群大数据分析中的应用

物理成因分析技术主要用于中长期水文预报模型构建及预报因子遴选。数据筛选技术主要用于数据处理阶段。

1. 物理成因分析技术的应用

秦毅等（2004）依据等流时线概念，将某时刻流域出口断面流量组成表达式与该时刻流域需水量表达式联解，得到多输入单输出的响应函数模型，称之为具有物理成因概念的系统模型。具有物理成因的预报模型，由于物理成因概念清晰，模型结构可根据流域特点及模型物理成因进行设计，因此在预报精度上会取得比较理想的效果。

刘勇等（2010）以丹江口水库秋汛期径流量长期预报为研究对象，从影响径流的物理成因出发，建立前期大气环流和海温与丹江口水库秋汛期径流量的相关关系，识别影响径流形成的气象、海温等物理因子，利用主成分分析方法提取主要预报信息，建立包含大气环流因子、海温因子等气象物理信息，以及前期降雨、径流等水文信息作为预报因子集的三层 BP 神经网络模型。

陶凤玲等（2012）通过物理成因分析确定了降水与径流的相关性，并采用相关概率法，利用卡方检验证明黄河上游贵德水文站降水与径流相关关系显著。在此基础上，采用最小二乘支持向量机方法建立了降水-径流预测模型。

2. 数据筛选技术的应用

传统的数据筛选方法主要是在分析特征属性的基础上，制定数据筛选规则，然后根据数据筛选规则对数据逐一判断。传统的数据筛选技术效率达不到大数据处理的要求。随着机器学习理论和方法的发展，数据挖掘技术在数据筛选中的应用越来越广泛。

郑晓东等（2018）提出一种带权值的多项式水位衰老数据筛选算法，采用最小二乘法多项式曲线模拟数据序列，作为数据筛选的参考标准，根据历史数据与当前数据的关系、数据和关联数据的关系来判断数据是否衰老，并结合水位数据起源信息特征，加入时间影响因子，以提高算法筛选的效率。罗琼等（2019）提出基于时间序列的海量用户需求数据预判筛选方法，以用户需求数据的高效预判筛选原理为基础，通过统计学理论对用户需求数据进行预测，基于 K - Means 算法确定用户需求数据间距离，采用支持向量机方法并结合回归分析对用户需求数据进行预判。利用影响用户需求的各种不规则因子对用户需求数据进行时间序列分析，得到数据序列，并计算用户需求数据各属性值，获得数据筛选各项权重值，完成海量用户需求数据高效预判筛选。杨小柳等（2019）应用数据挖掘技术，对全国首次重点用水单位监控工作中所获得的约 26 万条用水数据进行了特征选择和用水模式区分，依据 DB index 准则，从用水特征中筛选出现状、愿景和波动 3 个特征，并采用 K‐Means 聚类算法，将水主体划分为 5 种用水模式。结合用水特征和用水模式分析结果，可为精细化、差异化节水管理提供借鉴和参考。

数据挖掘技术很大程度上为大数据价值提炼提供坚实的技术支持。数据挖掘技术的应用并不是替代传统统计分析方法，数据挖掘利用统计学原理和人工智能技术对数据进行多元化的复杂统计处理，是对后者的深化和拓展（武建等，2015）。

3.1.3 水库群大数据关联规律分析

关联规则挖掘是发现大量数据中项集之间存在的关联或相关关系。关联规则挖掘的基本过程可以概括为：从给定的事务数据库中，通过一定的数据挖掘算法，寻找满足预设的最小支持度阈值和最小可信度阈值的所有强关联规则。

3.1.3.1 关联规则挖掘方法的基本原理

设有事务数据 $D=\{T_1, T_2, \cdots, T_n\}$，$T_j(j=1, 2, \cdots, n)$ 称为事务 T，构成 T 的元素 $i_k(k=1, 2, \cdots, p)$ 被称为项，设 D 中所有项的集合为 $I=\{i_1, i_2, \cdots, i_m\}$。

概念 1　项集与频繁项集。 设 $A=\{i_1, i_2, \cdots, i_t\}$ $(1 \leqslant t \leqslant m)$，则 A 称为 D 中的一个项集，且为 t 项集。项集 A 的支持度就是 D 中包含 A 的事务在 D 的所有事务中所占的百分比，支持度计算公式如下：

$$Support(A)=\frac{|\{T:A \subseteq T, T \in D\}|}{|D|}=P(A) \tag{3.1}$$

如果 A 的支持度满足最小支持度阈值 min_Support，即

$$Support(A) \geqslant min\_Support \tag{3.2}$$

则 A 称为 D 中的频繁项集。

概念 2　关联规则。 关联规则是形如 $A \Rightarrow B$ 的蕴涵式，其中 A 和 B 都是 D 的项集，且 $A \neq \varnothing$，$B \neq \varnothing$，$A \cap B = \varnothing$，则 A 称为关联规则的条件，B 为关联规则的结论。

概念 3　支持度与可信度。 关联规则 AB 的支持度就是同时包含项集 A 和项集 B 的事务在 D 的所有事务中所占的百分比，也就是项集的支持度：

$$Support(A \Rightarrow B)=\frac{|\{T:A \subseteq T, T \in D\}|}{|D|}=Support(A \cup B)=P(A \cup B)P(A) \tag{3.3}$$

关联规则 AB 的可信度就是同时包含项集 A 和项集 B 的事务在所有包含项集 A 的事务中所占的百分比。

$$Confidence(A \Rightarrow B)=\frac{|\{T:A \subseteq T, T \in D\}|}{|D|}=\frac{Support(A \rightarrow B)}{Support(A)}=P(B|A) \tag{3.4}$$

概念 4　强关联规则。 如果存在关联规则 $A \Rightarrow B$，其支持度和可行度分别满足用户预设的最小支持度阈值（min_Support）和最小可行度阈值（min_Confidence），则称其为强

关联规则。即：

$$\begin{cases} Support(A{\Rightarrow}B) \geqslant \text{min\_Support} \\ Confidence(A{\Rightarrow}B) \geqslant \text{min\_Confidence} \end{cases} \tag{3.5}$$

3.1.3.2 关联规则的挖掘过程

一般而言，关联规则的挖掘是一个两步的过程（Jiawei Han，2012）：

（1）找出所有的频繁项集：根据定义，这些项集的每一个频繁出现的次数至少与预定义的最小支持计数 min_sup 一样。

（2）由频繁项集产生强关联规则：根据定义，这些规则必须满足最小支持度和最小置信度。

吴业楠等（2014）对历史洪水信息进行挖掘，选取洪水起涨流量、阶段累积降雨量、阶段累计水量三个指标作为洪水相似性特征评价指标。将当前雨洪信息与历史洪水资料信息进行灰色关联分析，动态识别相似洪水，并根据关联度数值排序来选取相似洪水，构成相似洪水集，用于洪水预报。樊龙等（2014）采用了分割的思想对经典的 Apriori 关联规则算法进行改进，并在 Hadoop 大数据平台上实现，通过数据的并行计算，大大提高了计算效率。

在水文时间序列研究中，引进数据挖掘的理论与技术，并结合水文科学发展的需要，充分应用计算机技术研究水文数据挖掘的理论、技术和方法，为解决水文科学研究面临的问题开辟了新途径，也为时间序列的数据挖掘研究提供了与特定领域相结合的平台。

水文时间序列的数据挖掘就是将数据挖掘的思想和方法引入水文时间序列的分析中，从待挖掘的水文时间序列中提取系统的特性，再将其与挖掘算法结合，从中获取正确、隐含、有潜在应用价值和最终可理解的水文模式的非平凡过程。其致力于从水文数据集中发现有用的规律和知识，与传统的时间序列分析方法相比具有以下特点（欧阳如琳等，2009）：①进行数据挖掘时强调待发现规律的未知性，不对规律预先做硬性、严格的假定；②认为系统行为不全是规律性的，在大量数据中可提取的知识仅是一小部分，挖掘模式不必要求拟合全体数据；③数据分析时不再单纯运用数学知识进行处理，挖掘方法中还有来自人工智能领域的模式识别和机器学习的思想和技术；④数据分析较灵活，挖掘目标可视具体情况灵活选择。

张弛等（2007）利用关联分析挖掘降雨、水位与流量间具有强关联关系的规则。以嫩江流域为例，从黑龙江省防洪水文数据库中推出了"同盟站水位超警戒 AND 碾子山雨量>40mm AND 音河水库库容>80％江桥水位 5d 后超警戒"规则，由此得出，利用关联分析可挖掘大流域或跨流域水文现象的相关性，能有效弥补利用传统水文预报模型进行大范围流域水文预报时面临的信息源增多、预报精度低等问题。李宏伟（2013）采用基于关联规则的数据挖掘技术构建了天生桥一级水库枯季平均入库流量的预测概念模型。汤留平等（2013）在水库调度综合评价方法的基础上建立水库综合调度模型，以价值函数和损失价值为评价目标优劣尺度，采用理想点法和损失比重权重的方法处理多目标问题，并采用自适应控制策略及混沌局部搜索策略对分布估计算法进行改进，有效提高了全局搜索能力和精度。丁杰等（2005）构建数据仓库，并使用 BP 神经网络方法从同时段的历史数据中挖掘水库的来水规律，从而确定预报因子，用于水库入库来水滚动预报。

3.1.3.3　关联规则模型的建立步骤

结合中长期水文预报的特点，可以得到中长期径流关联规则模式的提取及其预测模型建立的步骤如下（李宏伟，2013）：①根据预报目标和预报因子情况，预处理与挖掘任务有关的水文数据，构成水文长期预报的数据源；②对预报因子进行筛选和数据预处理，根据 Apriori 算法要求对量化数据进行属性分割，生成规格化的水文预报事务数据集；③针对水文预报事务数据集进行关联规则挖掘，提取所有满足最小支持度的项集，即大项集；④生成满足最小置信度的规则，形成规则集；⑤筛选规则集，去掉没有意义的规则，解释发现的关联规则，建立水文长期预报模型，基本流程如图 3.3 所示。

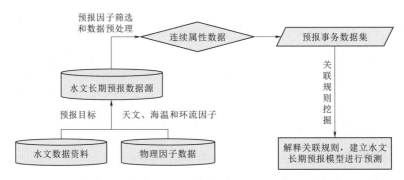

图 3.3　基于关联规则挖掘的径流预报模型建立流程（李宏伟，2013）

3.2　水库群大数据深度学习模型

3.2.1　深度学习（DL）模型概述

深度学习的概念最早由多伦多大学的 G. E. Hinton 于 2006 年提出，是指基于样本数据通过一定的训练方法得到包含多个层级的深度网络结构的机器学习过程。传统的神经网络随机初始化网络中的权值，导致网络很容易收敛到局部最小值，为解决这一问题，Hinton 提出使用无监督预训练方法优化网络权值的初值，再进行权值微调的方法，从而拉开了深度学习的序幕。

因此，深度学习本质上是机器学习领域的一个新方向，属于新兴大数据挖掘技术，随着模型理论方法及应用技术的不断发展，其目的重点聚焦于建立、模拟人脑进行分析学习的深度神经网络，从而对图像、声音、文本、数据等信息进行分析，通过多个变换阶段分层对数据特征进行描述，进而给出对信息的解释。其发展历程如图 3.4 所示。

由深度学习的概念可知，该领域是机器学习持续发展的必然结果，总体上主要经历了第一代神经网络、第二代神经网络和第三代神经网络三大发展阶段。

1. 第一代神经网络

最早的神经网络思想起源于 1943 年的 MCP 人工神经元模型，当时是希望能够用计算机来模拟人的神经元反应的过程，该模型将神经元简化为了三个过程：输入信号线性加权，求和，非线性激活（阈值法），如图 3.5 所示。

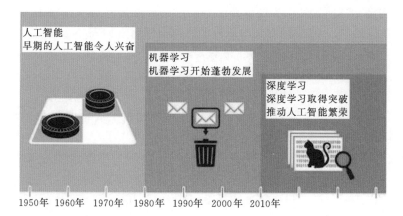

图 3.4　机器学习发展历程示意图

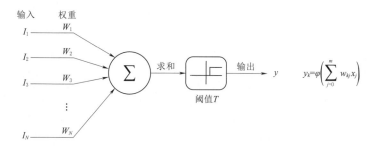

图 3.5　人工神经元模型示意图

1958 年，Rosenblatt 发明的感知器（perceptron）算法，第一次将 MCP 用于机器学习领域。该算法使用 MCP 模型对输入的多维数据进行二分类，且能够使用梯度下降法从训练样本中自动学习更新权值。1962 年，该方法被证明为能够收敛，理论与实践效果引起第一次神经网络的浪潮。

1969 年，美国数学家及人工智能先驱 Minsky 在其著作中证明了感知器本质上是一种线性模型，只能处理线性分类问题，从而导致神经网络的研究陷入了近 20 年停滞。

2. 第二代神经网络

1986 年，Hinton 第一次打破非线性诅咒，提出了适用于多层感知器（MLP）的 BP 算法，并采用 Sigmoid 进行非线性映射，有效解决了非线性分类和学习的问题，该方法引起了神经网络的第二次热潮。

1989 年，Robert Hecht-Nielsen 证明了 MLP 的万能逼近定理，即对于任何闭区间内的一个连续函数 f，都可以用含有一个隐含层的 BP 网络来逼近，该定理的发现极大地鼓舞了神经网络的研究人员。同年，LeCun 发明了卷积神经网络 LeNet，并将其用于数字识别，且取得了较好的成绩，不过当时并没有引起足够的注意。

在 1989 年以后，由于没有特别突出的方法被提出，且神经网络一直缺少相应严格的数学理论支持，神经网络的热潮渐渐冷淡下来。尤其 1991 年，BP 算法被指出存在梯度消失问题，即在误差梯度后向传递的过程中，后层梯度以乘性方式叠加到前层，由于

Sigmoid 函数的饱和特性，后层梯度本来就小，误差梯度传到前层时几乎为 0，因此无法对前层进行有效的学习，该发现对此时的神经网络发展雪上加霜。

1995 年，线性支持向量机（SVM）被统计学家 Vapnik 提出。该方法的特点有两个：由非常完美的数学理论推导而来（统计学与凸优化等），符合人的直观感受（最大间隔）。不过，最重要的还是该方法在线性分类的问题上取得了当时最好的成绩。

1997 年，LSTM 模型被发明，尽管该模型在序列建模上的特性非常突出，但由于正处于 NN 下坡期，因此并没有引起足够的重视。

1986 年，决策树方法被提出，很快 ID3、ID4、CART 等改进的决策树方法相继出现，到目前仍然是非常常用的一种机器学习方法。该方法也是符号学习方法的代表。

1997 年，AdaBoost 被提出，该方法是 PAC（Probably Approximately Correct）理论在机器学习实践上的代表，也催生了集成方法这一类。该方法通过一系列的弱分类器集成，达到强分类器的效果。

2000 年，Kernel SVM 被提出，核化的 SVM 通过一种巧妙的方式将原空间线性不可分的问题，通过 Kernel 映射成高维空间的线性可分问题，成功解决了非线性分类的问题，且分类效果非常好。至此也更加终结了神经网络时代。

2001 年，随机森林被提出，这是集成方法的另一代表，该方法的理论扎实，比 AdaBoost 更好地抑制过拟合问题，实际效果也非常不错。同年，一种新的统一框架图模型被提出，该方法试图统一机器学习混乱的方法，如朴素贝叶斯、SVM、隐马尔可夫模型等，为各种学习方法提供一个统一的描述框架。

3. 第三代神经网络

2006 年，是深度学习的元年，Hinton 提出了深层网络训练中梯度消失问题的解决方案：无监督预训练对权值进行初始化＋有监督训练微调。其主要思想是先通过自学习的方法学习到训练数据的结构（自动编码器），然后在该结构上进行有监督训练微调，但是由于没有特别有效的实验验证，该论文并没有引起重视。

2011 年，ReLU 激活函数被提出，该激活函数能够有效地抑制梯度消失问题。微软首次将 DL 应用在语音识别上，取得了重大突破。

2012 年，Hinton 课题组为了证明深度学习的潜力，首次参加 ImageNet 图像识别比赛，其通过构建的 CNN 网络 AlexNet 一举夺得冠军，且碾压第二名（SVM 方法）的分类性能。也正是由于该比赛，CNN 吸引到了众多研究者的注意。AlexNet 的创新点主要有：①首次采用 ReLU 激活函数，极大提高收敛速度且从根本上解决了梯度消失问题；②由于 ReLU 方法可以很好抑制梯度消失问题，AlexNet 抛弃了"预训练＋微调"的方法，完全采用有监督训练。DL 的主流学习方法也因此变为了纯粹的有监督学习；③扩展了 LeNet5 结构，添加 Dropout 层减小过拟合，LRN 层增强泛化能力/减小过拟合；④首次采用 GPU 对计算进行加速。

2013—2015 年，通过 ImageNet 图像识别比赛，DL 的网络结构、训练方法、GPU 硬件的不断进步，促使其在其他领域也在不断地征服战场。

2015 年，Hinton、LeCun、Bengio 论证了局部极值问题对于 DL 的影响，结果是 Loss 的局部极值问题对于深层网络来说影响可以忽略。该论断也消除了笼罩在神经网络上的局部极值问题的阴霾。具体原因是深层网络虽然局部极值非常多，但是通过 DL 的 Batch Gradient Descent 优化方法很难陷进去，而且就算陷进去，其局部极小值点与全局极小值点也是非常接近，但是浅层网络却不然，其拥有较少的局部极小值点，但是却很容易陷进去，且这些局部极小值点与全局极小值点相差较大。

同年，Deep Residual Net 被发明。分层预训练、ReLU 和 Batch Normalization 都是为了解决深度神经网络优化时的梯度消失或者爆炸问题。但是在对更深层的神经网络进行优化时，又出现了新的 Degradation 问题，即通常来说，如果在 VGG16 后面加上若干个单位映射，网络的输出特性将和 VGG16 一样，这说明更深层的网络其潜在的分类性能只可能优于 VGG16 的性能，不可能变坏，然而实际效果却只是简单的加深 VGG16 的话，分类性能会下降（不考虑模型过拟合问题）。Residual 网络认为这说明 DL 网络在学习单位映射方面有困难，因此设计了一个对于单位映射（或接近单位映射）有较强学习能力的 DL 网络，极大地增强了 DL 网络的表达能力。此方法能够轻松的训练高达 150 层的网络。

传统的机器学习采用浅层结构，其局限性主要在于有限样本和计算单元情况下对复杂函数的表示能力有限，针对复杂分类问题其泛化能力受到一定制约。

深度学习之所以被称为深度，是相对 SVM、提升方法（boosting）、最大熵方法等浅层学习方法而言的。深度学习所学得的模型中，非线性操作的层级数更多。浅层学习依靠人工经验抽取样本特征，网络模型学习后获得的是没有层次结构的单层特征，而深度学习通过学习一种深层非线性网络结构来模拟人脑，通过对原始信号进行逐层特征变换，将样本在原空间的特征表示变换到新的特征空间，自动地学习得到层次化的特征表示，实现复杂函数逼近，表征输入数据分布式表示，并展现了强大的从少数样本集中学习数据集本质特征的能力，从而更有利于分类或特征的可视化。

综上，深度学习具有以下特点：①强调模型结构的深度，通常有 5 层、6 层，甚至 10 多层的隐层节点；②明确突出了特征学习的重要性，也就是说，通过逐层特征变换，将样本在原空间的特征表示变换到一个新特征空间，从而使分类或预测更加容易；③利用大数据来学习特征，更能够刻画数据的丰富内在信息。

深度学习所得到的深度网络结构包含大量的单一元素（神经元），每个神经元与大量其他神经元相连接，神经元间的连接强度（权值）在学习过程中修改并决定网络的功能。如图 3.6 所示。

通过深度学习得到的深度网络结构符合神经网络的特征，因此深度网络就是深层次的神经网络，即深度神经网络（Deep Neural Networks，DNN）。

深度神经网络是由多个单层非线性网络叠加而成，常见的单层网络按照编码解码情况分为 3 类：只包含编码器部分、只包含解码器部分、既有编码器部分也有解码器部分。

编码器提供从输入到隐含特征空间的自底向上的映射，解码器以重建结果尽可能接近原始输入为目标将隐含特征映射到输入空间。总体而言，深度神经网络分为以下 3 类：

（1）前馈深度网络（Feed-Forward Deep Networks，FFDN），由多个编码器层叠加而成，如多层感知机（Multi-Layer Perceptrons，MLP）、卷积神经网络（Convolutional Neural Networks，CNN）等。

（2）反馈深度网络（Feed-back Deep Networks，FBDN），由多个解码器层叠加而

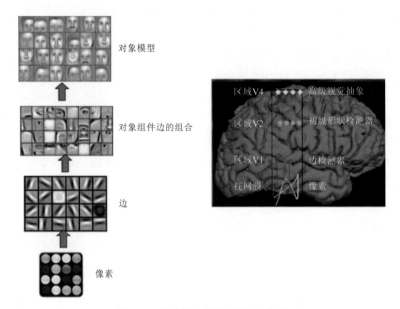

图 3.6 深度学习模拟人脑示意图

成，如反卷积网络（Deconvolutional Networks，DN）、层次稀疏编码网络（Hierarchical Sparse Coding，HSC）等。

（3）双向深度网络（B - Directional Deep Networks，BDDN），通过叠加多个编码器层和解码器层构成（每层可能是单独的编码过程或解码过程，也可能既包含编码过程也包含解码过程），如深度玻尔兹曼机（Deep Boltzmann Machines，DBM）、深度信念网络（Deep Belief Networks，DBN）、栈式自编码器（Stacked Auto-Encoders，SAE）等。

3.2.2 水库群大数据特征深度学习模型

3.2.2.1 CNN 模型

1. 模型结构

根据前述深度学习模型的总体研究，以及深度学习的发展历程可以看出，深度学习模型之所以能成为当前研究的爆发性热点，其重要原因就是 Hinton 基于 CNN 应用于 ImageNet 图像识别比赛中所获得的巨大成功。该事件是深度学习领域的重大转折点，因此，本研究拟以卷积神经网络为主，将其应用于水库群大数据特征的深度学习领域。

卷积神经网络沿用了普通的神经元网络即多层感知器的结构，是一个前馈网络。现以图像识别为例，可将其典型结构分为四个层次（图 3.7）。

第一层：图像输入层。为了减小复杂度，一般使用灰度图像。当然，也可以使用 RGB 彩色图像，此时输入图像有三张，分别为 RGB 分量。输入图像一般需要归一化，如果使用 sigmoid 激活函数，则归一化到 [0，1]，如果使用 tanh 激活函数，则归一化到 [−1，1]。

第二层：多个卷积（C）—下采样（S）层。将上一层的输出与本层权重 W 做卷积得到各个 C 层，然后下采样得到各个 S 层。这些层的输出称为 Feature Map。

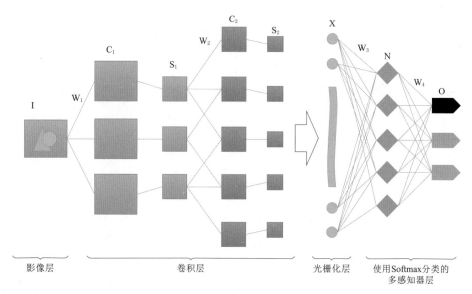

图 3.7 用于图形识别的 CNN 结构示意图

第三层：光栅化（X）层。该层是为了与传统的多层感知器全连接，即将上一层的所有 Feature Map 的每个像素依次展开，排成一列。

第四层：传统的多层感知器（N&O）层。最后的分类器一般使用 Softmax，如果是二分类，也可以使用 LR。

2. 多层感知器（MLP）

卷积神经网络来源于普通的神经元网络。典型的神经元网络就是多层感知器（MLP）。感知器（Perceptron）的核心是建立如下模型：

$$f(x) = \text{act}(\theta^{\text{T}} x + b) \tag{3.6}$$

其中激活函数 act 可以使用 {sign, sigmoid, tanh} 之一。激活函数使用 sign 可求解损失函数最小化问题，通过梯度下降确定参数；激活函数使用 sigmoid 或 $tanh$，则分类器事实上成为逻辑回归（Logistic Regression），可通过梯度上升极大化似然函数或者梯度下降极小化损失函数，来确定参数；若需要多分类，则事实上成为 Softmax 回归（Softmax Regression）；若分离超平面恰好位于正例和负例的正中央，则成为支持向量机。

感知器对线性可分数据工作良好，如果设定迭代次数上限，则也能一定程度上处理近似线性可分数据。但是对于非线性可分的数据，比如最简单的异或问题，感知器就无能为力了。这时候就需要引入多层感知器。

多层感知器的思路是通过某种方法将其映射到一个线性可分的高维空间中，从而使用线性分类器完成分类。CNN 结构示意图中从 X 到 O 这几层，正展示了多层感知器的一个典型结构，即输入层-隐层-输出层。

（1）输入层-隐层。输入层-隐层是一个全连接的网络，即每个输入节点都连接到所有的隐层节点上：把输入层视为一个向量 x，而隐层节点 j 有一个权值向量 θ_j 以及偏置 b_j，激活函数使用 sigmoid 或 tanh，则这个隐层节点的输出为

$$f_j(x) = \mathrm{act}(\theta_j^{\mathrm{T}} x + b_j) \tag{3.7}$$

由此可见，每个隐层节点都相当于一个感知器。每个隐层节点产生一个输出，那么隐层所有节点的输出就成为一个向量，即

$$f(x) = \mathrm{act}(\Theta x + b) \tag{3.8}$$

若输入层有 m 个节点，隐层有 n 个节点，那么 $\Theta = [\theta^{\mathrm{T}}]$ 为 $n \times m$ 的矩阵，x 为长为 m 的向量，b 为长为 n 的向量，激活函数作用在向量的每个分量上，$f(x)$ 返回一个向量。

（2）隐层-输出层。隐层-输出层可以视为级联在隐层上的一个感知器。若为二分类，则常用 Logistic Regression；若为多分类，则常用 Softmax Regression。

对于一般问题，可以通过求解损失函数极小化问题来进行参数估计。但是对于多层感知器中的隐层，因为无法直接得到其输出值，故不能够直接使用到其损失。这时，就需要将损失从顶层反向传播（Back Propagate）到隐层来完成参数估计的目标。

首先，约定以下记号：①输入样本为 x，其标签为 t。②对某个层 Q，其输出为 o_Q，其第 j 个节点的输出为 $o_Q^{(j)}$，其每个节点的输入均为上一层 P 的输出 o_p；层 Q 的权重为矩阵 Θ_Q，连接层 P 的第 i 个节点与层 Q 的第 j 个节点的权重为 $\Theta_Q^{(ji)}$。③对输出层 Y，设其输出为 o_Y，其第 y 个节点的输出为 $o_Y^{(y)}$。

现在可以定义损失函数：

$$\begin{cases} E = \dfrac{1}{2} \displaystyle\sum_{y \in Y} \left[t^{(y)} - o_Y^{(y)} \right]^2 \\ o_Q^{(j)} = \phi(n_Q^{(j)}) \\ n_Q^{(j)} = \displaystyle\sum_{i \in P} \theta_Q^{(ij)} o_Q^{(i)} + b_Q^{(j)} \end{cases} \tag{3.9}$$

其中，ϕ 为激活函数，通过极小化损失函数的方法进行推导，则

$$\begin{cases} \dfrac{\partial E}{\partial \theta_Q^{(ji)}} = \dfrac{\partial E}{\partial o_Q^{(j)}} \dfrac{\partial o_Q^{(j)}}{\partial n_Q^{(j)}} \dfrac{\partial n_Q^{(j)}}{\partial \theta_Q^{(ji)}} \\ \dfrac{\partial E}{\partial b_Q^{(j)}} = \dfrac{\partial E}{\partial o_Q^{(j)}} \dfrac{\partial o_Q^{(j)}}{\partial n_Q^{(j)}} \dfrac{\partial n_Q^{(j)}}{\partial b_Q^{(j)}} \end{cases} \tag{3.10}$$

考虑层 Q 的下一层 R，其节点 k 的输入为层 Q 中每个节点的输出，即为 $o_q^{(j)}$ 的函数，考虑逆函数，可视 $o_q^{(j)}$ 为 $o_r^{(k)}$ 的函数，也为 $n_R^{(k)}$ 的函数。则对每个隐层，有

$$\begin{aligned} \frac{\partial E}{\partial o_Q^{(j)}} &= \frac{\partial E(n_R^{(1)}, n_R^{(2)}, \cdots, n_R^{(k)}, \cdots, n_R^{(K)})}{\partial o_Q^{(j)}} \\ &= \sum_{k \in R} \frac{\partial E}{\partial n_R^{(k)}} \frac{\partial n_R^{(k)}}{\partial o_Q^{(j)}} \\ &= \sum_{k \in R} \frac{\partial E}{\partial o_R^{(k)}} \frac{\partial o_R^{(k)}}{\partial n_R^{(k)}} \frac{\partial n_R^{(k)}}{\partial o_Q^{(j)}} \\ &= \sum_{k \in R} \frac{\partial E}{\partial o_R^{(k)}} \frac{\partial o_R^{(k)}}{\partial n_R^{(k)}} \theta_R^{(kj)} \end{aligned} \tag{3.11}$$

令

$$\delta_Q^{(j)} = \frac{\partial E}{\partial o_Q^{(j)}} \frac{\partial o_Q^{(j)}}{\partial n_Q^{(j)}} \tag{3.12}$$

则对每个隐层，有

$$\frac{\partial E}{\partial o_Q^{(j)}} = \sum_{k \in R} \frac{\partial E}{\partial o_R^{(k)}} \frac{\partial o_R^{(k)}}{\partial n_R^{(k)}} \theta_R^{(kj)} = \sum_{k \in R} \delta_R^{(k)} \theta_R^{(kj)} \tag{3.13}$$

考虑到输出层，有

$$\frac{\partial E}{\partial o_Q^{(j)}} = \begin{cases} \sum\limits_{k \in R} \delta_R^{(k)} \theta_R^{(kj)} & (节点\ k\ 的输入节点为节点\ j) \\ o_Y^{(j)} - t^{(j)} & (j\ 是输出节点，即\ Q = Y) \end{cases} \tag{3.14}$$

故

$$\delta_Q^{(j)} = \frac{\partial E}{\partial o_Q^{(j)}} \frac{\partial o_Q^{(j)}}{\partial n_Q^{(j)}} = \frac{\partial E}{\partial o_Q^{(j)}} \phi'(n_Q^{(j)}) = \begin{cases} \left(\sum\limits_{k \in R} \delta_R^{(k)} \theta_R^{(kj)} \right) \phi'(n_Q^{(j)}) & (节点\ k\ 的输入节点为节点\ j) \\ (o_Y^{(j)} - t^{(j)}) \phi' n_Y^{(j)}, & (节点\ j\ 是输出节点，即\ Q = Y) \end{cases} \tag{3.15}$$

综合以上各式，则梯度结果为

$$\frac{\partial E}{\partial \theta_Q^{(ji)}} = \frac{\partial E}{\partial o_Q^{(j)}} \frac{\partial o_Q^{(j)}}{\partial n_Q^{(j)}} \frac{\partial n_Q^{(j)}}{\partial \theta_Q^{(ji)}} = \delta_Q^{(j)} o_P^{(i)}$$

$$\frac{\partial E}{\partial b_Q^{(j)}} = \frac{\partial E}{\partial o_Q^{(j)}} \frac{\partial o_Q^{(j)}}{\partial n_Q^{(j)}} \frac{\partial n_Q^{(j)}}{\partial b_Q^{(j)}} = \delta_Q^{(j)} \tag{3.16}$$

为计算方便，以矩阵或向量的方式来表达，结论如下：

假设有层 P、Q、R，分别有 l、m、n 个节点，依序前者输出全连接到后者作为输入。层 Q 有权重矩阵 $[\Theta_Q]_{m \times l}$，偏置向量 $[b_Q]_{m \times l}$，层 R 有权重矩阵 $[\Theta_R]_{n \times m}$，偏置向量 $[b_R]_{n \times 1}$。那么有

$$\frac{\partial E}{\partial \Theta_Q} = \delta_Q o_P^T$$

$$\frac{\partial E}{\partial b_Q} = \delta_Q$$

$$\delta_Q = \begin{cases} (\Theta_R^T \delta_R) \circ \phi'(n_Q) & (Q\ 是一个隐层) \\ (o_Y - t) \circ \phi'(n_Y) & (Q = Y\ 是输出层) \end{cases} \tag{3.17}$$

其中，运算 $w = u \circ v$ 表示 $w_i = u_i v_i$。函数作用在向量或者矩阵上，表示作用在其每个分量上。

此外，激活函数的导数推导结果可表示如下（推导过程略）：

$$\phi'(x) = sigmoid'(x) = sigmoid(x)[1 - sigmoid(x)] = o_Q(1 - o_Q) \tag{3.18}$$

$$\phi'(x) = \tanh'(x) = 1 - \tanh^2(x) = 1 - o_Q^2 \tag{3.19}$$

$$\phi'(x) = softmax'(x) = softmax(x) - softmax^2(x) = o_Q - o_Q^2 \tag{3.20}$$

多层感知器存在的最大的问题就是，它是一个全连接的网络，因此在输入比较大的时候，权值会特别多。比如一个有 1000 个节点的隐层，连接到一个 1000×1000 像素的图像

上，那么就需要 10^9 个权值参数（外加 1000 个偏置参数）。这个问题，一方面限制了每层能够容纳的最大神经元数目，另一方面也限制了多层感知器的层数。

多层感知器的另一个问题是梯度发散。一般情况下，需要把输入归一化，而每个神经元的输出在激活函数的作用下也是归一化的；另外，有效的参数其绝对值也一般是小于 1 的；这样，在 BP 过程中，多个小于 1 的数连乘，得到的会是更小的值。也就是说，在深度增加的情况下，从后传播到前边的残差会越来越小，甚至对更新权值起不到帮助，从而失去训练效果，使得前边层的参数趋于随机化。

3. 从 MLP 到 CNN

正因为多层感知器存在以上问题，故必须通过卷积神经网络来解决。卷积神经网络的核心出发点有三个。

（1）局部感受野。以模仿人的眼睛为例，将目光聚焦在一个相对很小的局部。普通的多层感知器中，隐层节点会全连接到一个图像的每个像素点上，而在卷积神经网络中，每个隐层节点只连接到图像某个足够小局部的像素点上，从而大大减少需要训练的权值参数。例如，依旧是 1000×1000 的图像，使用 10×10 的感受野，那么每个神经元只需要 100 个权值参数；然而由于需要将输入图像扫描一遍，共需要 991×991 个神经元，参数数目减少了一个数量级，但还是太多。

（2）权值共享。以模仿人的某个神经中枢中的神经细胞为例，它们的结构、功能是相同的，甚至是可以互相替代的。也就是说，在卷积神经网中，同一个卷积核内所有的神经元的权值是相同的，从而大大减少需要训练的参数。继续上一个例子，虽然需要 991×991 个神经元，但是它们的权值是共享的，所以还是只需要 100 个权值参数，以及 1 个偏置参数。从 MLP 的 10^9 降低到了 100。在 CNN 中的每个隐层，一般会有多个卷积核。

（3）池化。以模仿人的眼睛看向远方然后闭上眼睛为例，仍然记得看到了些什么，但是很难完全回忆起刚刚看到的每一个细节。同样，在卷积神经网络中，没有必要一定要对原图像做处理，而是可以使用某种"压缩"方法，这就是池化，也就是每次将原图像卷积后，都通过一个下采样的过程来减小图像的规模。以最大池化为例，1000×1000 的图像经过 10×10 的卷积核卷积后，得到的是 991×991 的特征图，然后使用 2×2 的池化规模，即每 4 个点组成的小方块中，取最大的一个作为输出，最终得到的是 496×496 大小的特征图。

因此，需要训练参数过多的问题已经得到解决。而梯度发散的问题，因为多个神经元共享权值，因此它们也会对同一个权值进行修正，从而得以解决。

4. CNN 预测过程

卷积神经网络的预测过程主要有四种操作：卷积、下采样、光栅化、多层感知器预测。

（1）卷积。为简便起见，考虑一个大小为 5×5 的图像和一个 3×3 的卷积核。这里的卷积核共有 9 个参数，记为 $\Theta=[\theta_{ij}]_{3\times3}$。这种情况下，卷积核实际上有 9 个神经元，它们的输出又组成一个 3×3 的矩阵，称为特征图。第一个神经元连接到图像的第一个 3×3 的局部，第二个神经元则连接到第二个局部，如图 3.8 所示。

图 3.8 中，上方是第一个神经元的输出，下方是第二个神经元的输出。每个神经元的

运算依旧是

$$f(x) = \text{act}\Big(\sum_{i,j}^{n} \theta_{(n-i)(n-j)} \ x_{ij} + b\Big) \tag{3.21}$$

假设有二维离散函数 $f(x,y)$、$g(x,y)$，那么它们的卷积定义为

$$f(m,n) * g(m,n) = \sum_{u}^{\infty} \sum_{v}^{\infty} f(u,v) g(m-u,n-v) \tag{3.22}$$

则上例中的 9 个神经元均完成输出后，实际上等价于图像和卷积核的卷积操作。这就是卷积神经网络的主要精华所在（图 3.8）。

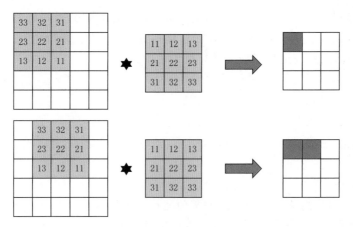

图 3.8　卷积示意图

此外，通常需要用到的卷积操作有两种模式：

1）valid 模式，用 $* v$ 表示。即上边例子中的运算，在这种模式下，卷积只发生在被卷积的函数的定义域内部。一个 $m \times n$ 的矩阵被一个 $p \times q$ 的矩阵卷积（$m \geqslant p$，$n \geqslant q$），得到的是一个 $(m-p+1) \times (n-q+1)$ 的矩阵。

2）full 模式，用 $* f$ 表示。这种模式是二维卷积的定义。一个 $m \times n$ 的矩阵被一个 $p \times q$ 的矩阵卷积，得到的是一个 $(m+p-1) \times (n+q-1)$ 的矩阵。

综上，如果卷积层 c 中的一个神经中枢 j 连接到特征图 X_1、X_2、…、X_i，且这个卷积核的权重矩阵为 Θ_j，那么这个神经中枢的输出为

$$O_j = \phi\Big(\sum_{i} X_i * v \Theta_j + b_j\Big) \tag{3.23}$$

（2）下采样。即池化，目的是减小特征图，池化规模一般为 2×2。常用的池化方法有：①最大池化（Max Pooling）。取 4 个点的最大值（这是最常用的池化方法）；②均值池化（Mean Pooling），取 4 个点的均值；③高斯池化。借鉴高斯模糊的方法；④可训练池化。训练函数 f，接受 4 个点为输入，输出 1 个点。

由于特征图的变长不一定是 2 的倍数，所以在边缘处理上也有两种方案：①忽略边缘，即将多出来的边缘直接省去；②保留边缘，即将特征图的变长用 0 填充为 2 的倍数，然后再池化，一般使用这种方式。

对神经中枢 j 的输出 O_j，使用池化函数 downsample 池化后的结果为

$$S_j = downsample(O_j) \tag{3.24}$$

（3）光栅化。图像经过池化-下采样后，得到的是一系列的特征图，而多层感知器接受的输入是一个向量。因此需要将这些特征图中的像素依次取出，排列成一个向量。具体说，对特征图 X_1、X_2、$\cdots$、X_j，光栅化后得到的向量：

$$O_k = [\delta_{111}, \delta_{112}, \cdots, \delta_{11n}, \delta_{121}, \delta_{122}, \cdots, \delta_{12n}, \cdots, \delta_{1mn}, \cdots, \delta_{jmn}]^{\mathrm{T}} \tag{3.25}$$

（4）多层感知器预测。将光栅化后的向量连接到多层感知器即可。卷积神经网络的参数估计依旧使用 Back Propagation 的方法，不过需要针对卷积神经网络的特点进行一些修改。从高层到底层，逐层进行分析。

1）多层感知器层。使用多层感知器的参数估计方法，得到其最低的一个隐层 S 的残差向量 δ_S。现在需要将这个残差传播到光栅化层 R，光栅化的时候并没有对向量的值做修改，因此其激活函数为恒等函数，其导数为单位向量：

$$\delta R = (O_S^{\mathrm{T}} \delta_S) \cdot \phi'(n_g) = O_S^{\mathrm{T}} \delta_S \tag{3.26}$$

2）光栅化层。从上一层传过来的残差为

$$\delta_g = [\delta_{111}, \delta_{112}, \cdots, \delta_{11n}, \delta_{121}, \delta_{122}, \cdots, \delta_{12n}, \cdots, \delta_{1mn}, \cdots, \delta_{jmn}]^{\mathrm{T}} \tag{3.27}$$

重新整理成为一系列的矩阵即可，若上一层 Q 有 q 个池化核，则传播到池化层的残差为

$$\Delta_Q = \Delta_1, \Delta_2, \cdots, \Delta_q \tag{3.28}$$

3）池化层。对应池化过程中常用的两种池化方案，这里反传残差的时候也有两种上采样方案：①最大池化，将 1 个点的残差直接拷贝到 4 个点上；②均值池化，将 1 个点的残差平均到 4 个点上。

即传播到卷积层的残差为

$$\Delta_p = upsample(\Delta_q) \tag{3.29}$$

4）卷积层。卷积层有参数，所以卷积层的反传过程有两个任务：一是更新权值，另一是反传残差。先研究更新权值，即梯度的推导，如图 3.9 所示。

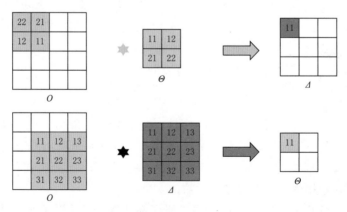

图 3.9　权值更新示意图

如图 3.9 上方，先考虑卷积层的"某个神经中枢"中的第一个神经元。根据多层感知器的梯度公式：

$$\frac{\partial E}{\partial \theta_{ij}} = \delta_j O_j \tag{3.30}$$

那么，在图 3.9 上的例子中有

$$\partial E / \partial \theta_{11} = \delta_{11} o_{22} \mid \partial E / \partial \theta_{12} = \delta_{11} o_{21} \mid \partial E / \partial \theta_{21} = \delta_{11} o_{12} \mid \partial E / \partial \theta_{22} = \delta_{11} o_{11} \tag{3.31}$$

考虑到其他的神经元，每次更新的都是这四个权值，因此实际上等价于一次更新这些偏导数的和。如果仅考虑对 θ_{11} 的偏导数，不难发现其值应该来自淡蓝色和灰色区域。

因此，对卷积层 p 中的某个神经中枢 p，权值以及偏置更新公式应为

$$\frac{\partial E}{\partial \theta_p} = rot180\Big[\Big(\sum_{q'} O_{q'} \Big) * vrot180(\Delta_p) \Big]$$

$$\frac{\partial E}{\partial b_p} = \sum_{u,v} (\delta_p)_{uv} \tag{3.32}$$

其中，$rot180$ 是将一个矩阵旋转 $180°$；$O_{q'}$ 是连接到该神经中枢前的池化层的输出；对偏置的梯度即 Δ_p 所有元素之和。

5）残差反传。以图 3.10 为例研究残差反传问题：

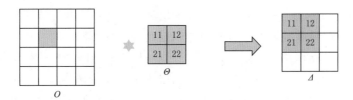

图 3.10　残差反传示意图

图 3.10 中，考虑淡蓝色像素点影响到的神经元，其受影响的神经元有 4 个，分别以某个权值与淡蓝色像素运算后影响到对应位置的输出。再结合多层感知器的残差传播公式，不难发现这里又是一个卷积过程。同样，如图中的数字标号，这里的卷积是旋转过的，且用的卷积模式是 full。

如果前边的池化层 Q' 的某个特征图 q' 连接到这个卷积层 p 中的某神经中枢集合 C，那么传播到 q' 的残差为

$$\Delta_{q'} = \Big[\sum_{p \in C} \Delta_p * frot180(\Theta_p) \Big] \circ \phi'(O_{q'}) \tag{3.33}$$

6）Softmax 层。Softmax 的梯度公式与多层感知器的 BP 过程是兼容的；另外，实现 Softmax 的时候，如果需要分为 k 个类，同样也可以设置 k 个输出节点，这相当于隐含了一个类别名称为"其他"的类。

（5）总体实现思路。根据前述研究，可以得出 CNN 的实现思路为：以层为单位，分别实现卷积层、池化层、光栅化层、MLP 隐层、Softmax 层这五个层的类。其中每个类都有 output 和 backpropagate 这两个方法。

另外，还需要一系列的辅助方法，包括 conv2d（二维离散卷积、valid 和 full 模式）、downsample（池化中需要的下采样，两种边界模式）、upsample（池化中的上采样），以及 dsigmoid 和 dtanh 等。

综上，CNN 是一种经典的深度学习架构，受生物自然视觉认知机制启发而来。相比

其他深度学习模型，CNN 具有较少的权值和较低的复杂度，能对输入数据自动进行分层的特征提取，通过组合低层特征形成更加高层的特征融合，从而实现对目标的高级抽象描述。

CNN 是具有深度的神经网络结构，通过自动学习能发现输入数据的模式和分布规律，因而在语音识别、人脸识别、图像处理、智能驾驶、自然语言处理、脑电波分析和交通信息预测等领域被广泛应用并获得较大的性能提升。

CNN 是一种深度前馈神经网络，与传统的如 BP 等浅层神经网络相比，具有更多的隐含层，此外，相邻两层神经元之间的连接关系也从全连接变为局部连接。典型的 CNN 结构包含输入层、多个交替而连的卷积层和池化层、全连接层和输出层，通过对大量训练样本的学习，能确定神经元的连接权值和偏置参数从而实现对输入数据的自动分析解释。

原始的数据如图像像素值和传感器数值可直接作为网络的输入，避免了传统算法中复杂的特征提取和数据重建过程。CNN 包含了由卷积层和池化层构成的多个分层特征抽取器，卷积层通常包含若干个特征平面，每个特征平面由矩阵形式的神经元组成，其中的神经元具有局部感受野，一个神经元只与部分上层神经元连接，同一特征平面的神经元共享权值，通过神经元的局部映射关系可实现卷积操作对特征进行提取。

共享的权值对应卷积核系数，卷积核一般以随机小数矩阵的形式初始化，在网络的训练过程中将学习得到合理的卷积核数值。卷积层中多个特征图由多个不同的核卷积而得，权值共享不仅能减少网络各层之间的连接参数，同时也能降低过拟合的风险。

卷积层之后通常是池化层，也即下采样层。由于卷积运算获得的特征图具有较多冗余信息，通过下采样或者池化操作能在降低维度的同时保留主要的特征信息，常用的池化方法有均值下采样和最大值下采样两种形式。卷积和下采样的组合极大简化了模型复杂度，降低了参数的数量，使得 CNN 对输入数据的平移、比例缩放、倾斜或者其他形式的变形具有更高的鲁棒性。在最后一个池化层后是全连接层，池化层各个矩阵均转为向量并相连，全连接层的神经元采用全连接模式，即当前层某一神经元与下一层所有神经元连接。全连接层后为输出层，根据应用需要可为分类的标签或者预测的结果。

CNN 的神经元权值和偏置参数首先随机初始化，然后通过大量样本训练而学习确定。每个训练样本具有对应的标签值，将其作为输入而获得的输出与真实值间存在着误差，学习的目的是寻找最合适的权值和偏置参数，使得所有样本的误差总和尽量接近于零。误差总和若采用均方误差或者交叉熵来表示则称为损失函数，通过随机梯度下降算法能寻找到最优的参数使得损失函数收敛。通过训练，CNN 能获得一种深层非线性网络结构，实现复杂函数逼近，学习到数据集本质特征和输入数据分布规律。经过大数据的训练样本学习，参数确定的 CNN 具有较强泛化能力，可对测试数据进行有效的分析挖掘。

3.2.2.2 深度信念网络模型（DBN）

深度信念网络（Deep Belief Networks，DBN）是第一批成功应用深度架构训练的非卷积模型之一。2006 年，"神经网络之父" Geoffrey Hinton 首次提出 DBN 模型，一举解决了深层神经网络的训练问题，推动了深度学习的快速发展，开创了人工智能的新局面。DBN 通过采用逐层训练的方式，解决了深层次神经网络的优化问题，通过逐层训练为整个网络赋予了较好的初始权值，使得网络只要经过微调就可以达到最优解。而在逐层训练的时候起到最重要作用的是"受限玻尔兹曼机"（Restricted Boltzmann Machines，RBM）。RBM只有两层神经元：一层称为显层（visible layer），由显元（visible units）组成，用于输入训练数据；另一层称为隐层（hidden layer），相应地，由隐元（hidden units）组成，用作特征检测器。RBM的特点是：在给定可见层单元状态（输入数据）时，各隐层单元的激活条件是独立的（层内无连接），同样，在给定隐层单元状态时，可见层单元的激活条件也是独立的。每一层都可以用一个向量来表示，每一维表示每个神经元。注意这两层间的对称（双向）连接。神经元之间是相互独立的，这样的好处是，在给定所有显元的值的情况下，每一个隐元取什么值是互不相关的。RBM基本结构如图3.11所示。

将若干个RBM"串联"起来则构成了一个DBN模型，其中，上一个RBM的隐层即为下一个RBM的显层，上一个RBM的输出即为下一个RBM的输入。训练过程中，需要充分训练上一层的RBM后才能训练当前层的RBM，直至最后一层。DBN模型训练过程由低到高逐层进行训练，如图3.12所示。

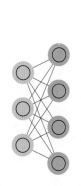

图 3.11　RBM 基本结构

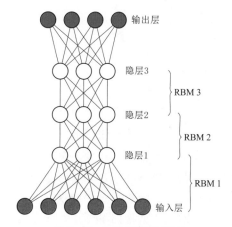

图 3.12　DBN 模型示意图

RBM显元用于接受输入，隐元用于提取特征，通过RBM训练之后，可以得到输入数据的特征。另外，RBM还通过学习将数据表示成概率模型，一旦模型通过无监督学习被训练或收敛到一个稳定的状态，它还可以被用于生成新数据。正是由于RBM的上述特点，使得DBN逐层进行训练变得有效，通过隐层提取特征使后面层次的训练数据更加有代表性，通过可生成新数据能解决样本量不足的问题。逐层的训练过程（图3.13）如下：①最底部RBM以原始输入数据进行训练；②将底部RBM抽取的特征作为顶部RBM的输入继续训练；③重复这个过程以训练尽可能多的RBM层。

由于RBM可通过CD快速训练，于是这个框架绕过直接从整体上对DBN高度复杂的训练，而是将DBN的训练简化为对多个RBM的训练，从而简化问题。而且通过这种方式训练后，可以再通过传统的全局学习算法（如BP算法）对网络进行微调，从而使模型收敛到局部最优点，通过这种方式可高效训练出一个深层网络出来，如图3.14所示。

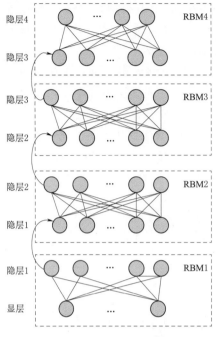

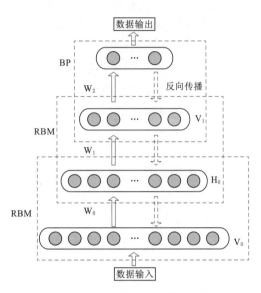

图 3.13　DBN 模型逐层训练过程　　　　图 3.14　DBN 深层网络训练流程

3.2.2.3　LSTM 模型

长短期记忆人工神经网络（Long - Short Term Memory，LSTM）是一种时间递归神经网络，是一种特殊的循环神经网络，其关键的结构单元是细胞，一个 LSTM 单元是由 3 个门限结构和 1 个状态向量传输线组成的，门限结构分别是遗忘门、传入门及输出门；其中状态向量传输线负责长程记忆，而 3 个门限结构负责短期记忆的选择。如图 3.15 所示，LSTM 中的每个重复的模块 A（即 cell）包含了四个相互作用的神经网络层，图中用四个黄色的矩形来表示。每条线表示一个向量，从一个输出节点到其他节点的输入节点。粉红色圆圈表示逐点式操作，就像向量加法。线条合表示联结，相反，线条分叉表示内容被复制到不同位置。

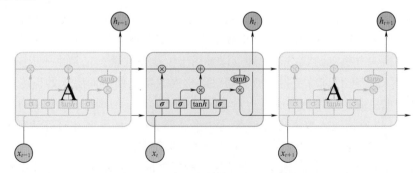

图 3.15　一般的长短期记忆网络结构图

LSTM 的关键是神经元状态（cell state），也就是图 3.16 中上面那条贯穿整个结构的水平线。

LSTM 控制通过"门"可以将信息删除或添加到单元状态，"门"选择性地让信息通过，由 sigmoid 神经网络层和点乘法运算组成（图 3.17）。

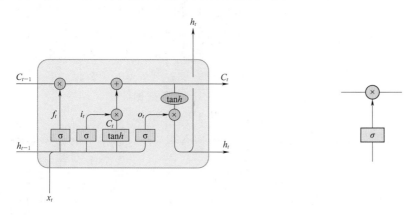

图 3.16　LSTM 神经元状态向量图例　　　　图 3.17　LSTM 控制"门"结构图例

sigmoid 层输出的数字在 0 和 1 之间，因此在这里描述了每个组件应该通过多少，"0"表示"什么都不通过"，"1"表示"全部通过"。LSTM 能够学习长期依赖，记住长时间段的信息，故非常适合用于处理雨量这种与时间序列高度相关的数据，并且由于 LSTM 的遗忘门和输出门可以忘记部分信息，解决了原始循环神经网络存在的梯度消失的问题。

3.2.2.4　多模型融合技术

大量的水文历史数据是各种各样的客观因素作用以后产生的结果，这些数据的特点是时间序列数据，非常适合进行数据分析。深度学习是具有深层感知结构神经网络算法的统称，是至少包含两个隐含层的神经网络对输入进行非线性变换或表示学习的技术，它通过模拟人脑的多层非线性映射来识别和学习数据的模式特征。具有深度体系结构的深度神经网络不受制于特定的问题形式和条件假设，单纯地以数据为驱动，通过反复的训练学习自动提取数据的复杂特征并进行分析，在海量高维数据处理、复杂特征和模式识别、非线性参数预测等方面具有明显的优势，因此，将其应用于大量历史水文数据的分析是一种很好的方法。近年来，深度学习在计算机视觉、语音识别，模式识别和分类以及自然语言处理等领域取得了出色的成绩，然而目前在水文预报领域中还尚无深入地研究与应用。针对如何提高水库入流预测的准确性问题，本节基于深度神经网络框架，提出了基于 CNN、DBN 和 LSTM 的深度学习流量预测模型，将详细说明各模型的具体应用方法。

1. 基于 CNN 的径流等级预测

根据 CNN 模型原理，以水库的入库流量等级预测为例，提出基于 CNN 深度学习的径流等级预测具体方案。

（1）输入输出定义。

1）输入定义。选择与水库入库流量潜在相关的影响因子作为输入集合，具体可包括以下类型数据：

当前时间的所在旬号：1 个数据，用于反映年内 36 个旬的周期季节特征。

控制流域面积内 p 个雨量站过去连续 h 个小时的降雨量：共 $p \times h$ 个数据。

控制流域面积内 e 个蒸发站过去连续 h 个小时的蒸发量：共 $e \times h$ 个数据。

控制流域面积内 s 个墒情站过去连续 h 个小时的土壤含水量：共 $s \times h$ 个数据。

控制流域面积内 a 个气象分区过去连续 h 个小时的温度：共 $a \times h$ 个数据。

控制流域面积内 a 个气象分区未来 f 个小时的预报降雨量：共 $a \times f$ 个数据。

控制流域面积内 a 个气象分区未来 f 个小时预测温度：共 $a \times f$ 个数据。

水库坝址及库区沿程 c 个控制站的当前流量：共 $1 + c$ 个数据。

水库坝址及库区沿程 c 个控制站的当前水位：共 $1 + c$ 个数据。

以上不同物理含义的数据序列构成了一个完整的输入集。将各类数据序列按顺序依次排列为一个 $m \times n$ 的矩阵 X：

$$X = \begin{bmatrix} x_{1,1} & \cdots & x_{1,n} \\ \vdots & & \vdots \\ x_{m,1} & \cdots & x_{m,n} \end{bmatrix} \tag{3.34}$$

其中，m 和 n 可根据输入集的总长度自由定义，但必须满足：

$$m \times n = 1 + (p + e + s + a) \times h + a \times f \times 2 + (1 + c) \times 2 \tag{3.35}$$

2）输出定义。对水库未来 t 时段入库流量预测结果按设计特征流量和业务应用需求划分为 $R(R > 0)$ 个流量等级 $\{r_1, r_2, \cdots, r_R\}$，则对应可构成 $R + 1$ 个流量等级区间 Y：

$$Y = \{[0, r_1), [r_1, r_2), \cdots, [r_R, +\infty)\} \tag{3.36}$$

任意一个输入矩阵 X，都对应流量等级区间 Y 中唯一的一个等级区间。

（2）样本分类构建与数据转换处理。

1）样本分类及原始数据集构建。样本集按用途分为训练样本、测试样本和验证样本。训练样本用于在训练阶段学习和调整各类网络权值；测试样本用于测试训练过程中对训练样本中未出现过的数据的分类性能，并根据测试结果对网络结构或训练循环次数等进行调整；验证样本则用于网络结构确定后，对通过训练学习获得的参数集进行预测的准确度检验。本案例本质上是一种基于数据驱动的预测方法，虽能适用于任意大小的数据集，但用于训练的数据要尽可能覆盖问题域中所有已知可能出现的情况，且必须具备足够的容量才能保障训练结果的有效性。

因此，本节根据前述输入输出定义和样本划分方式，首先尽可能多地收集历史资料信息，并以时间轴为刻度，按输入矩阵 X 和输出等级区间 Y 的数据格式与对应关系构成输入输出的原始数据集；然后剔除含有各类无效信息的数据集，再按"7∶2∶1"原则筛选出其中的 70% 作为训练样本，20% 作为测试样本，10% 作为检验样本。每类样本均包含一一对应的输入数据集和输出数据集。

2）样本输入数据集的标准化处理。对样本集中的所有原始输入数据集，按照数据的不同物理含义分类进行标准差标准化。具体处理方式为：汇集样本集内每个原始输入矩阵 X 中的第 k 类数据，然后分别求出该类型数据的平均值 $\overline{x_k}$ 和标准差 S_k，最后针对每个原始输入矩阵 X 中的实际值 $x_{k,i}$ 按式（3.37）进行处理：

$$x'_{k,i} = (x_{k,i} - \overline{x_k}) / S_k \tag{3.37}$$

上述标准化处理的目的在于消除各类数据的量纲（单位）影响和自身变异影响。处理后，输入样本中的各类数据都被标准化成了无量纲的纯数据序列，正负大约各占一半，平均值为 0，标准差为 1。

（3）多层卷积网络搭建。搭建多层卷积神经网络，具体层数通过后续网络性能测试结果确定。现以初始化八层网络为例，各层的详细描述如下：

1）卷积层 C1。样本 X 的输入矩阵大小为 $m \times n$，为提取样本的多种不同特征，定义 N 个（$N \geqslant 1$）大小为 $j \times j$ 的卷积核 W 作为网络权值，对应偏移量为 b，对 X 中的每个元素执行卷积操作：

$$Y = W \times X + b \tag{3.38}$$

其中卷积核及其对应偏移量为

$$W = \{W_1, W_2, \cdots, W_N\}, b = \{b_1, b_2, \cdots, b_N\} \tag{3.39}$$

固定卷积操作的移动步长为 1，卷积完成后，采用 ReLU 的 max 函数作为激活函数，对卷积输出结果进行非线性映射。每个样本在本层可生成 N 个大小为 $(m-j+1) \times (n-j+1)$ 的特征图，需要训练的参数共 $(j \times j + 1) \times N$ 个，对应的网络连接数为 $(m-j+1) \times (n-j+1) \times (j \times j + 1) \times N$ 个。

2）池化层 S2。固定池化规模为 $d \times d$，针对 C1 层生成的 N 个特征图，将每个特征图中完全相邻的 $d \times d$ 个元素按最大池化法依次池化为一个元素，从而产生 N 个缩小了 $d \times d$ 倍的特征映射图，大小为 $m' \times n'$，其中 $m' = \dfrac{m-j+1}{d}$，$n' = \dfrac{n-j+1}{d}$。若不能整除，则需要对边缘进行处理，将特征图用 0 填充为 d 的倍数后再池化。

3）卷积层 C3。定义 N'（$N' \geqslant 1$）个新的 $j' \times j'$ 卷积核，按 C1 层的方法对 S2 层的 N 个特征映射图进行卷积和激活，得到 N' 个新的特征图。本层的特征图需要全面反映上一层提取到的不同特征，因此，每个特征图应分别连接到 S2 中的所有 N 个或其中某几个特征映射图进行多种不同组合。最终生成的每个特征图大小为 $(m'-j'+1) \times (n'-j'+1)$，需要训练的参数共 $(j' \times j' + 1) \times N'$ 个，对应网络连接数为 $(m'-j'+1) \times (n'-j'+1) \times (j' \times j' + 1) \times N'$ 个。

4）池化层 S4。与 S2 层类似，采用最大池化技术将 C3 层特征图进行下采样处理，产生 N' 个大小为 $m'' \times n''$ 的特征映射图。

5）卷积层 C5。定义 N''（$N'' \geqslant 1$）个新的 $j'' \times j''$ 卷积核，按 C3 层的方法对 S4 层的 N' 个特征映射图进行卷积和激活，得 N'' 个大小为 $(m''-j''+1) \times (n''-j''+1)$ 的特征图。本层的卷积核尺寸需小于或等于 S4 层特征图尺寸，需要训练的参数为 $(j'' \times j'' + 1) \times N''$ 个，对应网络连接数为 $(m''-j''+1) \times (n''-j''+1) \times (j'' \times j'' + 1) \times N''$ 个。卷积层是否继续增加取决于是否还有特征需要抽象提取。

6）池化层 S6。与 S2 层类似，采用最大池化技术将 C5 层特征图进行下采样处理，产生 N'' 个大小为 $m''' \times n'''$ 的特征映射图。

7）全连接层 F7。将 S6 层的二维特征图变为一维特征向量，定义全连接层节点个数，实现与一维特征向量节点的全连接映射。

8）输出层 O8。根据预测应用要求设计输出层节点数目，与全连接层互连。

（4）损失函数及预测准确率定义。以均方误差最小化作为损失函数：

$$L = \sum_{i=1}^{I} (y_i - \hat{y}_i)^2 \tag{3.40}$$

式中：L 为所有训练样本的总损失；I 为训练样本总长度；y_i 为第 i 个训练样本的计算输出；$\hat{y}_i$ 为第 i 个训练样本的对应真值。

给定长度为 T 的输入样本和网络模型各层参数，按第 3）步逐层计算。假设有 TR 个样本在输出层 O8 的计算结果能正确映射样本实际真值，则预测准确率 AR 定义为

$$AR = \frac{TR}{T} \times 100\% \tag{3.41}$$

（5）参数训练。

1）向前传播阶段：初始化第 3 步中 C1、C3、C5 和 F7 层的 W、b 参数，以第 2 步生成的训练样本中的输入矩阵为基础，逐层完成网络模型计算，得到相应的计算输出。

2）向后传播阶段：按式（3.40）计算所有训练样本的总损失 L，然后以误差极小化 $\min L$ 为目标反向传播调整各层 W、b 参数，直到 L 无法下降或循环次数达预设上限，训练结束。

（6）网络性能测试。以第 2 步生成的测试样本和第 5 步训练所得的各层 W、b 参数为基础，按第 3 步逐层计算，并按式（3.41）统计所有测试样本的预测准确率 AR_{test}。

假设网络性能达标的预测准确率下限为 $AR_{\min}$，则当 $AR_{\text{test}} < AR_{\min}$ 时，对第 3）步的网络结构进行调整（包括网络层数、各层卷积核大小、各层卷积核数量、循环次数上限等），然后重新执行第 5 步训练模型的各层参数，再次测试网络性能。

依此循环，直到 $AR_{\text{test}} \geqslant AR_{\min}$，测试结束，记录当前网络结构与模型参数作为最终训练成果。若始终无法达到预期，则可适当下调 $AR_{\min}$，降低预期成效。

（7）预测精度检验。以第 2 步生成的检验样本为基础，按第 6 步确定的网络模型及各层 W、b 参数逐层完成模型计算，最后按式（3.41）统计所有检验样本的预测准确率 AR_{check} 作为模型参数检验精度。

（8）滚动学习训练。随着时间推移，预报对象的数据资料会不断积累增多。假定学习训练的滚动周期为 RP，则每过一个时间周期间隔 RP，就依次执行第 2 步至第 6 步进行模型参数的滚动学习训练。通过不断增补新样本参与模型训练，保障预测模型参数的时效性。

（9）知识自动更新。对于网络结构和模型参数的学习训练成果，本章采用知识库进行保存与管理。该知识库由增量库和实时库两部分构成，增量库用于累积存储每轮学习训练所得的网络结构和模型参数，随着时间推移会不断增多；实时库有且仅有一条知识记录，用于开展流量等级预测计算，该部分随着时间推移滚动更新。因此，当每轮训练结束后，一方面会在增量库中自动保存本轮的学习训练成果；另一方面还会自动更新实时库的知识记录。

（10）流量等级预测。针对任意给定时间（如当前时间，或某历史时间），首先提取所有影响因子的对应数值按式（3.34）和式（3.35）构建输入向量，并按式（3.37）进行标准化处理；然后调用知识库中的实时库知识记录（对应唯一的网络结构和模型参数）进行网络模型计算得出最终的流量等级预测结果。

综上，该方案的总体流程如图 3.18 所示。

2. 基于 DBN 和 LSTM 的径流过程预测

（1）模型介绍。针对如何提高对水库入库流量预测的准确性问题，本节开发了一种基于深度学习的水库入库流量预测模型，首次将 DBN 与 LSTM 相融合应用于入库流量的预测。主要包括四个主要步骤：首先，建立一个深度置信网络（DBN）来对历史支流流量数据和入库流量数据的复杂特征进行提取和学习，生成无雨情况下预测的入库流量值 $F1$；其次，利用相同的 DBN 模型，将无雨情况下历史流量数据与

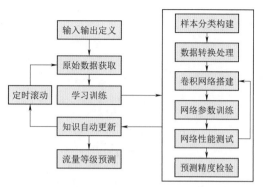

图 3.18 水库入库流量等级预测流程图

入库流量之间的对应关系（第一步获得的训练参数）应用到有雨情况下的数据进行分析学习，生成降雨情况下的预测入库流量 $F2$；然后，计算 $F2$ 与有雨情况下真实流量的差，得到差值 Δ。接下来，通过构建一个长短期记忆网络（LSTM）来学习区间雨量数据与上步差值 Δ 之间的对应关系，得到在有雨情况下预测的入库流量差值 ΔF；最后，水库入库流量的预测结果即是上述三部分的总和。模型系统的总体架构如图 3.19 所示。

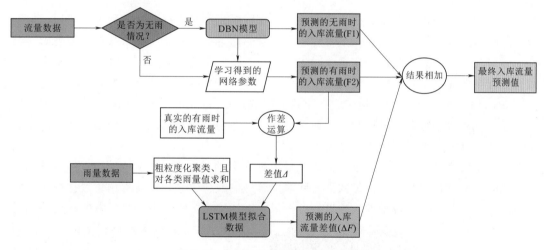

图 3.19 DBN+LSTM 模型系统结构图

（2）数据集介绍。本节使用的数据集是长江三峡水库 2010 年 7 月 7 日至 2017 年 10 月 31 日的历史水文数据，数据集由三部分组成：第一个部分是由水库流域范围内 3 条支流控制站（朱沱、北碚、武隆）收集的流量数据；第二部分是由位于三条支流和水库之间的 123 个雨量控制站收集的区间降雨数据；第三部分则是水库控制站采集的入库流量数据。三个控制站以及区间雨量站的地理空间分布情况见图 3.20。

除 2010 年外，每年采用汛期（5—10 月）的数据用于实验。本节数据的采样间隔为 6 小时，因此在一天中选取了四个记录的时间点，分别是：2 点、8 点、14 点、20 点。

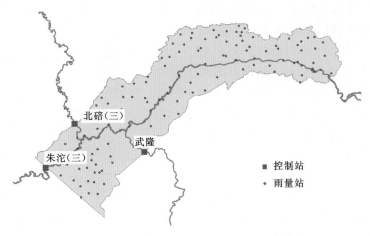

图 3.20　三个控制站及区间雨量站分布图

为反映流量和降雨量的变化规律，本节使用提前 8 天的流量或降雨量数据作为模型的输入，来预测未来 24 小时的水库入库流量，因此，输入的时间序列的长度是 32。例如，要预测 2017 年 5 月 2 日凌晨 2 点的入库流量，需要 2017 年 5 月 1 日凌晨 2 点以及之前 31 个时间点的历史数据。选取 2010—2016 年的数据作为模型的训练样本，选取 2017 年的数据作为测试样本。

（3）数据预处理。对于数据的预处理，首先需要剔除异常或错误的数据，然后，根据流域范围内所有雨量控制站在每个时间点上记录的雨量值总和，将流量数据分为有雨情况和无雨情况两类。具体地说，在每个时间点上，若各雨量值之和大于 10mm，则相应流量数据为有雨情况类，若各雨量值之和小于等于 10mm，则相应流量数据为无雨情况类。

图 3.21 展示了 123 个雨量站所在流域范围的土地分布图，为了保留雨量站的空间位置信息，首先根据每个雨量控制站的地理位置对这些雨量控制站做一下栅格化处理，然后生成一个可以反映雨量站位置信息的 txt 文件。

经样本数据分析可知，雨量数据和流量数据在数值的范围上存在较大的差异，因此，为了能够在雨量数据与入库流量数据之间建立合理的映射关系，需要对雨量数据的粒度做适当的调整。对于雨量数据的预处理，首先根据上述 txt 文件生成 123 个雨量站点的位置索引，生成的每个雨量站位置索引的横坐标 x 的取值范围为 [0，222]，纵坐标 y 的取值范围为 [0，309]。接下来，采用 K - 均值（K - Means）聚类方法，从雨量站的空间位置角度对雨量数据进行粗粒度化聚类，即根据各雨量站的位置索引，将降雨控制站所在的区域自动划分为 4 个界限明显的区域，然后在每个时间点上对每个区域的雨量数据进行求和，得到 4 个区域的雨量，再将这 4

图 3.21　雨量站所在流域范围的土地分布图

个雨量和值作为后续网络模型的输入。

K-均值是一种无监督的聚类算法，其基本思想就是"物以类聚，人以群分"，它的基本思想是通过感知样本间的相似度进行类别归纳，将具有较高相似度的样本划分到一个类别中。其具体实现步骤如下：

1）从样本集中随机选取 K 个样本作为簇中心（称为聚类中心）。

2）分别计算每个样本到这 K 个聚类中心的距离，并将其归类到与其距离最近的聚类中心所在类中。

3）然后用各类中所有样本的平均值更新每个类的中心。

4）重复执行 2）～3）步，如此迭代，直至每个类中心偏移小于给定的阈值。

本章采用欧式距离来度量数据样本间的相似性，距离越小，表明样本间差异度越小，越相似，反之表明样本间差异度越大，越不相似。选择误差平方和作为损失函数，假设数据集 X 包含 K 个聚类子集 X_1，X_2，$\cdots$，X_K，各聚类子集的聚类中心分别为 u_1，u_2，$\cdots$，u_K，则损失函数 E 定义如下：

$$E = \sum_{i=1}^{K} \sum_{p \in X_i} \| p - u_i \|^2 \tag{3.42}$$

图 3.22 给出了一个 K-Means 通过 4 次迭代聚类 3 个簇的例子。

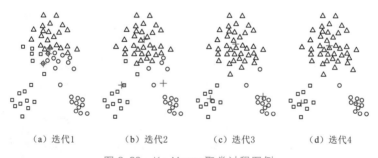

(a) 迭代1　　　(b) 迭代2　　　(c) 迭代3　　　(d) 迭代4

图 3.22　K-Means 聚类过程图例

本节将这 123 个雨量站的位置索引数据作为聚类样本，并将聚类中心数目设定为 4，从而将雨量站所在流域分成 4 个界限明显的区域，得到 4 个区域的聚类中心分别是：

[180.27586207，45.17241379]，[97.1875，109.40625]，[29.2，184.62857143]，[38.25925926，275.74074074]，经过 K-Means 聚类后最终得到的区域划分如图 3.23 所示。

图中垂直方向和水平方向分别对应 x 轴和 y 轴，故坐标原点位于图 3.23 中左上角。123 个雨量站都根据其位置信息被划分到了特定的区域里，图中的横坐标和纵坐标表示各雨量站点的空间位置索引，不同颜色的圆圈表示不同簇类的样本，菱形代表每个簇类的簇中心，

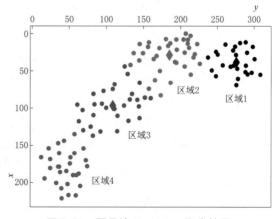

图 3.23　雨量站 K-Means 聚类结果

也就是聚类中心。

最后，每个雨量站点所在聚类区域以及对应的位置坐标索引信息见表 3.1（注：雨量站的编号从 0 开始，位置索引的横坐标取值范围为 [0，222]，纵坐标取值范围为 [0，309]）。

表 3.1 区 域 1 站 点 信 息

聚类区域（编号、聚类中心）	雨量站编号（位置）
区域 1 （27 个雨量站） 聚类中心位置坐标： (38.25925926, 275.74074074)	9 (42, 257)、10 (54, 292)、11 (52, 297)、24 (27, 250)、25 (28, 275)、26 (60, 278)、46 (24, 248)、47 (11, 288)、48 (17, 274)、49 (25, 290)、52 (55, 309)、53 (33, 301)、54 (17, 298)、55 (69, 276)、56 (14 261)、63 (54, 290)、68 (52, 288)、69 (51, 288)、70 (43, 272)、86 (44, 268)、87 (47, 277)、116 (57, 248)、117 (49, 242)、118 (31, 237)、119 (12, 281)、120 (22, 271)、121 (43, 289)
区域 2 （35 个雨量站） 聚类中心位置坐标： (29.2, 184.62857143)	7 (44, 205)、8 (41, 226)、18 (36, 144)、20 (30, 167)、21 (38, 192)、22 (19, 211)、23 (27, 219)、31 (11, 157)、32 (42, 133)、36 (0, 207)、37 (3, 213)、38 (7, 180)、39 (8, 204)、40 (13, 186)、41 (25, 205)、42 (31, 217)、43 (8, 210)、44 (8, 194)、45 (13, 209)、57 (16, 183)、58 (14, 222)、62 (50, 172)、82 (26, 149)、83 (34, 164)、84 (63, 165)、85 (39, 194)、105 (14, 145)、106 (18, 156)、108 (26, 137)、110 (83, 173)、111 (19, 171)、112 (74, 157)、113 (66, 186)、114 (55, 214)、115 (21, 195)
区域 3 （32 个雨量站） 聚类中心位置坐标： (97.1875, 109.40625)	3 (130, 69)、4 (132, 92)、5 (97, 124)、6 (66, 145)、16 (118, 63)、17 (110, 115)、19 (54, 129)、30 (81, 83)、33 (86, 152)、34 (87, 160)、35 (89, 142)、50 (100, 100)、59 (88, 132)、60 (137, 82)、61 (111, 115)、64 (95, 84)、65 (96, 61)、66 (75, 109)、67 (98, 144)、78 (125, 79)、79 (77, 96)、80 (101, 111)、81 (117, 130)、97 (103, 68)、98 (94, 94)、99 (110, 83)、101 (95, 108)、102 (114, 145)、103 (131, 115)、104 (81, 135)、107 (44, 125)、109 (68, 111)
区域 4 （29 个雨量站） 聚类中心位置坐标： (180.27586207, 45.17241379)	0 (147, 35)、1 (185, 46)、2 (144, 43)、12 (202, 48)、13 (179, 36)、14 (201, 32)、15 (161, 57)、27 (222, 40)、28 (188, 63.0)、29 (190, 60)、51 (170, 72)、71 (169, 24)、72 (161, 36)、73 (195, 17)、74 (155, 22)、75 (179, 35)、76 (218, 59)、77 (190, 55)、88 (166, 12)、89 (205, 65)、90 (217, 49)、91 (175, 51)、92 (186, 38)、93 (208, 39)、94 (181, 24)、95 (167, 52)、96 (135, 57)、100 (154, 69)、122 (178, 74)

由于各水文数据的数值范围有差异，因此在将这些数据输入模型之前还需要对数据做归一化处理，从而将所有的参数特征统一到大致相同的数值区间，确保后续网络模型的训练能够更快地得到最优解。本节采用"最大最小值归一化"的线性函数归一化方法对原始数据进行等比例缩放，将原始的水文参数数据都映射到 0～1 的范围内，因此，支流流量数据、水库入库流量数据以及雨量数据的归一化定义分别为

$$F_{\text{norm}} = \frac{F - F_{\min}}{F_{\max} - F_{\min}} \tag{3.43}$$

$$O_{\text{norm}} = \frac{O - O_{\min}}{O_{\max} - O_{\min}} \tag{3.44}$$

$$P_{\text{norm}} = \frac{P - P_{\min}}{P_{\max} - P_{\min}} \tag{3.45}$$

式中：F_{norm} 为归一化后的流量数据；F 为原始流量数据；$F_{\max}$ 和 $F_{\min}$ 分别为原始支流流量数据中的最大值和最小值；O_{norm} 为归一化后的入库流量数据；O 为原始入库流量数据；$O_{\max}$ 和 $O_{\min}$ 分别为原始入库流量数据中的最大值和最小值；P_{norm} 表示归一化后的雨量数据；P 为原始雨量数据；$P_{\max}$ 和 $P_{\min}$ 分别为原始雨量数据中的最大值和最小值。

（4）无雨情况下三峡水库入库流量预测的 DBN 模型。选取无雨情况下各控制站以及水库在的流量数据作为 DBN 网络训练的标签，即标签是一个标量；而对应的输入数据是由历史流量数据转换而来的一维向量；如果标签对应的输入数据是有雨情况下的数据，则用其相邻时间点值的平均值来代替。输入数据时间序列的长度为 32，这里利用 3 条支流和水库的历史流量数据作为模型的输入，故输入数据向量 F 的大小为 128。其数学形式为

$$F = [f_1^1, f_1^2, \cdots, f_1^{32}; f_2^1, f_2^2, \cdots, f_2^{32}; f_3^1, f_3^2, \cdots, f_3^{32}; O_1^1, O_1^2, \cdots, O_1^{32}] \tag{3.46}$$

式中：$f_1^1, f_1^2, \cdots, f_1^{32}$ 为第 1 个流量控制站的历史流量数据；$f_2^1, f_2^2, \cdots, f_2^{32}$ 为第 2 个流量控制站的历史流量数据；$f_3^1, f_3^2, \cdots, f_3^{32}$ 为第 3 个流量控制站的历史流量数据；$O_1^1, O_1^2, \cdots, O_1^{32}$ 为水库控制站的历史入库流量数据。

本章构建的 DBN 网络模型是一种概率生成模型，其结构如图 3.24 所示。模型与传统的判别模型的神经网络相对，生成模型是建立一个观察数据（Observation）和标签（Label）之间的联合分布，对联合分布概率 P（Observation | Label）和 P（Label | Observation）都做了评估，而判别模型仅仅而已评估了后者，也就是 P（Label | Observation）。本章构建的 DBN 模型由 1 个 RBM 和 1 个人工神经网络（Artificial Neural Network，ANN）组成，其中 RBM 由一个显层（visible layer）和一个隐藏层（hidden layer）构成，

其中显层由显元（visible units）组成，用于输入训练数据。相应地，隐藏层由隐元（hidden units）组成，用于提取特征。显层和隐藏层之间的神经元是双向的、完全连接的，而显层的神经元之间以及隐藏层的神经元之间都没有连接。ANN 由两个大小为 1000 的隐藏层和一个输出层构成。RBM 的输入显层的大小为输入数据的长度，且 RBM 的隐藏层神经元节点数设为 1000。

模型中各全连接层的输出定义公式为

$$y^l = f(w^l x^{l-1} + b^l) \tag{3.47}$$

式中：y^l，w^l，b^l 分别是第 l 层的输出、权重参数以及偏置；x^{l-1} 是第 $l-1$ 层的输出；f 是激活函数。这里，RBM 和 ANN 中隐藏层的激活函数是 sigmoid 激活函

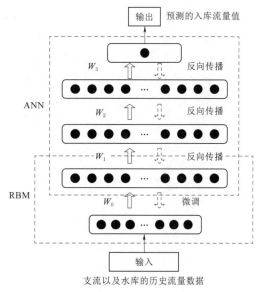

图 3.24　DBN 模型结构图

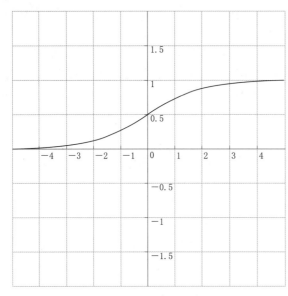

图 3.25　sigmoid 激活函数图像

数（图 3.25），其公式为

$$f(x) = \frac{1}{1+e^{-x}} \qquad (3.48)$$

由于深度神经网络的深度与复杂性，网络中层与层之间有着高度关联性和耦合性。前一层的输出是后一层的输入。随着训练的进行，网络中的参数也随着梯度下降在不停更新，同时也容易产生一些问题：

1）当底层网络中参数发生微弱变化时，由于每一层中的线性变换与非线性激活映射，这些微弱变化随着网络层数的加深而被放大。

2）参数的变化导致每一层的输入分布会发生改变，每层特征值的分布都会逐渐地向激活函数的输出区间的上下两端（sigmoid 激活函数的饱和区间）靠近，发生偏移或者变动，因此网络训练很容易进入到激活函数的梯度饱和区，进而导致反向传播时底层神经网络的梯度消失。而上层的网络需要不停地去适应这些分布变化，使得模型训练变得困难。

为了加速网络的收敛，缓解梯度消失的问题，本节在网络的隐藏层后面加入了批量归一化层（Batch Normalization，BN），BN 是一种可以提高网络泛化能力的正则化技术。之前的研究表明如果在图像处理中对输入图像进行白化操作（对输入数据分布变换到 0 均值，单位方差的正态分布），那么神经网络会较快收敛。而 BN 就是通过一定的规范化手段，把每层神经网络任意输入神经元值的分布重新拉回到均值为 0，方差为 1 的标准正态分布（可以理解为对深层神经网络每个隐藏层神经元的激活值做简化版本的白化操作），其实就是把越来越偏的分布强制拉回比较标准的分布，从而让激活函数的输入数据落在梯度非饱和区，即使特征值落在非线性函数对输入比较敏感的区域，这样输入的小变化就会导致损失函数较大的变化，从而使得梯度变大，避免了梯度消失问题，提升了训练速度，加快了收敛过程；同时，BN 在一定程度上对模型起到了正则化的效果，增强了模型的泛化性。

假设 BN 层的输入有 n 个特征向量为 v_1，v_2，v_3，…，v_n，则其均值 μ、方差 σ^2、BN 层第 i 个神经元的输出 BN_i 可以表示为

$$\mu = \frac{1}{n}\sum_{i=1}^{n} v_i \qquad (3.49)$$

$$\sigma^2 = \frac{1}{n}\sum_{i=1}^{n} (v_i - \mu)^2 \qquad (3.50)$$

$$BN_i = \gamma\,\frac{v_i - \mu}{\sqrt{\sigma^2 + \varepsilon}} + \beta \qquad (3.51)$$

这样，BN 就将隐藏层输出归一化为均值为 0，方差为 1 的分布，参数 ε 是为了防止方差为 0，γ 和 β 是可学习参数，引入它们是为了恢复数据原有的表达能力，使得该隐藏层分布可以是其他分布，并保证原有的特征分布不丢失。

最后，ANN 的输出层没有激活函数，为线性输出，其输出 $F1$ 定义为

$$F1 = wx + b \tag{3.52}$$

式中：w、b 分别为输出层的权重参数以及偏置；x 是输出层的输入。

DBN 网络的训练过程可分为两步：预训练和微调。首先，在预训练过程中，首先训练 RBM，隐藏层单元被训练去捕捉在可视层表现出来的高阶数据的相关性。通过无监督地训练 RBM 网络确保特征向量在映射到不同特征空间时，都尽可能多地保留特征信息；当 RBM 训练完成之后，将 RBM 输出的特征向量输入 ANN，以初始化 ANN 网络的权值参数，再通过反向传播（Back Propagation，BP）微调整个 DBN 网络。

为了训练网络参数，需要定义一个损失函数来度量模型的预测精度，损失函数越小，代表模型的预测结果与真实值的偏差越小，也就是说模型越精确。在 DBN 网络中，采用平均平方误差（Mean Square Error，MSE）作为损失函数来计算真值与预测结果之间的差值，假设给定 N 个训练样本，y' 和 y 分别代表预测的入库流量（即 $F1$）和对应的真值，则损失函数 L 的定义公式为

$$L = \frac{1}{N} \sum_{i=1}^{N} (y' - y)^2 \tag{3.53}$$

在训练阶段，模型采用学习率自适应的优化算法 Adam 来对损失函数进行优化，Adam 是一种一阶优化算法，它能基于训练数据迭代地更新神经网络权重。Adam 算法和传统的随机梯度下降算法不同，随机梯度下降保持单一的学习率（即 α）更新所有的权重，学习率在训练过程中并不会改变。而 Adam 通过计算梯度的一阶矩估计和二阶矩估计而为不同的参数设计独立的自适应性学习率。Adam 算法是两种随机梯度下降扩展式的优点集合，即：①适应性梯度算法（AdaGrad）为每一个参数保留一个学习率以提升在稀疏梯度（即自然语言和计算机视觉问题）上的性能；②均方根传播（RMSProp）基于权重梯度最近量级的均值为每一个参数适应性地保留学习率。

Adam 算法同时获得了 AdaGrad 和 RMSProp 算法的优点，故在非稳态和在线问题上有很多优秀的性能。Adam 不仅如 RMSProp 算法那样基于一阶矩均值计算适应性参数学习率，它同时还充分利用了梯度的二阶矩均值，因此 Adam 在深度学习模型中常被用来替代随机梯度下降的优化算法。Adam 算法的具体实现步骤如下：

1）确定参数 α（学习率或步长因子，它控制了权重的更新比率）、β_1（一阶矩估计的指数衰减率）、β_2（二阶矩估计的指数衰减率）和随机目标函数。

2）初始化参数向量、一阶矩向量、二阶矩向量和时间步。

3）在每一次迭代中，更新目标函数在该时间步上对参数 θ 所求的梯度、更新偏差的一阶矩估计和二阶原始矩估计。

4）计算偏差修正的一阶矩估计和偏差修正的二阶矩估计。

5）更新权重参数。

具体来说，算法计算了梯度的指数移动均值，超参数 β_1 和 β_2 控制了这些移动均值的

衰减率。移动均值的初始值和 β_1、β_2 值接近于 1（推荐值），先计算带偏差的估计，再计算偏差修正后的估计，通过这种方式提升计算精度，使得估计的偏差接近于 0。

优化的目标是通过迭代式更新参数，使网络不断沿着梯度的反方向让参数朝着总损失更小的方向更新。通过使用 Adam 算法估计，从而足够快地寻找合适的网络参数值，并最大限度地最小化损失函数。在网络的每一次迭代中，由于计算所有训练样本的损失函数，这里训练样本数为 2050，因此输入 DBN 网络的向量维度大小为（2050，128），而 DBN 的输出是标量，即对应时间点的预测入库流量值。

在这一部分中，利用深度置信网络（DBN）模型对无雨情况下的历史流量数据进行学习，通过挖掘和提取训练数据的复杂特征，找到各控制站以及水库的历史流量（训练数据）与入库流量（训练标签）之间的对应关系，最后得到在无雨情况下预测的水库入库流量值 $F1$（模型的输出是一个标量）。

（5）有雨情况下三峡水库入库流量预测的 DBN 模型。基于无雨情况下三峡水库入库流量预测中相同的 DBN 模型，对降雨情况下的入库流量进行预测。这里选取有雨情况下各控制站以及水库的流量数据作为标签输入同样的 DBN 网络，将那些标签对应输入属于无雨情况下的数据替换为它们相邻两个值的平均值。然后，将无雨情况下各控制站的流量数据与入库流量之间的对应关系直接应用到这里对有雨情况下的数据进行分析，即根据前述获得的训练参数，对有雨情况下的输入数据进行映射，生成有雨情况下的预测入库流量值 $F2$。在该部分中，用于测试的有雨情况下的样本数为 436，故输入 DBN 网络的向量维度大小为（436，128），输出是 436 个标量。得到有雨情况的预测入库流量值之后，计算预测值 $F2$ 与有雨情况下相应真实流量值的差值，得到一个有雨情况下的差值 Δ。

（6）基于 LSTM 的入库流量差值预测。本节构建的 LSTM 网络模型结构（图 3.26）中，LSTM 模块由 1 个 cell 组成，并且这个 cell 按时间步长展开，cell 中隐藏层的神经元节点数设为 500。将 123 个雨量控制站的流域范围划分为了 4 个界限明显的区域，并且在每个时间点上，计算了每个区域雨量和值，故这里将这 4 个雨量和值作为 LSTM 模块的输入数据。由于使用前 8 天的数据进行预测，每天有 4 个时间点，所以时间步长为 32（32 个 cell 按时间展开），也就是说，每做一次预测，需要输入 32 个历史时间点的 4 个区域雨量和数据，故输入的数据是 32 个一维的向量。LSTM 的输入数据是按顺序输入的，且一个输入对应一个时间步长，每一时间步长的输入向量 P 可表示为

$$P = [p_1, p_2, p_3, p_4] \tag{3.54}$$

其中，p_1，p_2，p_3，p_4 分别表示 4 个区域的雨量和。同时，前述得到的有雨情况下的差值 Δ 作为网络训练的标签。值得注意的是，在该网络进行训练时，将无雨情况时的数据和标签都设置为 0，考虑到用降雨量来拟合负值是不合理的，因此将差值 Δ 小于 0 的也置为 0，以去除不合理数据。最后，输入 LSTM 网络的数据是一个三维的向量，各维度分别表示：批量大小、时间步长、每一时间步长对应的输入数据大小。由于在网络训练时，为加快训练的收敛速度，在迭代的每一步，从训练集中随机抽出一小部分样本，故批量大小设置为 50；又由于时间步长为 32，且每一时间步长对应的输入数据是 4 个区域的雨量和，因此这里输入 LSTM 的向量维度大小是（50，32，4），而 LSTM 的输出同样是标量。

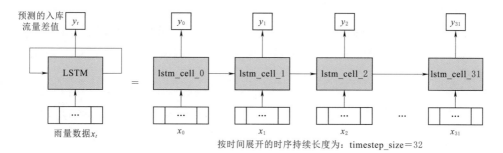

按时间展开的时序持续长度为：timestep_size＝32

图 3.26　构建的长短期记忆网络（LSTM）模型结构图

在 LSTM 网络中，首先，LSTM 要决定从单元（cell）状态中丢弃什么信息，这是由一个叫"遗忘门"的 sigmoid 层来决定的，假设 h_{t-1} 表示前一个单元（cell）的输出，x_t 表示当前 cell 的输入，则"遗忘门"的输出可以表示为

$$f_t＝\sigma(W_f \cdot [h_{t-1}, x_t]＋b_f) \tag{3.55}$$

式中：f_t、W_f、b_f 分别为当前 cell 的输出、权值参数和偏置；σ 为 sigmoid 激活函数，故输出值的范围在 0 到 1 之间，"1"代表"完全保留"，"0"代表"完全遗忘"。

然后，LSTM 要决定在单元（cell）状态中存储什么信息，其包括两个部分：首先，一个叫"输入门"的 sigmoid 层决定将更新哪些值；然后，由一个 tanh 层创建一个新的候选值的向量 C'_t，并可添加到状态。将这两个部分合并起来创建一个更新状态。tanh 函数的定义和函数图像（图 3.27）、当前 cell 的输入门 i_t 以及新的候选值向量 C'_t 可分别表示为

$$\tanh(x)＝\frac{e^x－e^{-x}}{e^x＋e^{-x}} \tag{3.56}$$

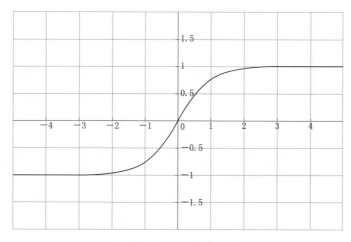

图 3.27　tanh 函数图像

$$i_t＝\sigma(W_i \cdot [h_{t-1}, x_t]＋b_i) \tag{3.57}$$

$$C'_t＝\tanh(W_c \cdot [h_{t-1}, x_t]＋b_c) \tag{3.58}$$

式中：W_i、b_i 分别为当前 cell 输入门的权值参数和偏置；W_c、b_c 分别为当前 cell 候选值

向量 C_t' 的权值和偏置。

接着，LSTM 要将旧的状态 C_{t-1} 更新到新的状态 C_t。首先通过将旧的状态 C_{t-1} 与 f_t 相乘，以丢弃决定要丢弃的信息，然后加上 $i_t * C_t'$，从而得到新的状态 C_t，其定义公式如下：

$$C_t = f_t * C_{t-1} + i_t * C_t' \tag{3.59}$$

最后，LSTM 要决定将要输出什么。首先，运行一个 sigmoid 层来决定要输出单元状态的哪个部分；然后，将单元状态通过 tanh（将值设为 -1 到 1 之间）并将它乘以 sigmoid 门的输出，这样即可实现按需输出。因此，输出门 o_t 以及当前 cell 的最终输出 h_t 可分别表示为如下公式：

$$o_t = \sigma(W_o \cdot [h_{t-1}, x_t] + b_o) \tag{3.60}$$

$$h_t = o_t * \tanh(C_t) \tag{3.61}$$

LSTM 模型优化的损失函数与 DBN 模型相同，这里同样采用学习率自适应优化算法 Adam 对损失函数进行优化。

在训练深度神经网络的时候经常会遇到由于模型的参数过多而导致的过拟合的问题，具体表现在：模型在训练数据上损失函数较小，预测准确率较高；但是在测试数据上损失函数比较大，预测准确率较低。为了防止网络训练中出现过拟合的问题，在 LSTM 网络的输出层中加入了 Dropout 正则（随机失活）。Dropout 是一种防止深度神经网络过拟合的随机正则化策略，其功能是在网络训练时，通过随机将一定比例的隐含层的神经元输出归零（暂时随机丢弃一部分节点的数据）从而减轻过拟合，同时使网络中的节点更具有鲁棒性。Dropout 通过传入 keep_prob 保留比率来控制，keep_prob 是一个具体数字，它表示保留某个隐藏层神经元的概率，例如 keep_prob 等于 0.8，它意味着消除任意一个隐藏层神经元的概率是 0.2。在训练网络时 Dropout 的具体工作流程如下：①随机删除网络中的一些隐藏神经元，保持输入输出神经元不变；②将输入通过修改后的网络进行前向传播，然后将误差通过修改后的网络进行反向传播；③对于另外一批的训练样本，重复上述操作。

最后经过 LSTM 网络的训练学习得到在有雨情况下预测的入库流量差值 ΔF。由于水库入库流量应等于各控制站的流量与区间的流量之和，因此，该模型最后得到的入库流量的预测值 F' 可表示为

$$F' = F1 + F2 + \Delta F \tag{3.62}$$

式中：$F1$ 为无雨情况下预测的水库入库流量值；$F2$ 为有雨情况下的预测入库流量值；ΔF 为有雨情况下预测的入库流量差值。

3.2.3 水库群大数据挖掘估价函数

估价函数是用来估计节点重要性的函数，估价函数 $f(n)$ 被定义为从初始节点 S_0 出发，约束经过节点 n 到达目标节点 S_g 的所有路径中最小路径代价的估计值。它的一般形式为

$$f(n) = g(n) + h(n) \tag{3.63}$$

式中：$g(n)$ 是从初始节点 S_0 到节点 n 的实际代价；$h(n)$ 是从节点 n 到目标节点 S_g 的

最优路径的估价函数。对 $g(n)$ 的值，可以按指向父节点的指针，从节点 n 反向跟踪到初始节点 S_0，得到一条从初始节点 S_0 到节点 n 的最小代价路径，然后把这条路径上所有有向边的代价相加，就得到 $g(n)$ 的值；对 $h(n)$ 的值，则需要根据问题自身的特性来确定，它体现的是问题自身的启发性信息，因此也称 $h(n)$ 为启发函数。

估价函数具有可采纳、相容的特性（钟敏，2006）。凡是一定能找到最佳求解路径的搜索算法称为可采纳的，数学上已严格证明 $A*$ 算法是可采纳的，即对任意结点 n，都有 $h(n) \leqslant h'(n)$，$h'(n)$ 是 n 到目标的实际最短距离，也称 $h(n)$ 是可采纳的；如果 $h(n)$ 满足 $h(n_1) - h(n_2) \leqslant c(n_1, n_2)$，$c(n_1, n_2)$ 是从任意结点 n_1 转移到另一结点 n_2 的代价，则称 $h(n)$ 是相容的。

估价函数又称为代价函数、惩罚函数、启发函数，常用于 $A*$ 算法中。$A*$ 算法是人工智能中的一种启发式搜索算法，$A*$ 算法其实是在宽度优先搜索的基础上引入了一个估价函数♯，每次并不是把所有可展的结点展开，而是利用这个估价函数对所有没有展开的结点进行估价，从而找出最应该被展开的结点，将其展开，直到找到目标结点为止。$A*$ 算法实现起来并不难，难就难在建立一个合适的估价函数♯，估价函数构造得越准确，则 $A*$ 搜索的时间越短。在 $A*$ 算法中，$h(n)$ 就是从 n 到目标节点的最短路径的估价函数。

启发式算法是水库群联合优化调度模型常用的优化算法。在水库优化调度领域，常用的启发式算法包括遗传算法（GA）、人工神经网络（ANN）、微粒子群算法（PSO）和蚁群算法（ACO）等。

在水库优化调度模型求解的启发式算法中，惩罚函数常用于处理水库调度的约束条件（刘攀，2006）。惩罚函数是较通用的约束处理方法，可通过适当修改目标函数来实现。花胜强等（2016）提出一种基于粒子群算法、遗传算法和模拟退火算法混合的优化算法，通过遗传算法来优化个体局部寻优的搜索路径，针对高维空间下的变脸约束条件，在目标函数中构造了惩罚函数，将带约束的问题转化为纯粹的优化问题，使得算法具有更好的精度、收敛速度和寻优能力。王宗志等（2016）结合动态规划算法、遗传算法构建了水电站水库长期优化调度模型，在目标函数中引入惩罚系数，以平衡发电量和发电保证率之间的矛盾，进而获得满足目标发电保证率要求的调度方案。

3.2.4 线性回归增强学习方法

1. 线性回归

线性回归方程是利用数理统计中的回归分析，来确定两种或两种以上变数间相互依赖的定量关系的一种统计分析方法之一。线性回归也是回归分析中第一种经过严格研究并在实际应用中广泛使用的类型。按自变量个数可分为一元线性回归分析方程和多元线性回归分析方案。实际中自变量个数往往不止一个，因此线性回归常指多元线性回归。

一般来说，线性回归都可以通过最小二乘法求出其方程，可以计算出对于 $y = bx + a$ 的直线。

给一个随机样本 $(Y_i, X_{i1} \cdots, X_{ip})$，$i = 1, 2, \cdots, n$，一个线性回归模型假设 Y_i 和 $X_{i1} \cdots, X_{ip}$ 之间的关系是除了 X 的影响以外，还有其他的变数存在，加入一个误差项

ε_i 来捕获除了 X_{i1}，$\cdots$，X_{ip} 之外的任何对 Y_i 的影响，所以一个多元线性回归模型可以表示为以下的形式：

$$Y_i = \beta_0 + \beta_1 X_{i1} + \beta_2 X_{i2} + \cdots + \beta_p X_{ip} + \varepsilon_i, i = 1, \cdots, n \tag{3.64}$$

使用矩阵的形式，上式可以表示为

$$Y = X\beta + \varepsilon \tag{3.65}$$

其中 Y 是一个包括了观测值 Y_1，Y_2，$\cdots$，Y_n 的列向量，ε 包括了未观测的随机成分 ε_1，ε_2，$\cdots$，ε_n，X 为回归量观测矩阵，表示如下：

$$X = \begin{bmatrix} 1 & x_{11} & \cdots & x_{1p} \\ 1 & x_{21} & \cdots & x_{2p} \\ \vdots & \vdots & \ddots & \vdots \\ 1 & x_{n1} & \cdots & x_{np} \end{bmatrix} \tag{3.66}$$

X 通常包括一个常数项。

线性回归模型经常用最小二乘逼近来拟合，使用最小二乘法得到 β 的解。

$$\hat{\beta} = (X^T X)^{-1} X^T Y \tag{3.67}$$

线性回归是常用的水库优化调度方法，将所有选定的自变量系列全部纳入回归函数中。线性回归是最为成熟的一种隐随机优化调度（ISO）方法（纪昌明，2013），具有简洁直观、求解快速的优点，在自变量因子选取和回归手段上也有许多成熟的案例可供参考。

随着流域梯级水库开发，水库数量增多，各水库之间离散状态变量的组合呈指数增长，导致计算耗时长过长，甚至无法完成计算，即维数灾现象，线性回归模型是解决维数灾问题的一种有效的方法，包括逐步回归、线性逼近等方法。逐步回归法是在回归计算的同时对自变量因子进行优选，规避自变量选取的主观性，提高调度函数的精度，纪昌明等（2010）运用多元逐步回归法对金沙江—长江中游梯级水电站群进行了调度规则制定和运行模拟，并从发电量、水库水位和出力过程等方面对调度规则的效果进行了全面评价。康传雄（2018）采用线性逼近的方法，来处理水库调度中的非线性因素，将原模型转化为线性模型，有效规避了维数灾的问题。

2. 增强学习

增强学习（Reinforcement Learning，RL），又叫强化学习，是近年来机器学习和智能控制领域的主要方法之一。增强学习关注的是智能体如何在环境中采取一系列行为，从而获得最大的累积回报。通过增强学习，一个智能体应该知道在什么状态下应该采取什么行为。RL 是从环境状态到动作的映射的学习，把这个映射称为策略。

增强学习具体解决哪些问题呢，举例说明，如 flappy bird 是现在很流行的一款小游戏。现在让小鸟自行进行游戏，但是却没有小鸟的动力学模型。要怎么做呢？这时就可以给它设计一个增强学习算法，让小鸟不断地进行游戏，如果小鸟撞到柱子了，那就获得 -1 的回报，否则获得 0 回报。通过这样的若干次训练，最终可以得到一只飞行技能高超的小鸟，它知道在什么情况下采取什么动作来躲避柱子。

增强学习与监督学习的区别主要有以下两点：

（1）增强学习是试错学习，由于没有直接的指导信息，智能体要以不断与环境进行交互,通过试错的方式来获得最佳策略。

(2) 延迟回报,增强学习的指导信息很少,而且往往是在事后(最后一个状态)才给出的,这就导致了一个问题,就是获得正回报或者负回报以后,如何将回报分配给前面的状态。

增强学习是机器学习中一个非常活跃的领域,相比其他学习方法,增强学习更接近生物学习的本质,因此有望获得更高的智能。增强学习在水库优化调度模型搭建和算法求解过程中有较多应用。李文武等(2018)针对水库长期随机调度的维数灾问题,在描述来水随机过程的基础上,提出基于强化学习理论的水库长期随机优化调度模型。采用机器学习中有模型 SARSA 算法,且考虑入库随机变量的马尔可夫特性,通过贪婪决策与近似值迭代,调整学习参数,求解出近似最优决策序列。

3.3 水库群多维时空决策知识库

3.3.1 水库群联合调度数据仓库及数据挖掘体系

3.3.1.1 数据仓库的概念

随着我国水利信息化建设的推进,我国已经建立了大量基于关系数据库模型的结构复杂、框架齐全的防洪调度决策支持系统,如长江流域防洪预报调度系统、长江防洪决策支持系统、黄河防洪决策支持系统等。但是随着技术的进步,水利数据急剧增长,现有的关系数据库管理系统已经不能适应全新决策支持环境的要求,很难及时有效地处理复杂的各类数据。

数据仓库是一个面向主题的、集成的、非易失的、随时间变化的数据集合,支持管理者的决策过程(Jiawei Han 等,2012)。数据仓库将来自各个数据库的信息进行集成,从事务历史和发展的角度来组织和存储数据,供用户进行数据分析,并辅助决策支持,成为决策支持的新型应用领域。作为决策支持系统和联机分析应用数据源的结构化数据环境,数据仓库所要研究和解决的问题就是从数据库中获取信息的问题。数据仓库具有以下一些特征:

(1) 面向主题的。数据仓库围绕一些主题,数据仓库关注于决策者的数据建模与分析,而不是集中于组织机构的日常操作和事务处理。因此,数据仓库排除对于决策无用的数据,提供特定主体的简明视图。水库群联合调度数据仓库的主题包括:水情预报、洪水预报、洪水识别、防洪调度、发电调度、生态调度等。

(2) 集成的。通常,构造数据仓库是将多个异种数据源,如关系数据库、一般文件和联机事务处理记录,集成在一起。使用数据清理和数据集成技术,确保命名约定、编码结构、属性度量等的一致性。例如在水库预报调度中,需要将以不同形式存在的各个相关水库、控制站的工情数据、相应流域的水雨情数据、水库历史调度的泄流、水位数据等以相同的形式集成在一起,从而更好地进行预报调度。

(3) 时变的。数据存储从历史的角度提供信息。数据仓库中的关键结构,隐式或显示地包含时间元素。

（4）非易失的。数据仓库总是物理地分离存放数据，这些数据源于操作环境下的应用数据。由于这种分离，数据仓库不需要事务处理、恢复和并发控制机制，通常，它只需要两种数据访问操作，数据的初始化和数据访问。

3.3.1.2　数据仓库的体系结构

数据仓库的提出是以关系数据库、并行处理和分布技术的飞速发展为基础，它是解决信息技术在发展中一方面拥有大量数据，另一方面有用信息却很缺乏，这种不正常现象的综合解决方案。

数据仓库中的数据面向主题与传统数据库面向应用是相对立的，主题是一个在较高层次上将数据归类的标准，每一个主题对应一个宏观的分析领域。数据仓库最根本特点是物理地存放数据而且这些数据并不是最新的、专有的，而是来源于其他数据库，它是建立在一个较为全面和完善的信息应用的基础上，用于决策分析，而事务处理数据库在企业的信息环境中承担的是日常工作。数据仓库是数据库技术的一种新的应用，数据仓库既是一种结构和富有哲理性的方法，也是一种技术。数据从不同的数据源提取出来，然后把这些数据转换成公共的数据模型并且和仓库中已有的数据集成在一起。当用户向数据仓库进行查询时，需要的信息已经准备好了，数据冲突、表达不一致等问题已经得到了解决。这使得决策查询更容易、更有效。数据仓库至少包括三个基本的功能：数据获取；数据存储和管理；信息访问。

水文数据仓库是存储水文数据的一种组织形式，从源数据库中获得原始数据。首先按决策的主题要求形成当前的水文基本数据层。随着时间的推移，由时间控制机制将当前水文基本数据层转为历史数据，水文数据仓库中逻辑结构数据由三层到四层数据组成，它们均由元数据组织而成，水文数据仓库中数据的物理存储形式有多维数据组织形式和基于关系数据库组织形式。数据仓库系统由数据仓库、仓库管理和分析工具三部分组成，典型的体系结构见图 3.28。

源数据层：数据仓库的源数据来自多个数据源，包括水库管理单位、水行政部门、流域管理机构等单位的异构数据库，以及各种法律法规等文档类的外部数据。

底层：底层是仓库数据库服务器。使用后端工具，由操作数据库或其他外部数据源提取数据，放入底层数据库服务器。在放入底层数据库服务器之前，需要对源数据进行提取、清理、转换等预处理工作。最后划分维及确定数据仓库的物理存储结构，元数据是数据仓库的核心，元数据用于存储数据模型，定义数据结构、转换规则、仓库结构、控制信息等，仓库管理包括对数据的安全、归档、备份、维护、恢复等工作。

中间层：中间层是联机分析服务层，用于完成调度相关的实际决策问题所需的各种查询检索工具、多维数据联机分析处理工具、数据挖掘工具等。

顶层：顶层是前端工具层，包括查询和报告工具、分析工具以及数据挖掘工具。

3.3.1.3　数据仓库的数据模型

数据仓库和 OLAP 工具基于多维数据模型，这种模型将数据看作数据立方体形式，数据立方体允许以多维对数据建模和观察，它由维和事实定义。一般而言，维是想要记录的透视或实体，每个维都可以有一个与之相关联的表，该表称为维表，用于进一步描述维，维表可以包含多个属性。

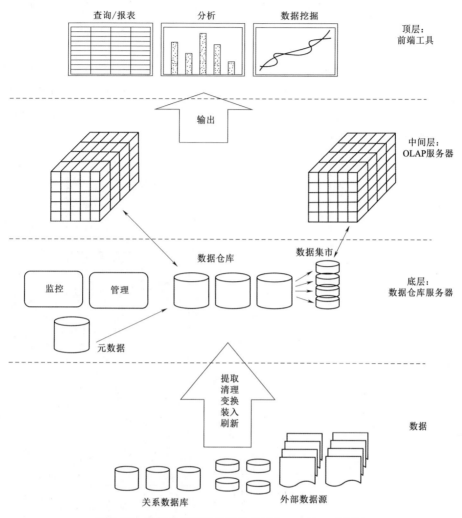

图 3.28　数据仓库三层体系结构 (Jiawei Han, 2012)

通常，多维数据模型围绕中心主题组织，主题用事实表表示。事实是数值度量的，之所以把它们看作数量，是因为想利用他们分析维之间的联系。

数据仓库需要简明的、面向主题的模式，便于联机数据分析，目前最流行的数据仓库数据模型是多维数据模型，具体包括星形模式、雪花模式、事实星座模式三种。

1. 星形模式

最常见的星形模式数据仓库包括：一个大的包含大批数据和不含冗余的中心表（事实表），一组小的附属表（维表），每一维就是一个表。星形模式是一种由一点向外辐射的建模范例，由中心单一对象沿半径向外连接到多个对象，星形模型中心的对象称为"事实表"，与之连接的对象称为维表。

以水文主题数据为例，按照星形模式组织的多维数据见图 3.29（陈德清，2010），由1 个事实表和 4 个维表构成。事实表中包含了 4 个维度（时间、流域、河流和行政区划）和 7 个度量（蒸发量、降水量、水位、流量、含沙量、输沙率和水温）。其中每个维表包含 1 组由底层映射到一般高层的属性概念，如时间维表由属性年、月、日和时形成一种层次，即：年—月—日—时。

2. 雪花模式

雪花模式是星形模式的变种，是星形模式的扩展，它比星形模型增加了层次结构，体现了数据不同粒度的划分。雪花模式规范了某些维表，因而把数据进一步分解到附加的表中。模式图形类似于雪花的形状，典型的雪花模式范例见图 3.30，使用雪花模型进一步增加了查询的范围，为指定决策提供依据。

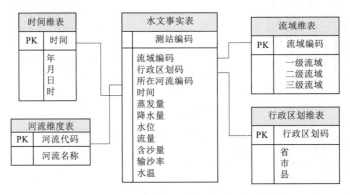

图 3.29　面向水文主题的数据仓库逻辑模型（陈德清，2010）

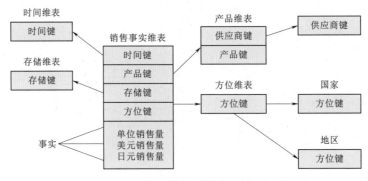

图 3.30　雪花型模型范例

雪花模式和星形模式的主要区别在于，雪花模式的维表可能是规范化形式，从而可以减少冗余，这种表易于维护，并节省存储空间，因为当维结构作为列包含在内时，大维表可能非常大。然而，雪花结构可能降低星形的性能，如速度及信息组织方面，因此，星形模式比雪花模式更广为使用。

3. 事实星座模式

复杂的应用可能需要多个事实表共享维表，这种模式可以看作星形模式的汇集，因此称为星系模式或事实星座。一个典型的事实星座见图 3.31。

建立数据仓库时，数据仓库和数据集市之间是有区别的，数据仓库收集了关于整个组织的主题信息，因此范围比较广，对于数据仓库，通常使用事实星座模式，因为它能对多个相关主题建模。另一方面，数据集市是数据仓库的一个子集，它针对选定的主题，对于

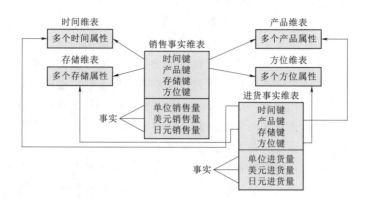

图 3.31　事实星座范例

数据集市，流行采用星形模式或雪花模式，它们都适合单个主题建模，其中星形模式使用更为广泛。

3.3.1.4　概念分层

概念分层定义了一组由底层概念集到高层概念集的映射，将较低层的概念（水库、控制站）映射到较高层更一般的概念（干流），见图 3.32。

概念分层（图 3.32）是一种常用的变换方法，可以使挖掘的过程更高效，挖掘的模式更容易理解。概念分层是产生一系列不同粒度的抽象层，通过在各个抽象层上进行挖掘，使得较高层的知识模式可以被发现。从另一方面来说，各个抽象层的数据其实是对底层数据的一种压缩，在压缩的数据集上挖掘更高效。

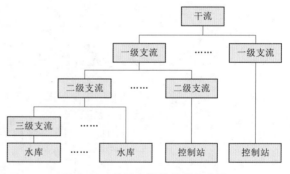

图 3.32　基于空间维的概念分层

许多概念分层结构都隐藏在数据库的模式中，并且可以在模式定义级自动地定义，常用的概念分层有以下四种方法：

（1）由用户或专家在模式级显式地说明属性的部分序。用户或专家可以在模式级通过说明属性的偏序或全序，很容易地定义概念分层。例如：行政区划维中包含如下一组属性：街道，城市，省，国家。可以在模式级说明这些属性的一个全序，如街道—城市—省—国家，来定义概念分层结果。

（2）通过显式数据分组说明分层结构的一部分。通过显式的值枚举定义这个概念分层，有时不太现实，但是对于小部分中间层数据，可以很容易地显式说明分组。

（3）说明属性集但不说明它们的偏序。可以说明一个属性集形成概念分层，但是并不显式说明它们的偏序，然后，系统可以试图自动产生属性的序，构造有意义的概念分层。

（4）使用部分属性，系统根据模式定义的语义关系，自动产生概念分层。

3.3.1.5 水库群智能调度数据挖掘体系

水库群智能调度数据挖掘体系见图 3.33，包括数据层、组织层、挖掘层、决策层。

（1）数据层。数据层包括了进行水库群智能调度挖掘所需的数据，以关系数据库、数据仓库、其他数据源等形式存在。其中既包括历史数据和实时数据，也包括在数据仓库的基础上，通过清洗、综合、分类、识别等方法建立的面向不同主题的信息集合：既有以关系数据库形式存在的结构化数据，也有影像、视频的非结构化的数据。既有工程设计等静态、相对变化少的数据，也有水雨情监测数据等动态、实时变化的数据。

（2）组织层。组织层通过对各类水库调度及相关数据进行综合，结合各业务应用的需求，通过数据清洗和抽取，构建数据样本库，并在此基础上针对不同的业务应用，构建面向主题的、支持数据挖掘和在线分析的多维数据立方体。在面向不同主题的多维数据立方体中，不但要有足够宏观的粗粒度数据，也需要局部的细粒度数据，同时通过元数据管理，如图 3.33 所示。

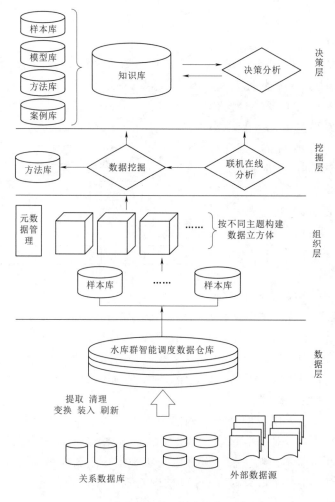

图 3.33 · 水库群智能调度大数据挖掘体系

（3）挖掘层。挖掘层是整个体系的核心，主要分为数据挖掘和在线分析两个部分，其中在线分析一般面对以数据预处理和高级应用查询为目的的中层应用，而数据挖掘面对的是以知识发现为目的的高层应用。在整个体系中，其他技术都是为数据挖掘技术服务的，数据挖掘在数据集合中发现非细节的、隐藏的、以前未知的知识，从而用于决策支持。

（4）决策层。决策层是一个面向决策者的用户接口层，它将挖掘层得到的知识和以前挖掘得到的知识库中的知识通过各种形式提供给决策者，对挖掘知识进行解释与表达，同时将新的结果存入知识库。

从整个挖掘体系的整体结构来看，以上四层分别承担着不同阶段的任务，从数据预处理、数据挖掘到知识表达，形成了一个完整的系统体系，数据鄂系体系的基础，组织层按不同应用组织数据，挖掘层是体系的核心，决策层将知识标的以供决策。

3.3.2　水库群多维时空数据知识挖掘场景

3.3.2.1　敏感因子预警

1. 水库敏感因子

对具有防洪任务的水库，汛期敏感因子包括正常蓄水位、总库容、兴利库容、防洪库容，防洪限制水位、防洪高水位。

在汛末或枯水期的敏感因子包括死水位、设计蓄水位（正常高水位、兴利水位）。

水库水情敏感因子预警主题数据仓库逻辑模型如下。

事实表：正常蓄水位、总库容、兴利库容、防洪库容，防洪限制水位、防洪高水位。

维表：时间维表、降水量维表、河道水情维表、水库水情维表、日蒸发量维表、流域维表、水系维表、测站信息维表。

时间维表：时间_key；日期；年；月；旬；日；时。

降水量维表：降水量_key；测站编码；时间；时段降水量；时段长；降雨历时；天气状况。

河道水情维表：河道水情_key；测站编码；时间；水位；流量；断面过水面积；断面平均流速；断面最大流速；河水特征码；水势。

水库水情维表：水库水情_key；测站编码；时间；库上水位；入库流量；蓄水量；库下水位；出库流量；库水特征码；库水水势；入流时段长。

日蒸发量维表：日蒸发量_key；测站编码；时间；日蒸发量。

流域维表：流域_key；流域编码；一级流域；二级流域；三级流域。

水系维表：水系_key；流域编码；水系编码；河流编码。

测站信息维表：测站_key；测站编码；测站名称；流域编码；水系编码；河流编码；行政区划编码；经度；纬度。

2. 水文测站敏感因子

水文站敏感因子包括保证水位、警戒水位。

3. 堤防敏感因子

堤防敏感因子主要包括设防水位、警戒水位、保证水位。

（1）设防水位。是指汛期河道堤防已经开始进入防汛阶段的水位，即江河洪水漫滩以后，堤防开始临水，需要防汛人员巡查防守。此时，堤防管理单位由日常的管理工作进入防汛阶段，开始组织人员进行巡堤查险，并对汛前准备工作进行检查落实。设防水位是由防汛部门根据历史资料和堤防的实际情况确定的。

（2）警戒水位。是堤防临水到一定深度，有可能出现险情、要加以警惕戒备的水位，是根据堤防质量、保护重点以及历年险情分析制定的。到达该水位时，防汛工作进入重要时期，防汛部门要加强戒备，密切注意水情、工情、险情的发展变化，在各自防守堤段或区域内增加巡堤查险次数，开始日夜巡查，并组织防汛队伍上堤防汛，做好防洪抢险人力、物力的准备。

（3）保证水位。是根据防洪标准设计的堤防设计洪水位，或历史上防御过的最高洪水位。当水位达到或接近保证水位时，防汛进入全面紧急状态。

4. 河道水情预报敏感因子

河道水情预报敏感因子主要包括起涨点水位、最高水位、最低水位、平均水位、警戒水位。

5. 雨量站敏感因子分析

雨量站的敏感因子包括降雨强度、降雨量。

6. 流量站敏感因子分析

流量站敏感因子包括最大流量、最小流量、平均流量。

3.3.2.2 洪水识别

洪水是指河流湖泊在较短时间内发生流量急剧增加、水位明显上升的水流现象（郑守仁等，2015）。"洪水期"是指现实中洪水的涨落时间（吴浩云等，2016）。在不同年份"洪水期"是不同的，甚至在某些年份并未发生明显的洪水过程。故不能简单将"洪水期"等同于汛期，也不能将洪水资源量等同于汛期地表径流量。

流域洪水识别，主要是确定在什么情况下发生了洪水过程，以及洪水过程持续的时间，即洪水期的始末时间（吴浩云等，2016）。吴浩云等（2016）对太湖流域的洪水过程识别进行了深入研究，将太湖最高水位作为判别流域是否发生明显洪水过程的基本指标，太湖最高水位至少高于防洪控制水位，才能认为发生了明显的洪水过程。降雨是形成太湖流域洪水的主要因素，洪水期主要降雨过程的开始时间和太湖水位显著上涨时间基本同步，因此，可以将前期降雨过程的开始时间作为洪水期开始时间，而洪水期结束时间是指太湖水位已经稳定并回落到防洪控制水位的时间。

张宏群等（2010）采用 MODIS 遥感影像数据，选取泄洪前、泄洪期、退水期 3 时相的 MODIS 数据进行水体识别分析，从 MODIS 影像数据中提取洪水淹没区，并结合淹没区土地利用信息进行洪水灾害评估。

随着信息技术的快速发展，流域水文气象数据资料的采集、处理、应用取得了长足的进步。在此背景下，一些学者充分利用流域丰富的水文数据资源，深入研究人工智能、机器学习、数据挖掘等新一代信息技术在水利行业的应用，试图使用数据驱动的方式来解决流域产汇流问题。何伟等（2020）采用 LSTM（长短期记忆）网络模型对安康水库洪水过程进行模拟，利用 LSTM 模型很好地学习水文数据复杂多变的时间序列。

洪水过程特征分析，由于历次洪水发生的时间、地点和形成的规模和条件互不相同，每次洪水过程都有其不同的特征，常用一些特征值来表示。主要特征值有洪峰水位、洪峰流量、洪水历时、洪水总量、洪峰传播时间等。

汪丽娜等在 2014 年提出洪水峰型指标的界定原则，并从多角度提取主峰曲率、偏斜度、峭度、峰值时间偏度、峰值形态、涨水点与峰值仰角的正切值共 13 项指标反映洪水峰型，并采用人工鱼群优化的投影寻踪模型算法、模糊 C 均值聚类算法，对武江流域 1955—2007 年的 53 场洪水的峰型特征进行分类。

3.3.2.3　多时空尺度水文预报

在流域汇流时间较短的流域，特别是大多数山区型中小流域，由于汇流速度快、集流时间短，洪水陡涨陡落，往往降水停止就出现洪峰，此时仅依赖河道洪水预报与降雨径流预报方法，预报预见期通常很短，难以满足流域防洪减灾的实际要求。此时，在洪水预报中引入预见期内的定量预报降水，采用气象水文耦合的方法定量预报洪水，是延长洪水预报有效预见期的最好措施（包红军等，2016）。

径流长期预报，通常会用到众多预报因子，包括大气环流特征量，赤道太平洋海表温度，500hPa 及 100hPa 等压面高度等物理因子。王富强等（2007）采用关联规则挖掘方法，挖掘径流预报的时空关联性，并找到北太平洋海温变化与江桥汛期径流的强关联规则关系。

降雨的时空分布过于集中会诱发洪旱灾害，黄生志等（2019）选取月降雨集中度指数和日降雨集中度指数，对汉江流域的降雨集中度进行变异分析。利用交叉小波变换探究太阳黑子与大气环流异常因子对降雨集中度变化的影响。

降雨特性的时空规律，为了提高中长期径流预报模型的预报精度，从模型构建、预报因子筛选、时间序列分解三个关键环节进行研究。径流的形成受气象、水文、地形等复杂因素的影响，随着气候条件以及流域下垫面条件发生变化，不同时期水文样本数据对未来径流贴近程度是不相同的（朱双，2017）。

对于径流预报的众多影响因子，需要考虑因子之间的相互作用。对于时间序列数据，采用时间序列分解，可以提高预报精度，朱双采用离散小波变换、经验模式分解等对金沙江流域时间序列数据进行预处理，明显提高了径流预报的精度。

水文情势长期变化受大气环流、太阳活动、下垫面情况、其他天文地球物理因素、人类活动因素的共同影响，径流与大气循环以及其他相关因子具有滞后相关性。首先流域径流由降水、融雪和冰川融水直接补给，降水、气温、蒸发和径流相互之间存在着高度复杂的非线性关系。同时，研究发现大气环流形势对流域或地区旱涝现象有紧密的联系，分析和辨识水文要素时空变化规律和气候之间的关系，对气象水文工作具有重要意义，异常的海温分布往往是大气环流异常的先兆，其具有厚度大、范围广、持续时间长等特点，许多研究揭示了我国不同地区的降水雨赤道印度洋海区以及太平洋不同海区的海温异常存在着年代际相关的差异现象。因而分析相关区域海温是提高中长期水文预报精度的有效途径。

研究提出了基于河网空间拓扑关系概化图的预报调度一体化技术（陈瑜彬等，2019），以满足变化环境下流域防洪预报调度的业务需求。以流域大型水库、重要水文站、防汛节点等为关键控制断面，利用空间位置与水力联系构建形成水库、湖泊、防洪对象有序关联的拓扑关系概化图，采用通用数据接口对数值天气预报、降雨径流模型、洪水演进模型及调度模型进行无缝耦合处理，实现河系的河库（湖）联动、有序连续演算的预报调度一体化功能，从而形成了涵盖河系概化图构建和预报调节点计算的预报调度一体化技术。

降雨是水文循环中最重要、最活跃的物理过程之一，降雨的时空分布对流域产汇流的影响非常大（熊立华等，2004）。雨量站观测到的降雨量称为点雨量，它只表示区域中某点或者一小范围的降雨情况，雨量站网观测的降雨量在空间上是非规则离散分布的，并不能完全反映实际降雨在空间上的连续分布。因此需要从雨量站网观测值合理提取降雨空间分布的特征值（如流域平均雨量）或者模拟降雨空间分布（如等雨量线）。

降雨量空间分析主要包括两个方面（熊立华等，2004）：降雨量插值、流域平均降雨量计算。

常用的降雨量计算方法包括泰森多边形方法（最近邻点法）、距离倒数插值法、克里金方法。

1. 泰森多边形法

泰森多边形法由荷兰气候学家于 1911 年提出，他提出采用垂直平分法来划分计算单元。泰森多边形法是根据离散分布的雨量站的降雨量来计算平均降雨量的方法，即将所有相邻雨量站连成三角形，作这些三角形各边的垂直平分线，于是每个雨量站周围的若干垂直平分线便围成一个多边形，用这个多边形内所包含的一个唯一雨量站的降雨量来表示这个多边形区域内的降雨量，这个多边形即为泰森多边形。于是某个区域或流域内多个雨量站网便构成了泰森多边形网，然后根据每个多边形在多边形网的权重系数与各雨量站点雨量相乘后累加，就可得到该区域或流域内的面平均雨量，计算公式为

$$\overline{P} = f_1 P_1 + f_2 P_2 + \cdots + f_n P_n \tag{3.68}$$

式中：$\overline{P}$ 为流域面平均雨量；f_i 为流域内各雨量站多边形面积计算的权重系数；P_i 为各雨量站点同时期降雨量。

2. 距离倒数插值法

这是 20 世纪 60 年代末提出的计算区域平均雨量的一种方法。实际上，这是一种加权移动平均方法。该法将计算区域划分若干矩形网格，每个网格的宽度和长度分别为 Δx 和 Δy。这样，网格格点处的雨量 x_j 可用其周围邻近的雨量站实测资料按距离平方的倒数插值求得，即

$$x_j = \frac{\sum_{i=1}^{m} \dfrac{p_i}{d_j^2}}{\sum_{i=1}^{m} \dfrac{1}{d_j^2}} \tag{3.69}$$

式中：x_j 为第 j 个格点处插得的降雨量；p_i 为第 j 个格点周围邻近的第 i 个雨量站的实测雨量；d_i 为第 j 个格点到其周围邻近的第 i 个雨量站的距离；m 为第 j 个格点周围邻近的雨量站的个数。

3. 普通克里金方法

普通克里金插值是以变异函数理论和结构分析为基础，在有限区域内对区域化变量进行无偏最优化的一种方法。其适用范围为区域化变量存在空间相关性，即如果变异函数和

结构分析的结果表明区域化变量存在空间相关性，则可以利用普通克里金方法进行内插或外推，其实质是利用区域化变量的原始数据和变异函数的结构特点，对未知样点进行线性无偏、最优化估计。

普通克里金插值公式为

$$Z(x_0) = \sum_{i=1}^{n} \lambda_i z(x_i) \tag{3.70}$$

式中：$Z(x_0)$ 为 x_0 处的估计值；$z(x_i)$ 为 x_i 处的观测值；λ_i 为克里金权重系数；n 为观测点的数量。

其中，重点是求出权重矩阵 $[\lambda_1, \lambda_2, \cdots, \lambda_n]$。在二阶平稳假设条件下，为使估计值无偏差，必须使 $\sum_{i=1}^{n} \lambda_i = 1$。

普通克里金插值一般分为两步：第 1 步是对空间场进行结构分析，在充分了解空间数据场性质的前提下，建立空间变量的协方差函数，提出变异函数模型；第 2 步是在该模型的基础上进行克里金计算。其中，找到合适的变异函数模型是内插质量的关键，最常用的变异函数模型有球面、指数、高斯、幂和线性模型，本文选用球面模型作为普通克里金的变异函数理论模型。

4. 协同克里金法

协同克里金法是在普通克里金法的基础上引进对结果有影响的相关因素进行插值的一种方法。在插值过程中考虑了具有空间相关性的其他辅助变量的影响，通过用一个或多个辅助变量对主变量进行插值估算，从而把区域化变量的最佳估值方法从单一属性发展到两个或两个以上的协同区域化属性。协同克里金插值由于利用了多变量类型，其插值效果比普通克里金插值要好。流域面雨量与地理、气象等多种要素的空间分布具有一定的相关性，因此，在面雨量计算的过程中充分考虑上述影响因子，有助于提高插值计算的精度。

将流域地形作为降雨插值相关的辅助变量，考虑高程影响的协同克里金插值，可表示为

$$Z(x_0) = \sum_{i=1}^{n} \{\lambda_i Z(x_i) + \alpha_i [y(x_i) - m_h + m_p]\} \tag{3.71}$$

$$\alpha_i = \sum_{j=1}^{n} \alpha_{ij} A_{ij} \tag{3.72}$$

式中：$Z(x_0)$ 为 x_0 点处估计降雨量；$Z(x_i)$ 为第 i 站的实测降雨量；$y(x_i)$ 为 x_i 点处的高程；n 为实测雨量站的个数；m_h、m_p 分别为高程和降雨的全局平均值；α_i 为协同克里金插值（第 i 个站点）综合权重系统，通过式（3.72）计算；α_{ij} 为第 j 个权重对第 i 个站点的权重；A_{ij} 为第 i 个站点的每 j 个单个权重因子。

利用这种综合权重计算方法，可定量地表示出不同权重因子对降雨量的影响。

5. 等雨量线法

等雨量线法是一种常用的方法，该方法要求绘制等雨量线，即雨量相等点的连线。绘制等雨量所用的假设是：不考虑地形的突变，两个雨量站雨量的增减是一致的。

当流域内雨量站分布较密时，可根据各站同时段雨量绘制等雨量线，然后推求流域平均降雨量。公式如下：

$$\overline{P} = \sum_{j=1}^{m} \frac{f_j}{F} P_j \qquad\qquad (3.73)$$

式中：f_j 为相邻两条等雨量线间的面积；P_j 为相应面积上 f_j 上的平均雨深，一般采用相邻两条等雨量线的平均值；m 为分块面积数。

6. 网格法

网格法的基本原理是将研究区域网格化，在一定范围内由实测降雨数据进行空间插值求出各网格点的雨量值，从而计算出所要求的面平均雨量。

此方法中，关键是各网格点降雨量的插值，降雨数据的空间插值目前已有一系列的方法，如克里金法、最小曲率法、距离倒数插值法等。

3.3.2.4 发电调度决策

梯级水库发电调度重点关注提高自身发电利益，同时兼顾电网的安全、稳定、经济运行。梯级水电存在复杂的水力、电力联系，并受径流不确定性的影响。单靠调度人员的自身经验来制定发电计划的传统调度方法，已经无法适应大规模水电系统的联合调度要求。

对于径流不确定性的影响，可通过提高中长期径流预报的精度和延长预见期，来解决。

发电调度更多的是考虑多目标综合优化调度，包括发电、防洪、航运、供水、生态五大目标。因此发电调度决策其实就是发电优化调度决策。主要的水库群联合优化调度方法包括线性规划、非线性规划、网络流、大系统、动态规划、启发式算法，以及基于深度学习的优化调度算法（郭生练等，2010）。

3.3.2.5 防洪调度决策

人均水资源少，降水时空分布严重不均，水资源利用难度大、缺水严重，水旱灾害突出是我国当前洪水管理、防汛调度工作中面临的突出问题（何晓燕等，2018）。

防洪联合调度在理论上总体可分为常规方法和系统分析方法（何晓燕等，2018），常规的防洪联合调度时半经验、半理论的方法，它以历史资料、调度准则为依据，利用经典数学、水文学、水力学、径流调节的基本理论及水能计算方法，并借助于水库抗洪能力图、防洪调度图等经验性图表，研究防洪联合调度方式和调度规则，绘制调度图，编制调度规程等指导水库联合运行、实施防洪联合调度操作。常规方法考虑并注意到前期水文气象因素（如降雨等）对预留防洪库容的影响，对预泄、错峰、补偿调度具有一定的指导价值，是目前普遍采用的一种传统的水库防洪联合调度方法，容易实现，简单直观，便于操作，可以直接地指导优化调度实践，但存在着经验性且不能考虑预报，调度结果也不一定是最优的，所以一般只适用于多个中小型水库的防洪联合调度。

系统分析方法又分为模型模拟方法和优化方法。模型模拟方法是通过建立一个模型作为实际物理系统的缩体来模拟真实系统实际情况，预测一定条件下（入库流量、调度规则等）该系统的响应（调蓄水位、下泄流量等）。优化方法以建立水库群系统的目标函数，拟定其满足的约束条件，用最优化方法求解系统方程组，使目标函数取得极值（何晓燕等，2018）。

以水库群联合调度为例，优化调度（优化方法）将联合调度问题抽象为带约束的数学问题，以最优化理论和方法为指导，通过现代高速计算机的辅助调度运算，在有效的时间和空间范围内寻找符合调度规则的最优化调度方案。优化调度可以考虑不同入流的情况，理论上优化调度可以获得全局最优化的调度结果。

水库实时防洪调度决策是一类多目标、多阶段、多约束的复杂决策问题。周建中等（2019）结合上下文梯级水库防洪风险共担分析，提出了水库防洪风险-调度-决策理论体系，即首先控制风险确定水库防洪调度的边界条件，并基于此开展水库实时防洪调度，最后对调度方案进行决策优选，为提高水库综合效益提供参考。

流域控制性水库的防洪调度目标具有多元化、分布多区域特征，如何科学运用水库防洪库容，有序兼顾各区域防洪是流域控制性水库群联合防洪调度的关键，李安强等（2013）选取溪洛渡、向家坝与三峡水库组成的水库群为对象，基于大系统分解协调原理，先通过逐次分解各防洪区域对溪洛渡、向家坝两库预留防洪库容的要求，在结合区域间洪水遭遇关联性分析的基础上，提出两库防洪库容在协调川江与长江中下游两区域防洪中的分配方案；同时对三峡水库的防洪调度方式深入优化，提出适当扩大对城陵矶防洪补偿库容分配方案。

3.3.2.6 生态调度决策过程

生态调度的核心思想是通过调度手段增加水流流态的多样性，通过流态的多样性增加生物物种生境的多样性，通过生物物种生境的多样性增加水生生态系统生物物种的多样性（王浩等，2019）。

生态调度的思路主要有两类，一种是通过优化调整水库调度运行方式，使水库调度对河流生态水文过程的改变程度最小化，从而尽可能恢复河流生态水文过程的自然动态变化特征，以达到生态保护和修复的目的。这是一种整体、宏观的生态调度思路，但不涉及生态水文机理，调度缺乏针对性，容易受到利益权衡的影响，有一定的局限性。另一种思路是将河流生态流量需求作为调度的约束条件，尽可能满足提出的生态流量要求，由于生态流量需求往往针对特定的保护物种而提出，具有一定的生态机理，这一方法能为今后的水库生态调度提供指导。

生态调度首先需要对流域的生态环境进行分析评价，找出生态环境制约因素，构建流域生态敏感指标体系，对生态敏感性导致的制约性进行评价，通过敏感度指标计算，分析流域生态调度的限制条件和制约因素（雷晓琴等，2008），以此作为水库调度的约束条件，进行水库优化调度。

3.3.3 关联知识表达及高效挖掘技术

3.3.3.1 关联知识表达

水库群智能调度关联知识挖掘，首先要进行数据预处理，对数据进行组织，建立面向主题的数据立方体，并构建样本库。

1. 面向水雨情预报主题的数据立方体构建

针对不同的流域范围，传统预报模型往往通过将该流域的下垫面情况、降雨时空分布情况、前期降雨影响等信息结合起来进行水文预报。数据挖掘预报模型往往通过对历史洪水的时空降雨分布、洪峰、洪量进行分析，建立预报模式。根据预报主题的特点，建立多维数据模型（图3.34），包括水位、降雨量、下垫面等多种属性。其中时间维、空间维、属性维的概念分层见图3.35。

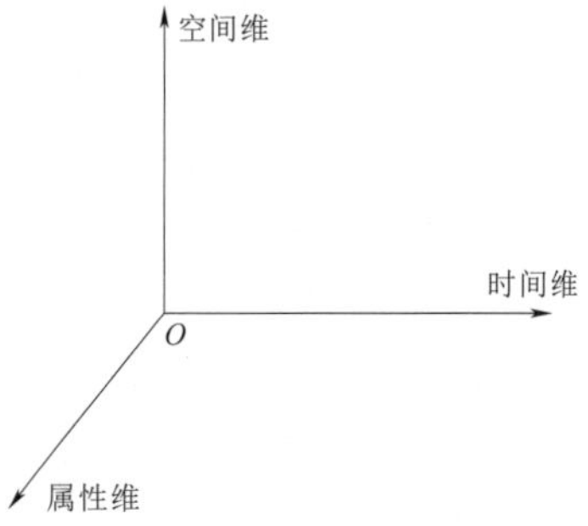

图 3.34 多维数据模型

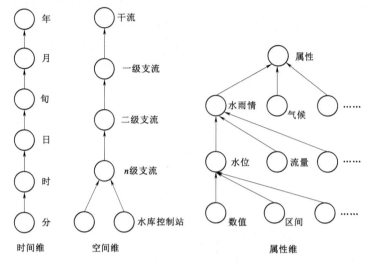

图 3.35　水雨情预报数据概念分层

对不同的预报模型、预报模型中的不同过程，采用不同形式的数据仓库组织形式。对于中长期预报，要对所有预报站的历史资料在不同时间维上根据预报模型选择预报因子进行分析。

对于河道洪水传播预报，则需要对该流域洪水在时间、空间维上进行分析；对于降雨径流预报，则需要对降雨、流域前期状况、下垫面情况等在时间维与属性维上进行分析；对于数据挖掘预报模型中的智能算法，往往需要在时间维、空间维、属性维上进行综合分析。面向预报主题的事实星座模式数据组织模式见图 3.36。

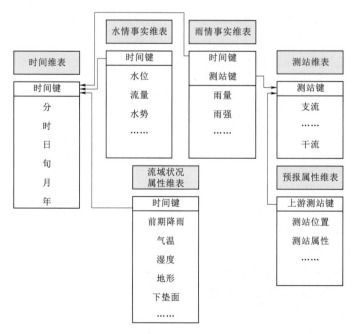

图 3.36　面向预报主题的数据组织模式

2. 面向调度主题的数据立方体构建

水库调度需要依靠历史资料生成的调度规则，生成这些规则需要对历史水库运行资料进行分析，然后主要依靠库水位、时间、预报入库流量等属性进行预报，根据不同的调度规则生成模型，时间维、水位维和属性维的分层方式也不同，需要根据具体模型而定，主要分层如图 3.37 所示，数据组织模式如图 3.38 所示。

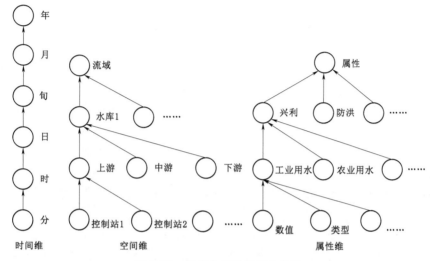

图 3.37　调度分析数据概念分层

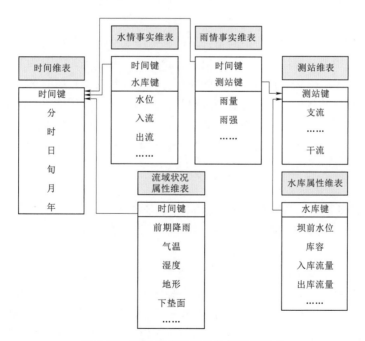

图 3.38　面向调度主题的数据组织模式

构建数据仓库，接入数据（数据预处理），并根据业务的需要，按照预定的模式，对数据进行清洗、提取、转换等数据预处理，完成数据的准备工作。

根据数据挖掘的要求，制定数据挖掘任务，并生成样本数据集。

从数据挖掘工具集中选择关联规则挖掘工具，构建关联规则挖掘模型，完成关联规则挖掘。

对挖掘得到的关联规则进行评估分析，挑选有用的关联规则。

将样本集、挖掘模型算法、关联规则存入关联知识库。

不断重复上述步骤，在使用过程中不断丰富和完善管理规则知识库，形成样本数据集、关联规则模型数据库、关联规则数据库，并建立三者之间的内在联系。

3.3.3.2 高效挖掘技术

发现关联规则一般有以下四个步骤：

（1）数据准备。包括根据业务应用的需要进行数据收集、清洗、筛选、提取等预处理过程，并在此基础上，构建面向主题的数据立方体和数据仓库。

（2）设定最小支持度和最小置信度，利用数据挖掘工具提供的算法，进行关联规则数据挖掘，发现关联规则模式。

（3）根据业务需要，提出关联规则评估要求，或者指定关联规则评估指标体系，对挖掘出来的关联规则进行评估分析，找出满足业务应用需要的关联规则。

（4）使用关联规则，根据挖掘出来的关联规则，进行相应的数据选择、模型构建和算法优化等。

一般来说，每一类数据挖掘方法均具有独特的功能，用于解决某一类特定的问题。根据其自身的功能特点，数据挖掘方法分为聚类、分类、预测、关联分析和时间序列分析。水库群智能调度数据挖掘方法基本涵盖了这五种类别。聚类方法主要用于水文前期的非监督数据分类，寻找同类型水文现象的规律；分类方法侧重于对不同特点的水文过程或调度条件加入主观经验的分类，从而进行不同条件下的参数率定或规则确定；预测方法则通过对水文现象成因分析来模拟其规律，对可能情况进行预报；关联分析的应用在于定性或定量分析水文各因子之间的关联性来支持决策；时间序列分析主要针对中长期的水文、气象等现象进行规律性分析。涉及的数据挖掘方法有模糊聚类、神经网络、遗传算法、决策树分类、时间序列分析等大量的算法，其中某一类型的算法又存在针对不同问题特点的大量派生算法。面向流域水文防洪、兴利的主题，目前主要应用的数据挖掘算法如图 3.39 所示。

3.3.4 水库群调度时空决策知识库

3.3.4.1 水库群调度时空决策知识库的基本内容与构成

水库群调度时空决策知识库包括样本库、案例库、模型方法库、知识库四部分内容，见图 3.40。

（1）样本库。按照水文预报和水库群调度两大主题收集相关数据，并将收集到的数据经过提取、转换等预处理后形成样本库。样本库的数据融合了气象、供用水、水雨情、工情、生产管理、社会经济、环境、水文预报、水库调度等与预报调度两大主题相关的数据。

（2）案例库。案例库记录了针对某一问题的、已经实现的、可供借鉴的解决方案，包括问题描述信息、采用的模型方法信息、样本数据、模型参数、结果等。包括径流预报、洪水预报、中长期水文预报、防洪调度、发电调度、航运调度、生态调度、多目标综合调度等。案例库记录各种各样已实现的案例信息，用户可以查看和分析案例信息，也可基于

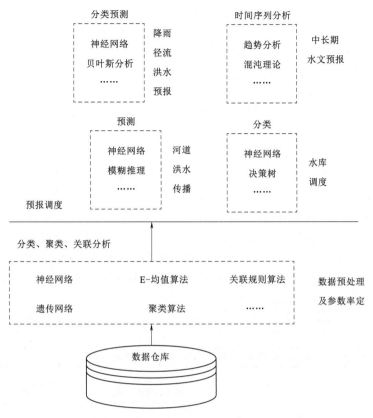

图 3.39 水库群智能调度中用到的各种数据挖掘算法

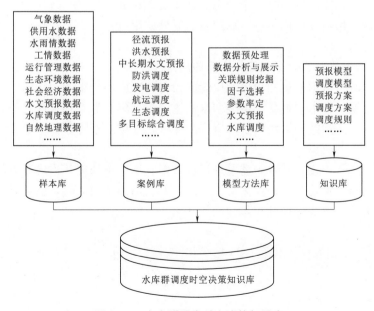

图 3.40 水库群调度时空决策知识库

某一案例，快速创建新的分析应用。

（3）模型方法库。模型方法库保存了用于预报调度的各种模型和数据挖掘算法，包括数据预处理、数据分析与展示、关联规则挖掘、因子选择、参数率定、水文预报、水库调度等方面的模型和算法。

（4）知识库。知识库是水库预报调度分析、挖掘的结果，以及基于数据挖掘分析推导得到的相关规则和知识。具体包括预报模型、调度模型、预报方案、调度方案、调度规则、调度规程等相关知识。

3.3.4.2　水库群调度时空决策知识库的构建与维护

对于具体的预报或调度业务应用来说，首先根据预报调度的具体要求，收集预报调度相关的历史数据和实时数据，并对数据进行预处理，生成样本数据集，这一部分的工作称为数据准备。然后，结合区域的特征，预报调度的精度要求，以及样本数据集的情况，构建预报调度模型，并选择相应的数据挖掘分析方法，完成模型因子选择、参数率定等工作，构建预报调度方案，将准备好的样本数据集作为模型输入，启动模型进行计算并对计算结果进行分析。水库群时空决策知识库的具体构建和维护流程见图 3.41。

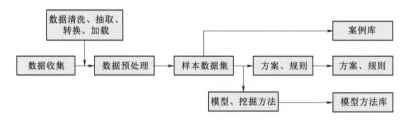

图 3.41　水库群决策知识库构建和维护流程

水库群决策知识库的维护是一个动态、增量更新的过程。每一个具体、成功的应用，都将转化为案例库供后续应用参考。后续新的业务应用也将作为新的数据，对现有决策知识库进行增量更新。

3.3.4.3　水库群调度时空数据决策知识库的应用

一个丰富的时空数据决策知识库对后续的预报调度应用有很大的帮助。时空数据决策知识库积累了丰富的样本数据集、模型和数据挖掘工具集，后续预报调度的业务应用，有时通过对现有数据集和模型方法库进行组合和配置，就可以进行参数率定和计算分析，大大提高了业务应用的效率。

对于全新的业务应用，则首先需要进行从数据收集、预处理并构建样本集，然后再通过模型、方法选择，构建预报调度方案。新的业务应用的系列成果，也会对现有的决策知识库进行增量更新，形成知识的积累和循环利用。

3.4　水库群大数据增量式智能调度知识库

3.4.1　智能调度知识库结构

水库群智能调度知识库包括事实库、方法库、样本库，如图 3.42 所示。

1. 事实库

事实库包含业务应用数据，具体包括水文预报和水库调度两个方面的业务应用，事实库相当于预报调度业务应用解决方案集合，针对每一项业务应用，在事实库中都可以查询到该业务应用对应的输入数据、模型方法以及对应的参数、方案及结果数据，其中输入数据存储在样本库中，模型方法存储在方法库中。

2. 方法库

方法库具体包括模型和算法，方法库为水库群联合调度具体的业务应用提供模型和算法服务，具体包括各类水雨情预报模型、水库调度模型，以及数据预处理、挖掘、分析相关的算法。方法库中的模型和算法均按照统一的标准规范进行组件化封装，方便第三方调用。方法库在应用过程中也可非常方便地扩展和增量更新，用户遵循统一的标准规范对模型或算法

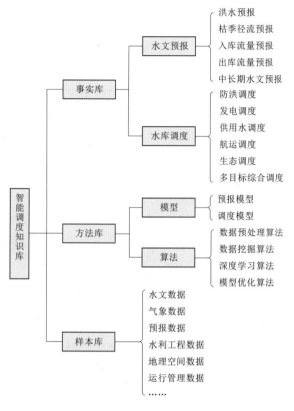

图 3.42 智能调度知识库构成

进行封装后，就可以添加到方法库，实现对方法库的增量更新。

3. 样本库

样本库是在原始数据的基础上，经过数据预处理，形成符合统一格式规范要求的各类基础数据。所有与预报调度相关的历史资料、整编资料、监测数据、运行管理数据（如标准规范、政策文件等）、中间成果等数据，均需整理成样本数据集，供预报调度使用。样本数据集对收集到的原始数据进行分类整理，与水文预报相关的样本数据包括流域水文整编数据、大气环流因子、海温因子、气象预报数据、水雨情监测数据、中长期水文预报成果数据、地理空间数据、土地利用数据等；与水库调度相关的数据包括水利工程数据、调度规程、水资源数据、水文预报数据、生态环境监测数据、地理空间数据、社会经济数据等。

有些数据是静态的，如水利工程设计数据、水系、流域范围、地形数据、整编好的历史水文数据等，这类数据变化不大，按要求整理完成后，可在不同应用场景中使用。有些数据是动态的，如水雨情监测数据，实时动态产生，因此需要实时或定期以增量更新的方式添加到样本库中。

3.4.2 分层增量式创建方式

3.4.2.1 创建样本库

创建样本数据库的过程，其实是对数据进行预处理的过程，具体包括数据清洗、数据

集成、数据规约、数据变换。

1. 数据清洗

数据清洗包括缺失数据填补，错误数据修正，以及重复数据剔除。对于缺失数据的处理，常用的处理方法包括忽略缺失的数据、人工填写、使用全局常量填充、使用统计数据（如均值、中位数等）填充、使用插值方法插值计算等。对水文数据进行处理时，如果有相应的数据处理行业规范要求，应按照规范要求来处理，以确保数据的有效性和精度要求。

数据清洗的工作量大，一般应避免采用人工手动处理的方式，应尽量采用数据清理工具或模型算法来自动处理，如采用聚类算法来找出并剔除噪声数据、采用插值计算模型来自动插补缺失的数据。

2. 数据集成

数据集成是将同一类型但是不同数据源的数据进行规整，并按统一格式要求进行存储。数据集成有助于减少结果数据的冗余和不一致。数据语义的多样性和结构对数据集成构成巨大挑战，如何匹配多个数据源的模式和对象，这其实是实体识别问题。同一属性数据在不同数据源中可能具有不同的属性名，因此需要借助元数据来进行识别。另外，在数据集成的过程中，还需要有效剔除冗余数据，包括冗余的元组记录和冗余的属性字段。对于属性的冗余可以通过相关分析检测到，如通过卡方检验、方差分析、协方差分析等。对于元组重复的数据，也要进行检测并剔除。

3. 数据规约

数据规约是通过聚类等方法降低数据的规模，数据规约可以产生更小的但保持原数据完整性的新数据集，在规约以后的数据集上进行挖掘和分析将更有效率。数据规约降低了无效、错误数据对建模的影响，提高了建模的准确性，同时提高了数据分析效率，降低了数据存储成本。数据规约的策略包括维规约、数量归约和数据压缩。

（1）维规约是减少所考虑的随机变量或属性的个数，维规约方法包括小波变换和主成分分析，它们把原数据变换或投影到较小的空间，属性子集选择是一种维规约方法，其中不相关、弱相关或冗余的属性或维被检测和删除。

（2）数量规约用替代的、较小的数据表示形式替换原数据，这些技术可以是参数的或非参数的，对于参数方法而言，使用模型估计数据，一般只需存放模型参数，而不是实际数据，回归和对数-线性模型，存放数据规约表示的非参数方法包括直方图、聚类、抽样、数据立方体等。

（3）数据压缩使用变换，以便得到原数据的规约或"压缩"表示。如果原数据能够从压缩后的数据重构，而不损失信息，则该数据规约称为无损的，如果只能近似重构原数据，则该数据规约称为有损的。维规约和数量规约也可以视为某种形式的数据压缩。

4. 数据变换

通过数据变换，可以将数据抽象成不同的层级，便于从不同的抽象层面来进行数据挖掘。数据变换的策略包括以下几种：

（1）光滑。去掉数据中的噪声。这类技术包括分箱、回归和聚类。

（2）属性构造（或特征构造）。可以由给定的属性构造新的属性，并添加到新属性集中，以帮助挖掘过程。

（3）聚集。对数据进行汇总和聚集，如：可以聚集日销售数据，计算月和年的销量，这一步用来为多个抽象层的数据分析构造数据立方体。

（4）规范化。把属性数据按比例缩放，使之落入一个特定的小区间。

（5）离散化。数值属性的原始值用区间标签或概念标签替换。这些标签可以组织成更高层概念，导致数值属性的概念分层。

（6）由标称数据产生概念分层。属性如 street，可以泛化到较高的感念层，如 city 或 country，许多标称属性的概念分层都蕴含在数据库的模式中，可以在模式定义级自动定义。

3.4.2.2　创建方法库

方法库存储各业务应用中使用的模型和方法。模型和方法需进行组件化封装，便于第三方调用，以及后期灵活扩展和动态更新。

现代软件技术的发展更加注重软件的复用性、业务流程的梳理和快速搭建，组件化技术和流程化技术是提高软件开发效率、避免重复劳动的一个可行的解决方案。采用组件化、流程化、面向对象服务等软件技术。通过采取模型接口设计、组件化改造以及模型服务封装、流程化配置等措施，可以大幅提高模型的通用性和灵活性，按照组件化思想，制定统一的接口标准，对现有模型和方法进行封装。模型组件概化流程见图 3.43。

图 3.43　模型组件概化流程图

针对传统模型，通过组件化思想对其进行改造（图 3.44），将模型计算逻辑和模型参数分离，提高模型的通用性，并对模型进行封装，以模型服务的方式提供给第三方用户或系统使用。

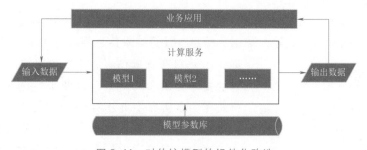

图 3.44　对传统模型的组件化改造

（1）制定模型接口规范。制定模型接口规范文档。模型之间通过规范化的接口来进行输入输出信息交换和计算流程配置。接口主要定义模型参数数据类型和范围，比如单值、过程值、边界条件等，包括水库水位、装机量、出力系数、库容曲线、下游水位流量关系、泄流能力、历史径流、调度图等，具体参数根据模型不同在接口规范下实现，既满足了模型对接的便利性，也能保证各模型的个性要求。

（2）对现有模型进行接口改造，实现统一的模型接口设计。结合水利专业模型的特点，设计一套规范化、易扩展的模型交互接口。通过 JSON 或接口代码等方式描述接口的定义，为模型开发人员提供依据，提高模型的通用性（图 3.45）。

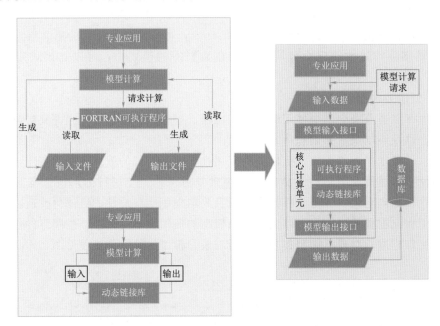

图 3.45　现有模型接口改造

（3）模型服务封装。现有的各类模型，当流域上下游，或者相关分析需要多个模型联合计算时，存在模型被第三方调用困难的问题，模型的通用性较差。需要在结合模型结构改造的同时，对模型进行服务封装，将现有模型转变为模型服务，方便模型之间的联合应用或者在其他应用系统中供第三方调用。模型服务化封装示意见图 3.46。

3.4.2.3　创建事实库

事实库存储业务应用中创建的计算方案和算例，包括计算方案的描述信息，采用的模型、模型参数、边界条件、输入数据集信息、计算结果信息等。事实库记录各业务应用中创建的方案和算例信息，为后续的业务应用、业务流程的搭建提供参考模板，也便于后续进一步的业务分析研究。事实库中并不存储各方案或算例所采用的输入数据和模型，输入数据和模型分别存储在样本库和方法库中，事实库中仅存储它们的索引信息或关联信息，用户根据索引信息或关联信息，可以在样本数据和方法库中查询到详细的数据信息。

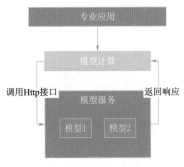

图 3.46　模型服务化封装改造

用户可以检索事实库中的各个方案和算例，查询方案的详细信息。用户还可以修改和调整方案中的模型参数、边界条件和输入数据，重新计算并进行对比分析。用户也可以当前某一方案为基础创建新的方案。

3.4.2.4 创建元数据库

元数据（Metadata）是关于数据的数据。元数据是对数据的描述，元数据库记录样本库、方法库、事实库中各数据的详细信息，包括数据体系结构、表信息、字段信息、数据源、数据类型、数据格式、创建日期、修改日期等。元数据贯穿了智能调度知识库的整个生命周期，使用元数据驱动数据仓库的开发，使数据仓库自动化、可视化。

在数据仓库系统中，元数据可以帮助数据仓库管理员和数据仓库的开发人员非常方便地找到他们所关心的数据；元数据是描述数据仓库内数据的结构和建立方法的数据，可将其按用途的不同分为两类：技术元数据和业务元数据。技术元数据是存储关于数据仓库系统技术细节的数据，是用于开发和管理数据仓库使用的数据，包括业务术语和业务规则等信息。业务元数据从业务角度描述了数据仓库中的数据，它提供了介于使用者和实际系统之间的语义层，使得不懂计算机技术的业务人员也能够"读懂"数据仓库中的数据。

元数据的作用具体体现在以下几个方面：

（1）元数据是进行数据集成所必需的。数据仓库最大的特点就是它的集成性，一个数据仓库是由外部数据、业务数据以及文档资料通过某些抽取工具而得到的，数据集市就是数据仓库经过元数据的定义，约定它的结构等信息所产生。元数据做到了对数据仓库有效的数据存储与管理，如果在建立数据集市的过程中，注意了元数据管理，在集成到数据仓库中时就会比较顺利。

（2）元数据定义的语义层可以帮助用户理解数据仓库中的数据。最终用户不可能像数据仓库系统管理员或开发人员那样熟悉数据库技术，因此迫切需要有一个"翻译"，能够使他们清晰地理解数据仓库中数据的含意。元数据为运行时的系统提供了统一的可读的系统模型，系统运行时可以使得实体对象通过运行时的元数据模型来得知自身的结构、自身的特征。元数据可以实现业务模型与数据模型之间的映射，因而可以把数据以用户需要的方式"翻译"出来，从而帮助最终用户理解和使用数据。

（3）元数据是保证数据质量的关键。元数据是对数据仓库自身基础信息的详细描述，包括仓库模式试图、维、度量、层次结构、数据库的定义以及数据集市的位置和内容。借助元数据管理系统，最终的使用者对各个数据的来龙去脉以及数据抽取和转换的规则都会很方便地得到，这样使用者自然会对数据具有信心；当然也可便捷地发现数据所存在的质量问题。

（4）元数据可以支持需求变化。元数据独立于平台，无论使用什么技术平台，元数据本身不受影响，因此元数据可以支持需求的变化。成功的元数据管理系统可以把整个业务的工作流、数据流和信息流有效地管理起来，使得系统不依赖特定的开发人员，从而提高系统的可扩展性。

3.4.3 智能调度知识库应用

原始数据经过预处理，并录入样本数据库，业务应用所需的模型和算法，也通过组件

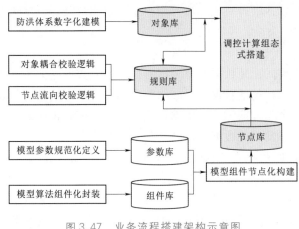

图 3.47 业务流程搭建架构示意图

化封装，形成可供第三方调用的组件和服务，并动态添加到方法库。在此基础上，利用智能调度知识库开发新的业务应用，可以采用流程化配置的方式来实现业务应用的快速搭建和灵活调整。

开发一套针对水利专业计算模型的组件化框架，实现对水利专业模型的配置和管理。构建流程引擎，实现业务应用快速搭建。将预报调度计算变成一系列专业应用业务流，实现模型调用和数据传递。业务流程搭建架构示意见图 3.47。具体过程如下。

1. 建立系统流程运行数据库

根据流程化设计系统的需求，设计一套能支撑模型、配置、流程等功能模块的数据组织管理、专业交互计算和输入输出成果管理的专用数据库表结构，示意图如图 3.47 所示，专业分类码取值见表 3.2。

2. 开发水利专业专用组件化框架

主流的平台框架有 .Net 的 WinForm、WPF，javascript 的 AngularJS、React、Vue.js 等，都是优秀的组件框架，但它们并不提供对水利规划设计的专向支持，其属性和控件都属于通用型。小组成员参考这些通用组件框架，自主研发水利专业专用组件化框架来承载各个规范化接口后的专业模型。模型组件管理配置见图 3.48。

表 3.2 专业分类码取值表

序号	专业分类码	专业分类名称	备 注
1	TB	基本对象及字典类	基础定义
2	BS	流域资料类	各类水利对象的属性资料
3	RS	水库资料类	
4	ST	控制站资料类	
5	DK	堤防资料类	
6	HS	蓄滞洪区资料类	
7	SL	水闸资料类	
8	PS	泵站资料类	
9	CH	渠道资料类	
10	VS	农村供水资料类	
11	IR	灌区资料类	
12	HP	水电站资料类	
13	RHS	河段及断面资料类	
14	WD	引调水工程资料类	

序号	专业分类码	专业分类名称	备 注
15	FL	雨水情信息类	各类采集、运行、整编数据信息
16	REI	工情信息类	
17	DR	旱情信息类	
18	DIS	灾情信息	
19	WEC	水生态信息类	
20	WQ	水质信息类	
21	PM	项目管理类	
22	HY	水文专题应用类	水文预报、水文分析
23	RD	水库调度专题应用类	防洪、发电、调蓄
24	FD	防汛抗旱专题应用类	防汛、抗旱、抢险
25	WR	水资源专题应用类	水资源配置、管理
26	FR	河道推演专题应用类	洪水演进、回水淹没
27	WI	引供水灌溉专题应用类	引调水、灌溉
28	EA	经济评价专题	水利工程经济评价
29	SP	特殊项目定制类	特定项目专用
30	RC	河长制专题应用类	一河一策
31	HSD	蓄滞洪区运用专题应用类	

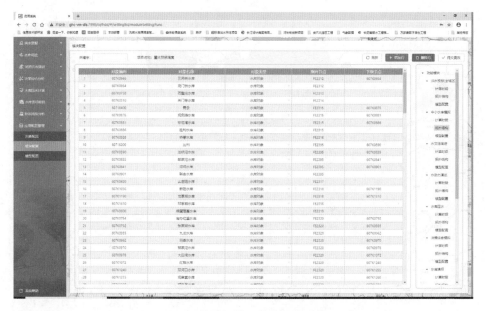

图 3.48　模型组件（模块配置）管理

3. 开发流程化设计系统

流程化设计的核心是流程引擎，市场上常见的流程引擎有 Activiti、jBPM 等。流程引擎主要用于业务流程管理、工作流、服务协作等领域，常见于办公、审批、签发等，不适用于水利专业计算，但其流程引擎的思路和流程运转的体系都是通用的，可移植到水利专业计算中用于计算任务流控制。本章流程化设计系统的核心部分以此为依托，开发能管理和控制水利专业模型的流程引擎，使手动调整模型输入、输出、对接的工作能被流程引擎代为执行。

4. 开发流程可视化配置界面

配合组件化框架和流程引擎开发对应的可视化配置界面，提高面向用户的交互能力，实现模型算法流程可视化配置。

用户也可以从事实库中检索出业务相似度高的方案，并以此方案为模板，通过修改模型边界条件和输入样本数据，实现新的业务应用的快速搭建。

样本库为业务应用准备了数据源，方法库为业务应用准备了可供调用的模型和方法，用户通过流程化引擎，可以快速搭建新的业务应用，也可以对已有的业务应用进行灵活调整。另外，事实库为用户提供了可供参考的成功解决方案，用户基于事实库中的方案案例，通过修改配置的方式，也可以快速搭建新的业务应用。利用智能调度知识库将可以提高业务应用搭建的效率，减轻业务应用开发的工作量。

第 4 章

基于混合云架构的水库群智能云服务平台集成技术

4.1.1 需求分析

围绕研究内容总体目标，根据研究内容涉及的研究方向及内容间逻辑关系，共分解为水文数值模拟预报、防洪调度、供水调度、生态调度、发电调度、汛末联合蓄水调度、应急调度、多目标调度决策和调度系统支持平台等 10 个课题。从整体上看，研究可分为一个基础问题（水文数值模拟预报）、四大调度问题（防洪、供水、生态、发电调度）、两大焦点问题（库群汛末联合蓄水调度和应急调度问题）和调度集成问题（多目标综合调度集成、风险评估和智能调度云服务系统平台）四个方面（图 4.1）。

1. 功能需求

示范系统建设的主要目的是构建集预报、调度模拟和决策于一体的智能云服务平台，包括水文数值模拟预报、防洪调度、供水调度、生态调度、发电调度、汛末联合蓄水调度、应急调度、多目标调度决策等八大功能模块。

2. 数据集成需求

流域水资源多源多专业海量异构数据集成方面具有诸多新特性、新需求，各研究都有相应研究任务支撑相关数据融合，在此不展开讨论，在示范系统建设层面，着重解决多源数据的统一共享、安全访问与异构兼容等技术问题。

系统数据集成采用统计数据共享平台为主，自建专题数据表为辅的混合数据支撑模式。对于面向项目层次的数据共享，需提供带安全校验的 RESTful 数据接口，可通过校验信息与关键参数获取满足不同模型要求的数据格式。

3. 模型集成需求

示范系统针对长江流域水资源多目标调度要求，建立水库群开放式模型方法库。要求与多目标调度模型集成相关的研究成果深度拆分，以最小算法单元的形式集成到模型方法库中，鼓励其他研究成果以服务接口或组件的形式集成到模型方法库中。

4. 系统集成需求

示范系统将以一个统一交互的形式展示在用户面前，根据用户类型的不同，提供不同功能模块。示范系统将提供完整的九大功能，分别采用以下模式：

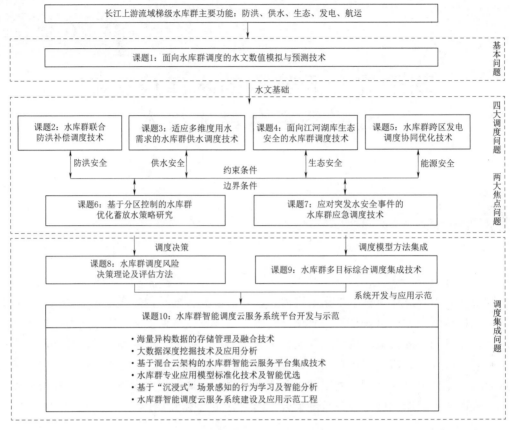

图 4.1　研究内容分解逻辑结构图

（1）以课题 9 为代表的多目标调度研究成果，将深度集成到示范系统中，使用平台提供的接口进行开发，结合二、三维与丰富的交互控件提供功能。

（2）对于没有独立开发系统任务的课题，要求提供模型封装版本，部署在开发式模型方法库中，由示范系统开发组进行界面的设计与开发，完成模型的数据前处理、模型调用与模型结果展示等功能。

（3）对于有独立开发系统任务的课题，要求提供完整可执行的系统程序，示范系统开发组提供 BS 系统嵌入解决方案，预留交互容器，在交互形式上实现系统的集成。

4.1.2　功能设计

4.1.2.1　流域信息管理模块

流域信息管理模块是采用 GIS 技术对系统中的流域、水电站、水文控制断面进行可视化展示，直观反映水电站与水电站、水电站与断面、水电站与河网以及断面与河网之间的拓扑关系。

集成方式：深度集成。

4.1.2.2　水文数值模拟与预测模块

（1）大流域多阻断水文模拟与洪-枯径流演进模拟。

（2）基于水动力和水库调蓄一体化的"气-陆-库-水"多尺度耦合的流域径流预报。

集成方式：组件式或服务式集成。

4.1.2.3 防洪安全模块

（1）多区域防洪水库群协同调度。

（2）防洪库容动态分配及预留方式。

（3）防洪实时补偿调度。

（4）联合防洪调度方式及效益评估。

集成方式：子系统集成。

4.1.2.4 供水安全模块

（1）适应长江中下游干流、两湖和长江口等地区用水需求的水库群供水调度。

（2）主要控制断面供水控制指标分析。

（3）主要控制断面供水调度方案。

集成方式：子系统集成。

4.1.2.5 生态安全模块

（1）"潮汐式"生态调度专业模型。

（2）中华鲟、四大家鱼水温水流需求模型。

（3）建立水库群不同时期、不同区域的生态调度需求及联合生态调控模式。

（4）水库三维水动力-水温耦合模型。

（5）长江上游水库群生态调度模型。

集成方式：子系统集成。

4.1.2.6 能源安全模块

（1）具有"宏观总控、长短嵌套、滚动修正、实时决策"特点的水库群长中短期循环优化调度模型。

（2）梯级水库群实时智能发电控制模型。

（3）水库群多维时空尺度嵌套精细调度模型。

（4）跨区多电网水库群联合调峰优化调度模型。

集成方式：子系统集成。

4.1.2.7 蓄放水调度模块

（1）基于分区控制的水库群优化蓄放水策略。

（2）梯级水库群联合蓄水调度模型。

集成方式：子系统集成。

4.1.2.8 应急调度模块

（1）长江上游典型区域突发水安全事件风险源数据库。

（2）长江上游水库群突发水安全事件遥感监测。

（3）面向应急调度的梯级水库群水量水质模拟与预警模型。

（4）基于模拟与优化深度耦合的梯级水库群应急与常态协同调度方法。

集成方式：子系统集成。

4.1.2.9　风险调度与决策模块

（1）水库群调度多目标风险调度及决策模型。

（2）水库群联合调度的大系统多目标风险评估与决策。

集成方式：子系统集成。

4.1.2.10　多目标调度模块

（1）多层次、多属性、多维综合调度集成。

（2）水库群多目标协调调度模型。

集成方式：深度集成、组件式集成与服务式集成。

4.1.3　硬件支撑体系

系统采用 HPC 云平台架构，见图 4.2。

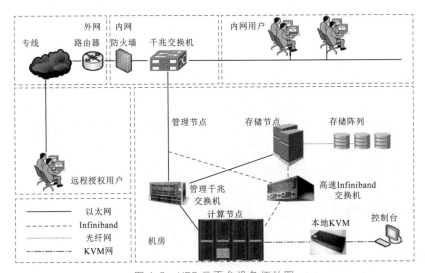

图 4.2　HPC 云平台设备拓扑图

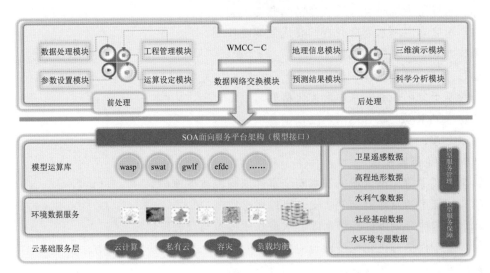

图 4.3　软件概念框架

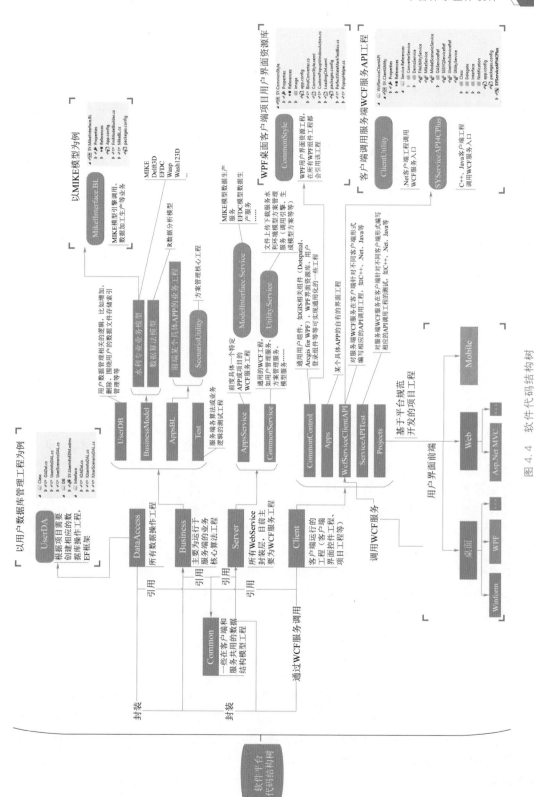

图 4.4　软件代码结构树

123

4.1.4 软件支撑架构

系统软件架构以 JAVA 框架为主，以 Web 服务的形式兼容 C♯、C++等语言的方式构建，采用 SOA 体系思路设计（图 4.3），采用数据库＋逻辑＋服务＋前端的组成模式。

软件核心由 5 部分组成（图 4.4）：

（1）Common 库。包含客户端与服务公用的数据接口模型，是系统的基类。

（2）DataAccess 库。根据不同的系统需求，采用各种数据管理技术实现系统的统一的数据共享。

（3）Business 库。为开放式模型方法库提供技术支撑，包括数据连接类 UserDB、算法类 BusinessModel、业务流类 AppsBL 以及测试类 Test。

（4）Server 库。以 WCF 为主要技术，兼容 Java、C++等编写的 Web 服务，为系统提供通用消息支撑，包括面向应用的 AppsService 类与基础支撑的 CommonService 类。

（5）Client 库。面向情景，封装交互控件类，为系统提供高效可用的交互层技术支撑。

4.2 混合云环境下的统一数据接口规范

4.2.1 数据库实例解决方案

利用三峡梯级水库调度自动化系统外网综合数据平台硬件设施，在安全Ⅲ区采用云计算架构、虚拟化共享存储资源池和计算资源池为本章提供私有云数据存储和计算服务，并建立数据库实例；在网信中心仿照三峡梯级调度建立相同私有云服务及数据库实例。二者数据库实例中均存有保密数据和测试数据，仅将测试数据用于开发调试。

三峡梯级调度和网信中心的基础数据和应用数据按照水调自动化系统数据库的编码和应用方式统一存储，采用 VPN 数据专线实时同步数据，实现数据标准化及数据支撑，提高数据存储效率，实现信息的高效共享和快速应用。

租用商业云服务平台搭建公有云服务，在公有云平台为开发人员搭建统一的开发环境以及测试数据库。采用 VPN 将私有云数据库实例中的测试数据同步至公有云，保证了数据安全。数据库架构见图 4.5。

4.2.2 对象关系对应解决方案

示范系统采用 Hibernate 作为对象关系对应（O/R Mapping）解决方案，利用了抽象化数据结构的方式，将每个数据库对象都转换成应用程序对象（entity），而数据字段都转换为属性（property），关系则转换为结合属性（association），让数据库的 E/R 模型完全转成对象模型，如此让程序设计师能用最熟悉的编程语言来调用访问。而在抽象化的结构之下，则是高度集成与对应结构的概念层、对应层和储存层，以及支持 Hibernate 的数据访问框架（spring data jpa），让数据访问的工作得以顺利与完整的进行。

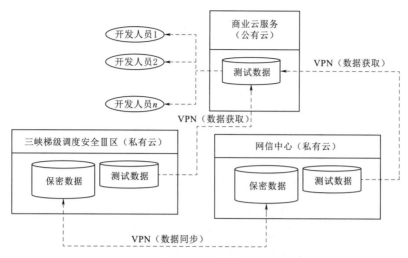

图 4.5　基于混合云的数据库架构图

（1）实体层：既代表一个 Java 对象，也与数据库表一一映射。

实体层由一个简单的 Java 类（POJO）通过注解（annotation）来实现 ORM 隐射，免去繁杂的 XML 配置。

一份实体层结构定义如下：

```
@Entity
@Table(name="t_accountinfo")
public class AccountInfo implements Serializable{

@Id
@Column(name="id",nullable=false)
private Long accountId；
@Id
@Column(name=" balance",nullable=false)
private Integer balance；
// 此处省略 getter 和 setter 方法。
  }
```

（2）持久层：依不同数据库与数据结构，而显露出实体的数据结构体，负责实际对数据库的访问和对象的持久化。

所谓"持久层"，也就是在系统逻辑层面上，专注于实现数据持久化的一个相对独立的领域（Domain），是把数据保存到可掉电式存储设备中。持久层是负责向（或者从）一个或者多个数据存储器中存储（或者获取）数据的一组类和组件。

一份持久层结构定义如下：

```
@Repository("userDao")
public class UserDaoImpl implements UserDao{
```

```
@PersistenceContext
private EntityManager em;
@Transactional
  public Long save(AccountInfo accountInfo){
em. persist(accountInfo);
return accountInfo. getAccountId();
  }
}
```

4.2.3 实时数据交互与数据抽取

实时数据交互与数据抽取模块能够与现有自动化系统进行无缝数据对接，获取水调自动化系统中的实时数据、历史数据、预报数据、特性曲线、特征数据、水文气象部门及水调部门接收的与水库运行调度有关的信息、从水调厂站接收厂站调度人员调度意见和建议等相关信息以及水调主站和各厂站及其他数据源系统信息等。其中水情数据包括各水文测站及雨量站的水雨情信息，水文预报成果数据（不同预见期的径流预测和洪水预测）；电站运行信息是指电站运行有关的信息，包括各水电站的水库水位、下游水位、入库流量、出库流量、发电流量、弃水流量以及泄洪建筑物闸门启闭运行状态、闸门开度、闸门控制设备的工作状态、每台机组的出力及运行状态，各个水电站的全厂功率总和、发电量，调度部门下达的负荷曲线、实际日负荷曲线以及出线线路的电网参数，如功率、电压等，整个梯级的水电功率总值、发电量，水电站设备检修信息，水电站电网运行一次接线等信息，以及生产调度指令，梯级发电计划及生产管理信息等。数据抽取技术路线见图 4.6。

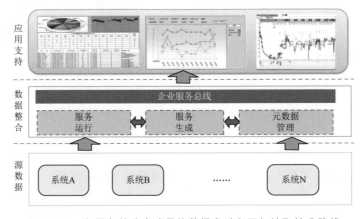

图 4.6 面向服务的分布式异构数据实时交互与抽取技术路线

流域水资源管理决策支持系统所涉及的数据源有相当一部分来源于各业务单位的异构数据库、互联网网页发布的历史报告与报表、监控设备实时数据流、卫星遥感航拍数据等，具有半结构化和非结构化等特征，需要进行快速、精确的数据抽取和分析。常用的解决方案包括数据仓库与包装器（wrapper）两种。数据仓库方案的关键是数据抽取、转换和加载（Extraction－Transformation－Loading，ETL）以及增量更新技术，通过将涉的分布式异构数据源中的关系数据或平面数据文件全部抽取到中间层后进行清洗、转换、集成，其主要缺点是无法保证数据的实时性。包装器则适用于数据量比较大且需要实时处理的集成需求，首先通过对目标数据源的数据元素以及属性标签进行预分析，由人工辅助生成良好的训练样例，以此分别训练针对特定数据源的包装器，通过海量异构数据源的快速数据映射，实现各数据源之间的统一数据视图支持。

1. 面向结构化数据的处理流程

作为数据源的结构化数据库需要开放数据库接口，供元数据管理系统从源数据库中抽取数据结构信息，并保存在元系统中。服务生成模块可以查询存放于元数据系统中的各业务系统元数据，通过简单的操作（例如勾选、组合字段）自动生成提取数据的代码块，并将该部分代码块包装成 WebService 服务，存放于服务运行模块，并服务注册到企业服务总线（ESB，服务注册可以是手工注册，如果 ESB 能通过 API 支持自动注册就更好），对外部进行数据服务。

该操作过程，应对同一个数据库时相对比较简单。但是如果服务需要从不同的数据库中提取并关联数据时，情况就会复杂得多。例如从两个数据源中各取一个表，进行关联。考虑的实现方法如下：从数据库 A 中取出表 X 的数据，放入到服务生成系统的内存 ListX，从数据库 B 中取出表 Y 的数据，放入到服务生成系统的 ListY。两个 list 在内存中进行关联计算，生成业务应用需要的结果集，通过 ESB 传递到调用该服务的业务系统。该方法类似于在内存中实现类似数据库的连接操作。

对于服务生成模块来说，需要支持数据库内连接和内存连接两种代码生成模式。

2. 面向非结构化数据的处理流程

非结构化数据没有统一的数据结构，所以无法通过上面的方式自动生成代码块并发布成服务。可基于正则表达式（Regex）等定制模型描述异构数据源中的有价信息，即针对不同数据源集成要求，人工设计生成适用的正则表达式及其分析树，制定数据抽取规则并开发数据抽取模型，建立由多个叶节点（即匹配子串）组成的统一异构数据源集成分析树（图 4.7），通过 ESB 进行集成并发布到数据整合平台，统一对外提供服务。

4.2.4 数据模式匹配与数据挖掘

示范系统数据融合方法的核心问题是建立跨领域的自动模式匹配方法，将来自多个数据源的数据融合到统一的模式中，从大量的、不完全的、有噪声的、模糊的、随机的实际应用数据中，提取隐含在其中的、人们事先不知道的但又是潜在有用的信息和知识，为敏感因子预警、洪水识别、多时空尺度水文预报及发电、防洪、生态等水库调度决策提供启发信息和相关应用服务。

该模块主要包括分类，回归分析，聚类，关联规则，特征、变化和偏差分析，Web 页挖掘等数据挖掘方法：

（1）分类子模块。分类用于找出数据库中一组数据对象的共同特点并按照分类模式将其划分为不同的类，其目的是通过分类模型，将数据库中的数据项映射到某个给定的类别。

（2）回归分析子模块。回归分析方法反映的是事务数据库中属性值在时间上的特征，产生一个将数据项映射到一个实值预测变量的函数，发现变量或属性间的依赖关系，其主

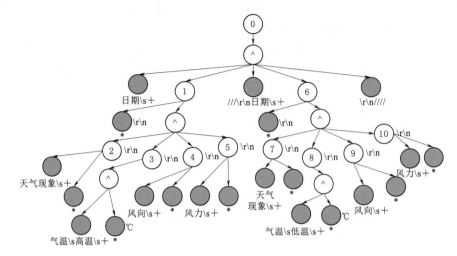

图 4.7　某气象站点数据源的 Regex 分析树

要研究问题包括数据序列的趋势特征、数据序列的预测以及数据间的相关关系等。

（3）聚类子模块。聚类分析是把一组数据按照相似性和差异性分为几个类别，其目的是使得同一类别的数据间的相似性尽可能大，不同类别的数据间的相似性尽可能小。

（4）关联规则子模块。关联规则是描述数据库中数据项之间所存在的关系的规则，即根据一个事务中某些项的出现可导出另一些项在同一事务中也出现，即隐藏在数据间的关联或相互关系。

（5）特征分析子模块。特征分析是从数据库中的一组数据中提取出关于这些数据的特征式，这些特征式表达了该数据集的总体特征。

（6）变化和偏差分析子模块。偏差包括很大一类潜在有趣的知识，如分类中的反常实例，模式的例外，观察结果对期望的偏差等，其目的是寻找观察结果与参照量之间有意义的差别。意外规则的挖掘可以应用到各种异常信息的发现、分析、识别、评价和预警等方面。

（7）Web 页挖掘子模块。Internet 的迅速发展及 Web 的全球普及，使得 Web 上的信息量无比丰富。通过对 Web 的挖掘，可以利用 Web 的海量数据进行分析，收集社会、经济、政策、科技等有关的信息，集中精力分析和处理那些对长江流域水资源管理有重大或潜在重大影响的外部环境信息和内部信息，并根据分析结果找出水资源管理过程中出现的各种问题和可能引起危机的先兆，对这些信息进行分析和处理，以便识别、分析、评价和管理危机。

4.2.5　数据共享接口

数据共享接口是支持集成平台学科交叉需求的重要支持，共享平台将基于互联网建立多学科多领域知识、案例、空间信息以及专题数据的统一共享站点，由各相关方将本学科本领域的相关知识及研究成果发布到平台中，提供上下游合作者基于知识产权保护下的黑箱调用接口。此外，RESTful 接口还将基于行业内部网络建立各部门间的数据共享和调用机制，实现多个流域水资源管理相关部门（如国土部门、气象部门等）间的内部模型和数据共享，同时支持跨部门的数据调用。调研各管理相关部门的数据调用接口，建立针对分布式系统集成的 Web 服务共享平台数据存取 API（application programming interface，即应用程序编程接口），在此基础上支持部门间的数据交互的调用。充分考虑分布式系统数据支持的特殊需求，遵循 SOA 设计思想，建立具有高度数据质量的统一数据支持平台，并为多框架多开发语言的普适计算环境提供 RESTful（状态无关）数据支持接口。

系统的数据需求分为两大部分，即专题数据支持与空间数据支持，通过对半结构化或非结构化专题数据的抽取，并对结构化数据进行清理和融合，从而生成统一的专题数据支持视图。平台主要包括以下模块：

（1）路由模块。该模块的基本功能是将终端用户请求路由到对应的服务器实例，并提供应用动态注册等功能。目前绝大多数的实现是基于 ngnix，同时也需要使用简单的 lua 脚本完成应用注册和路由查询等基本功能。

（2）服务管理模块。该模块会为开发人员和运维人员提供管理接口，其基本功能包括创建应用实例、配置应用运行参数、启停应用、发布应用程序、扩容或缩容等。服务管理模块也需要提供相应的客户端供用户使用，如命令行或是用户界面等。

（3）应用容器模块。应用容器是 PaaS 平台的核心，其主要功能是管理应用实例的生命周期，汇报应用的运行状态等。目前来看，应用容器可以基于虚拟机来实现（如 AWS），也可以使用 Linux 容器技术来实现，最早使用的是 LXC，CloudFoundry 使用的是自己的 warden，同样也是基于 cgroup，现在最新的是 docker。

（4）应用部署模块。应用部署模块需要将应用程序打包成为可直接部署的发布包。该模块是实现 PaaS 平台开发性的关键。由于现有通用的 PaaS 平台需要支持多种编程语言和框架，如 Java、Python、Ruby 和 PHP 等，当应用发布时，PaaS 平台需要根据不同的编程语言将应用打包成为通用的发布包，然后传递给容器模块部署。应用部署模块是实现这一过程的关键，目前来看，起源于 Heroku 的 buildpack 已经被大家广为接受。

（5）块存储模块。该模块主要用于存储应用的发布包，需要保证程序包的长久存储和。目前 AWS 的 Beanstalk 直接使用 S3，CF 可以使用网络文件系统 NFS 或是其他任何分布式文件存储系统（如 HBase）。

（6）数据存储模块。该模块需要保存应用和服务的基本信息，可以基于任何现有的数据库技术实现，如 MYSQL 或是 MONGODB 等。

（7）监控模块。该模块的作用是持续监控应用的运行状态，比如健康状态（是否存活）、资源使用率（CPU、内存、硬盘、网络等）和可用性等。这些指标会成为整个平台运维的关键，也为自动弹性伸缩奠定基础。

（8）用户认证模块。该模块需要保证应用程序的安全性和隔离性，通常而言，公有云的提供商会使用 OAuth 等技术集成现有的用户认证服务。

（9）消息总线模块。该模块也是最重要的模块，由于 PaaS 平台所搭建的是一个大规模分布式环境，通常而言，规模在数百台到上千台的机器数量，所有模块之间的通信会变成一个核心的问题，所以消息总线会变成系统之间通信的基础，通常需要支持 pub/sub

模式。

基于该架构，应用实例的弹性伸缩也能够非常容易地实现。需要监控服务来不断获取实时的应用状态，当某些指标超出预先定义的阈值时，平台会启动伸缩服务：首先从应用容器模块预留资源，然后调用应用部署模块打包应用并部署，最后将应用节点注册到路由模块，完成整个伸缩的过程。

4.2.6　数据共享接口示例

基于 Spring Data JPA 开发数据访问接口，为 C♯ 代码提供 DataSet 数据格式数据，为 Java 与 C＋＋数据提供 Json 类型数据，示例见图 4.8～图 4.10。

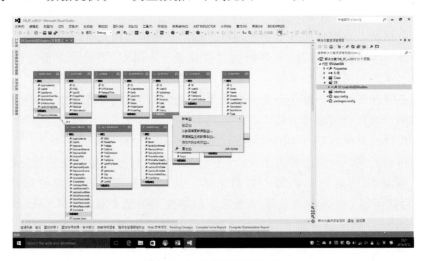

图 4.8　实体数据模型示例

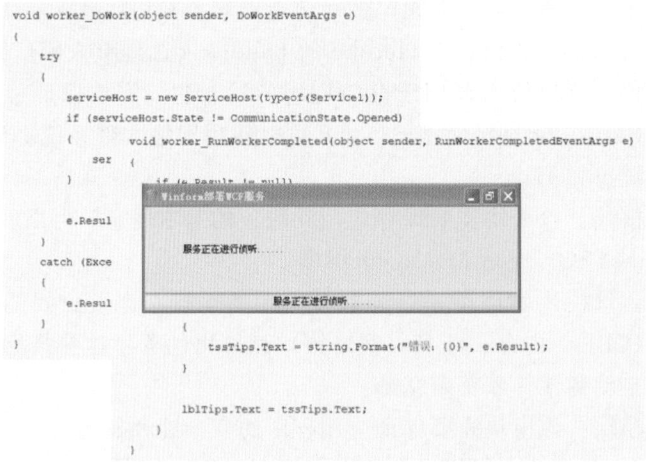

图 4.9　数据服务监听示例

ID	站码	日期	起时间	止时间	降水量（mm）
1	41122400	8/24/1984 12:00:00 AM	12/30/1899 6:54:00 PM	12/30/1899 7:10:00 PM	16.1
2	41122400	8/24/1984 12:00:00 AM	12/30/1899 11:40:00 PM	12/30/1899 12:00:00 AM	3.1
3	41122400	8/25/1984 12:00:00 AM	12/30/1899 1:30:00 AM	12/30/1899 2:00:00 AM	3
4	41122400	7/23/1985 12:00:00 AM	12/30/1899 9:00:00 PM	12/30/1899 9:20:00 PM	0.8
5	41122400	7/24/1985 12:00:00 AM	12/30/1899 9:20:00 PM	12/30/1899 9:44:00 PM	0.5
6	41122400	7/25/1985 12:00:00 AM	12/30/1899 9:44:00 PM	12/30/1899 9:53:00 PM	1.2
7	41122400	7/26/1985 12:00:00 AM	12/30/1899 9:53:00 PM	12/30/1899 10:37:00 PM	0.1
8	41122400	6/25/1986 12:00:00 AM	12/30/1899 10:37:00 PM	12/30/1899 11:00:00 PM	0.9
9	41122400	6/25/1986 12:00:00 AM	12/30/1899 11:00:00 PM	12/30/1899 11:10:00 PM	0.7
10	41122400	6/25/1986 12:00:00 AM	12/30/1899 11:10:00 PM	12/30/1899 11:20:00 PM	2.3
11	41122400	6/25/1986 12:00:00 AM	12/30/1899 11:20:00 PM	12/30/1899 11:30:00 PM	0.7
12	41122400	6/25/1986 12:00:00 AM	12/30/1899 11:30:00 PM	12/30/1899 11:45:00 PM	0.7
13	41122400	6/25/1986 12:00:00 AM	12/30/1899 11:45:00 PM	12/30/1899 11:55:00 PM	4.4
14	41122400	6/25/1986 12:00:00 AM	12/30/1899 11:55:00 PM	1/1/1900 12:00:00 AM	7
15	41122400	6/26/1986 12:00:00 AM	12/30/1899 12:00:00 AM	12/30/1899 12:05:00 AM	2
16	41122400	6/26/1986 12:00:00 AM	12/30/1899 12:05:00 AM	12/30/1899 12:09:00 AM	0.8
17	41122400	6/26/1986 12:00:00 AM	12/30/1899 12:09:00 AM	12/30/1899 12:30:00 AM	2.7
18	41122400	6/26/1986 12:00:00 AM	12/30/1899 12:30:00 AM	12/30/1899 1:00:00 AM	4.5
19	41122400	6/26/1986 12:00:00 AM	12/30/1899 1:00:00 AM	12/30/1899 1:14:00 AM	2.6
20	41122400	6/26/1986 12:00:00 AM	12/30/1899 1:14:00 AM	12/30/1899 1:40:00 AM	2.7
21	41122400	6/26/1986 12:00:00 AM	12/30/1899 1:40:00 AM	12/30/1899 2:00:00 AM	0.4
22	41122400	6/26/1986 12:00:00 AM	12/30/1899 2:00:00 AM	12/30/1899 3:00:00 AM	2.2
23	41122400	6/26/1986 12:00:00 AM	12/30/1899 3:00:00 AM	12/30/1899 6:50:00 AM	0.4
24	41122400	7/2/1987 12:00:00 AM	12/30/1899 7:30:00 PM	12/30/1899 7:20:00 PM	1.8

图 4.10　数据共享示例

4.3　多模型多业务系统集成方法

　　系统集成的目的是将多个系统融合在一个系统中，统一账号和权限的管理，统一应用的管理，最终以一个独立的软件系统存在。所有功能都在一个系统中，节省资源，方便管理和维护，系统之间调用彼此的接口进行数据的交换和信息的传递，信息传递及时快捷，功能完整性比较好。

4.3.1　系统集成关键技术

　　软件架构是一个包含各种组织的系统组织。这些组件包括 Web 服务器、应用服务器、数据库、存储、通信层等。为开发满足调度中心实际调度各项功能需求，选择合适的开发架构对保证系统的成功开发至关重要。成熟的框架能减少重复开发工作量，缩短开发时间，降低开发成本，增强程序的可维护性和可扩展性。

　　微服务是一种架构风格，一个大型复杂软件应用由一个或多个微服务组成。系统中的各个微服务可被独立部署，各个微服务之间是松耦合的。每个微服务仅关注于完成一件任务并很好地完成该任务。在所有情况下，每个任务代表着一个小的业务能力。微服务之间通过使用 HTTP/REST，数据格式使用 Json 或 Protobuf（Binary protocol）独立通信的，通信协议是自由的。微服务具有如下优势：

　　（1）每个微服务都很小，这样能聚焦一个指定的业务功能或业务需求。

　　（2）微服务是松耦合的，是有功能意义的服务，无论是在开发阶段或部署阶段都是独立的。

　　（3）微服务能使用不同的语言开发。

　　（4）微服务允许容易且灵活的方式集成自动部署，通过持续集成工具如 Jenkins、Hudson、bamboo 实现。

　　（5）一个团队的新成员能够更快投入生产。

　　（6）微服务易于被一个开发人员理解、修改和维护，这样小团队能够更关注自己的工作成果，无须通过合作才能体现价值。

　　（7）微服务允许利用融合最新技术。

　　（8）微服务只是业务逻辑的代码，不会和 HTML、CSS 或其他界面组件混合。

　　（9）微服务能够即时被要求扩展。

　　（10）微服务能部署在中低端配置的服务器上。

　　（11）易于和第三方集成。

　　（12）每个微服务都有自己的存储能力，可以有自己的数据库，也可以有统一的数据库。

　　水库群智能调度云服务系统以 Spring Boot 微框架构建系统数据服务。该框架具备以下几个特性：它允许创建可以独立运行的 Spring 应用；允许直接嵌入 Tomcat 或 Jetty 服务器，不需要部署 WAR 文件；提供推荐的基础 POM 文件来简化 Apache Maven 配置；尽可能地根据项目依赖来自动配置 Spring 框架；提供可以直接在生产环境中使用的功能，如性能指标、应用信息和应用健康检查；开箱即用，快速开始需求开发而不被其他方面影响；提供一些非功能性的常见的大型项目类特性（如内嵌服务器、安全、度量、健康检查、外部化配置），如可以直接地内嵌 Tomcat/Jetty（不需要单独去部署 war 包），绝无代码生成，且无须 XML 配置。该框架与 Java、Bootstrap 结合起来，通过面向对象而非面向数据库的查询语言查询数据，避免程序的 SQL 语句紧密耦合，显著地提高了数据库操作执行的效率，高效美观的水库群智能调度云服务系统产生。

4.3.1.1　数据层

　　系统数据服务采用 JPA（Java Persistence API）框架进行构建。该框架对 JDBC 进行了非常轻量级的对象封装，通过面向对象而非面向数据库的查询语言查询数据，避免程序的 SQL 语句紧密耦合；运用数据库连接池技术分配、管理和释放数据库连接，使得应用程序能够重复使用一个现有的数据库连接，而不是重新建立一个；释放空闲时间超过最大空闲时间的数据库连接来避免因为没有释放数据库连接而引起的数据库连接遗漏，从而显著地提高数据库操作执行的效率。在此基础上，运用分布式远程数据通信技术，将数据服务与用户软件分离开来，提高了数据操作的安全性，保证数据库的一致性，实现数据库的统一管理。当数据层面对多源异构数据源时，采用 JTA 技术管理多个 JPA 数据访问任务，实现数据的分布式存储功能。数据层采用的关键技术详细介绍如下。

　　1. JTA

　　JTA（Java Transaction API）为 J2EE 平台提供了分布式事务服务，它隔离了事务与底层的资源，实现了透明的事务管理方式。分布式事务（Distributed Transaction）包括事务管理器（Transaction Manager）和一个或多个支持 XA 协议的资源管理器（Resource Manager）。可以将资源管理器看作任意类型的持久化数据存储；事务管理器承担着所有事务参与单元的协调与控制。JTA 事务有效地屏蔽了底层事务资源，使应用可以以透明的方式参入事务处理中；但是与本地事务相比，XA 协议的系统开销大，在系统开发过程中应慎重考虑是否确实需要分布式事务。若确实需要分布式事务以协调多个事务资源（比如：项目中需要操作多个数据库，或者为保证操作的原子性，保证对多个数据库操作的一致性。），则应实现和配置所支持 XA 协议的事务资源，如 JMS、JDBC 数据库连接池等。

2. JPA

JPA（Java Persistence API）通过 JDK 4.3.0 注解或 XML 描述对象—关系表的映射关系，并将运行期的实体对象持久化到数据库中。JPA 的总体思想和现有 Hibernate、TopLink、JDO 等 ORM 框架大体一致。总的来说，JPA 具有以下几方面优势：

（1）标准化。JPA 是 JCP 组织发布的 Java EE 标准之一，因此任何声称符合 JPA 标准的框架都遵循同样的架构，提供相同的访问 API，这保证了基于 JPA 开发的企业应用能够经过少量的修改就能够在不同的 JPA 框架下运行。

（2）简单方便。JPA 的主要目标之一就是提供更加简单的编程模型：在 JPA 框架下创建实体和创建 Java 类一样简单，没有任何的约束和限制，只需要使用 javax.persistence.Entity 进行注释，JPA 的框架和接口也都非常简单，没有太多特别的规则和设计模式的要求，开发者可以很容易的掌握。JPA 基于非侵入式原则设计，因此可以很容易的和其他框架或者容器集成。

（3）查询能力。JPA 的查询语言是面向对象而非面向数据库的，它以面向对象的自然语法构造查询语句，可以看成是 Hibernate HQL 的等价物。JPA 定义了独特的 JPQL（Java Persistence Query Language），JPQL 是 EJB QL 的一种扩展，它是针对实体的一种查询语言，操作对象是实体，而不是关系数据库的表，而且能够支持批量更新和修改、JOIN、GROUP BY、HAVING 等通常只有 SQL 才能够提供的高级查询特性，甚至还能够支持子查询。

（4）高级特性。JPA 中能够支持面向对象的高级特性，如类之间的继承、多态和类之间的复杂关系，这样的支持能够让开发者最大限度地使用面向对象的模型设计企业应用，而不需要自行处理这些特性在关系数据库的持久化。

3. 数据库连接池

数据库连接是一种关键的、有限的、昂贵的资源，这一点在多用户的网页应用程序中体现得尤为突出。对数据库连接的管理能显著影响到整个应用程序的伸缩性和鲁棒性，影响到程序的性能指标。数据库连接池正是针对这个问题提出来的。数据库连接池负责分配、管理和释放数据库连接，它允许应用程序重复使用一个现有的数据库连接，而不是再重新建立一个；释放空闲时间超过最大空闲时间的数据库连接来避免因为没有释放数据库连接而引起的数据库连接遗漏。这项技术能明显提高对数据库操作的性能。

数据库连接池的基本思想是在系统初始化的时候，将数据库连接作为对象存储在内存中，当用户需要访问数据库时，并非建立一个新的连接，而是从连接池中取出一个已建立的空闲连接对象；使用完毕后，用户也并非将连接关闭，而是将连接放回连接池中，以供下一个请求访问使用。而连接的建立、断开都由连接池自身来管理。同时，还可以通过设置连接池的参数来控制连接池中的初始连接数、连接的上下限数以及每个连接的最大使用次数、最大空闲时间等，也可以通过其自身的管理机制来监视数据库连接的数量、使用情况等。

4.3.1.2 业务层

根据水库群智能调度云服务系统的业务流程，将系统中的各种模型算法独立出来，增强系统的健壮性，同时也使系统具有良好的扩展性。业务逻辑层在体系架构中的位置很关键，它处于数据访问层与表示层中间，起到了数据交换中承上启下的作用。由于"层"是一种弱耦合结构，层与层之间的依赖是向下的，底层对于上层而言是"无知"的，改变上层的设计对于其调用的底层而言没有任何影响。如果在分层设计时，遵循了面向接口设计的思想，那么这种向下的依赖也应该是一种弱依赖关系。因而在不改变接口定义的前提下，理想的分层式架构，应该是一个支持可抽取、可替换的"抽屉"式架构。正因为如此，业务逻辑层的设计对于一个支持可扩展的架构尤为关键，因为它扮演了两个不同的角色。对于数据访问层而言，它是调用者；对于表示层而言，它却是被调用者。依赖与被依赖的关系都包含在业务逻辑层上，如何实现依赖关系的解耦，则是除了实现业务逻辑之外留给开发人员的任务。

4.3.1.3　表示层

表示层是水库群智能调度云服务系统的用户输入及向用户呈现信息的交互接口。一般来说，表示层设计必须达到美观与易用两个指标。基于 B/S 结构的应用日趋成熟，但传统 Web 应用用户体验不佳，为此出现了一种新类型的 Web 应用 RIA（rich internet application），这种应用借鉴了桌面应用程序响应快、交互性强的优点，改进了 Web 应用程序的用户交互性能。

4.3.2　组件式集成

为克服诸多运算模型间的松散集成不足和完全集成的困难，针对便于封装且运算耗时较短的模型（如单一目标寻优调度模型、集总式水文模型等），可采用组件式集成方法。在此集成方法下，应用系统可以被视为相互协同工作的对象集合，其中每个对象都会提供特定的服务，发出特定的消息。组件间的接口通过一种与平台无关的语言来定义，使用者可以直接调用执行模块来获得对象提供的服务。鉴于此，可以将部分简易模型进行组件式集成，即运算模型以应用程序接口形式嵌入到集成环境（公开的管理节点或本地客户端）中，充分实现模型与数据的分离，从而大大地提高了此类模型的鲁棒性、运算速度以及开发集成效率。

集成形式：将简易模型封装成 DLL（动态链接库）、Jar 包，直接集成于客户端软件或者公开访问的管理节点，由客户端直接触发运算或远程服务器触发运行。

对于源代码缺失的 fortran 程序或受版权保护的商用软件，将开发适配类用于协调可执行文件 . exe 与相关配置文件，提供参数设置、数据预处理、触发计算、处理结果等功能接口。

4.3.3　服务式集成

针对部分运算耗时较长、计算资源占用较高、特定技术耦合过深（如运算软件平台限制，特定硬件支持）的模型（如复杂水质、水动力模型，多目标寻优调度模型，大时空尺度分布式水文模型等），存在不支持跨平台异构环境等一系列问题时，组件式集成将不再适于此类复杂模型的集成。Web 服务作为新一代的开放分布式处理技术，其具有高度的互操作性，易于将现有应用远程集成为新系统功能模块。因此，以 Web 服务为核心的远程访问集成方式成了此类模型集成的首选，亦称之为服务式集成。服务式集成主要运用了远程过程调用协议（Remote Procedure Call Protocol），实现客户端对远端模型的跨主机、跨网络访问。服务应用程序构建了底层模型类库与客户端交互的桥梁，同时也达到了向客户端屏蔽了底层的具体实现，客户端集成不再需要具体了解底层的具体实现。

服务式集成旨在服务端部署围绕各模型为核心的高性能计算机集群以及特定运算环境，通过用户客户端远程操控传参触发运算，经过一段时间计算后，返回运算结果。这样保证了此类模型的高速运行环境，降低了客户端运行环境需求，实现了跨平台异构环境的模型集成及异步访问需求。

微服务架构下，应用的服务直接相互独立。在几种常见的架构中，API 网关方式应该是微服务架构中应用最广泛的设计模式，API 网关方式的核心要点是，所有的客户端和 Web 端都通过统一的网关接入微服务，在网关层处理所有的非业务功能。通常，网关也是提供 REST/HTTP 的访问 API，服务端通过 API-GW 注册和管理服务（图 4.11）。

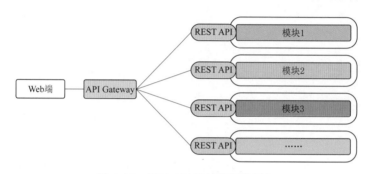

图 4.11　通过 API 网关暴露微服务

如图 4.11 所示，所有的业务接口通过 API 网关暴露，是所有客户端接口的唯一入口。微服务之间的通信也通过 API 网关。采用网关方式有如下优势：

（1）有能力为微服务接口提供网关层次的抽象。比如：微服务的接口可以各种各样，在网关层，可以对外暴露统一的规范接口。

（2）轻量的消息路由、格式转换。

（3）统一控制安全、监控、限流等非业务功能。

（4）每个微服务会变得更加轻量，非业务功能都在网关层统一处理，微服务只需要关注业务逻辑。

服务式集成的集成方式是将模型封装成单个或多个高效应用程序并部署于特定系统平台的高性能计算机集群，同时为其发布 Web 服务作为触发接口，由客户端远程访问，发起运算需求。

4.3.4　子系统嵌入

示范系统将以沙盘模式集成 BS 版本子系统为例，除调用功能页面外，不直接与 BS 子系统发生消息与数据的交换，具体细节如下：

（1）示范系统开发组为 BS 版子系统提供标准的 CSS 样式表，统一界面样式。

（2）BS 版本子系统提前申明本系统包含模块的数量、标题、链接地址，通过主平台注册页面加载进入示范系统，示范系统为 BS 版本子系统提供统一导航与权限管理功能（图 4.12）。

图 4.12　BS 版本子系统模块信息注册页面示例

（3）示范系统为 BS 版本子系统提供矩形容器框 Iframe 或弹出框容器 Div，需 BS 子系统自动隐藏标题栏与导航栏，仅提供内容部分 HTML 链接便于整体页面逻辑协调。

第 5 章

水库群专业应用模型标准化技术及模型智能优选

当前水库群多目标智能调度中水文预报、水库调度、风险决策等专业应用模型具有多重时空尺度的复杂约束关系，且众多模型未集成化，模型之间关系不自然，模型和数据之间的联系缺乏统一性，缺少一种在决策过程中控制和使用模型的方法。因此，模型的组织、表达和统一规范化尤为重要。

本节从研究水库群多目标智能调度专业应用模型的编码规范化入手，给出模型的分类方案，进而提出模型编码方案，便于模型管理和查询；其次对模型公共属性进行抽象，提取各个模型的公共信息，对模型进行统一表达，提出模型接口的规范化方案，有利于模型管理、运行、组合等操作；针对不同语言编写的模型程序进行改造封装并提出组件化方案，用于建立模型、模型库与模型库管理系统，负责模型的编制、模型数据的组织、模型的交互及模型运行监控等；最后制定模型标准化范式，旨在解决多模型耦合过程中的冲突问题，使各模型协调工作。

模型规范化、模型共享和模型重用、主体技术是当前模型技术研究的热点，通过对水库群多目标智能调度中专业模型的规范化研究，形成规范化标准建议书，指导构建开放式调度决策、评估模型方法库，有利于对复杂问题的大规模模型库进行建立和维护。

5.1.1 模型编码规范化

模型的分类与编码是模型规范化工作的重要组成部分，它是基于一定的模型分类体系之上的。模型分类体系一般可描述如下：

$$M_0 = \{ m_i \in M \mid R_i \} \quad i = 1, 2, \cdots, n \tag{5.1}$$

式中：M_0 为总体模型体系；R_i 为分类关系；m_i 为第 i 类功能模型集合。

$$M_i = \{ m_{ij} \in M \mid R_{ij} \} \quad i = 1, 2, \cdots, n \quad j = 1, 2, \cdots, m \tag{5.2}$$

$$m_{ij} = f_j(e_{ij}, r_{ij}, a_{ij}), \quad i = 1, 2, \cdots, n \quad j = 1, 2, \cdots, m \tag{5.3}$$

式中：R_{ij} 为第 i 类模型集合的分类关系；m_{ij} 为第 i 类模型集合中第 j 个具体模型；f_j 为具体模型描述；e_{ij} 为具体模型方法描述；r_{ij} 为具体模型算法描述，a_{ij} 为模型应用描述。

由式（5.1）～式（5.3）可知，对模型体系 M_0 进行分类，主要就是具体确定分类关系 R_i 及 R_{ij}。下面给出一种模型分类与编码方案。

R_1：按照模型的子库分类（R_{11}：模型库，R_{12}：方法库，R_{13}：知识库，R_{14}：工具库，R_{15}：框架库，……）。

R_2：按照模型的功能分类（R_{21}：分区模型，R_{22}：预测模型，R_{23}：评价模型，R_{24}：规划模型，R_{25}：模拟模型，……）。

R_3：按照模型的方法分类（R_{31}：网络分析模型，R_{32}：统计分析模型，R_{33}：数学规划模型，R_{34}：系统动力学模型，R_{35}：模糊理论模型，……）。

R_4：按照模型的算法分类（R_{41}：最短路径模型，R_{42}：时间序列分析模型，R_{43}：线性回归模型，R_{44}：网络规划模型，R_{45}：回归分析模型，……）。

R_5：按照模型的应用分类（R_{51}：人口模型，R_{52}：运输模型，R_{53}：资源模型，R_{54}环境模型，R_{55}：估产模型，……）。

基于上述分类体系的模型编码方案如表 5.1 所示。

表 5.1　　　　　　　　　　　　　　　模 型 编 码 方 案

编码占位数量	*	* *	* *	* * *	* *
编码位置	首位	高位	中位	低位	末位

根据表 5.1 给出的编码方案，一个模型的编码由首位、高位、中位、低位、末位五组码构成。首位取一位数字，代表模型所属子库；高位取两位数字，代表模型的功能；中位取两位数字，代表模型的方法；低位取三位数字，代表模型的算法；末位取两位数字，代表模型的应用。其中，每组码均独立进行编码，即各组编码之间不建立层次隶属关系。同时，还允许缺省。这样，系统中任意一个模型的编码都可以按此方案，由十位数唯一确定。

5.1.2　模型接口规范化

定义：模型等于算法加数据。算法以文件形式存在，引入模型描述文件对模型的数据进行说明，从而有效地区别算法和模型，明确模型的组成。这样，模型就由四部分组成（图 5.1）：模型＝算法＋模型描述文件（Model Description File，MDF）＋模型说明文件＋模型数据。

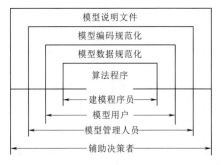
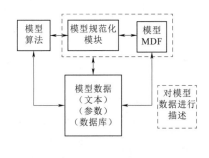

图 5.1　模型规范化组成

从图 5.1 可以看出，模型的不同类型的用户有着不同的模型视图：模型程序由建模程序员完成编制；对模型的用户公开模型数据规范化部分，通过模型规范化和模型描述文件就可以应用模型，得到模型类型、模型参数、输入数据、输出结果等；对于模型管理人员，公开模型编码，通过规范化的编码，对模型进行分类存储，方便用户查找；对于辅助决策者，通过模型说明文件了解模型功能、模型用处即可。

模型外加两个文件实现模型规范化，模型描述文件和模型数据描述文件。模型描述文件是模型程序的文档，随着模型程序的编制完成后一起提交给模型的用户。模型数据描述文件（MDF）记录模型的对外关系，包括以下方面：

1）模型描述：模型名，算法名，模型类型，模型功能等。

2）参数定义：模型参数说明，输入数据说明，输出数据说明。

3）模型数据库说明：模型数据源，数据库用户，口令等。

4）模型关系说明：上层模型表，下层模型表等。

5）模型对话说明：满足相应的条件进行对话，完成模型和用户进行交互。

通过对模型及其关系的分析，规范以上模型的对外关系，即模型数据。这样规范模型，既避免了由于模型的千差万别造成的模型组合、调用、运行等的复杂情况。也易于模型的管理、模型操作语言等的实现。

模型规范化后，模型由算法、模型数据、模型数据描述文件、模型规范化模块组成。MDF 文件按照一定格式描述模型算法的数据，模型规范化是对 MDF 文件的操作，同时也包括一些模型的共性操作，如对数据库的操作等。这样，模型数据输入、参数设置、模型运行结果查询都通过模型规范化模块即可。

为了便于处理，在这里把模型分为两种类型：一种是单模型，模型中不包含模型关系说明，每个模型只有一个和该模型对应的模型描述文件；另一种是组合模型，它由多个单模型组成，所以组合模型对应多个模型描述文件，组合模型中各个单模型的关系由模型关系节描述。

在实现时，模型数据描述文件包含上述的五个部分，后缀为.mdf，以文本形式进行存储，可以进行编辑。实际模型数据描述文件把五个部分分成 7 个描述节，如表 5.2 所示。

表 5.2　　　　　　　　　　　　模 型 规 范 化 组 成

格式描述	表示格式	格式描述	表示格式
文件标识	mdf	模型输出描述节	[output：name]
模型描述节	[model：description]	模型关系描述节	[relation：name]
模型参数描述节	[param：name]	模型库描述节	[database：name]
模型输入描述节	[input：name]	模型对话描述节	[dialog：name]

（1）文件标识用来标识文件，为模型数据描述文件，通过用 mdf 字符串标识即可。在对该文件执行操作时，首先判断该标识。

节的描述格式为：[section：name]。

section：节的名字，在 {model，input，output，database} 中取值。

name：节（section）的名字。

section 和 name 中间用 "：" 格开。

每个节中包含许多项目，通过项目描述节的内容，项目可以是变量、文件、数据库表格等。项目包含属性、值和相关内容，项目和属性及相关内容是一对多的关系，项目和其取值是一对一的关系，故为了准确完备的描述项目，节中应包含以上三方面内容，定义节的格式如下：

item _ name；relation1；relation2；relation3；…＝item _ value

item _ name. attribute1＝attribute _ value1

item _ name. attribute2＝attribute _ value2

item _ name：项目的名称

relation1；relation2…：项目的相关内容描述

item _ value：项目的取值

attribute1；attribute2…：项目的属性列表

attribute _ value1；attribute _ value2…：项目属性取值

项目的相关内容列表以"；"为标志，项目和项目的取值用"＝"相连。项目属性用"."标识。

（2）模型描述节给出模型的基本情况说明，比如模型名称、模型类型、模型隶属大类、模型类别标识（标识模型为单模型或组合模型）等。通过模型名称定义模型名字；模型类型标识模型的静态状况和动态状况：模型的静态状况表示模型的存储结构，如模型在客户端存储还是服务器端存储，模型是否带有数据描述信息等，模型的动态状况说明模型的运行情况，如在服务器端运行还是在客户端运行，运行时是否需要数据描述文件等。模型隶属大类和模型类别标识表示可以通过解析模型编码得到。

（3）数据参数描述节、输入描述节、数据输出描述节和数据库描述节描述模型中的数据。其项目可以有以下几种形式：

变量：可以是整型变量、实型变量、字符串变量等。

文件：在这里可以规定文件名、文件特征、文件路径、打开文件方式、打开文件工具等。

数据库：包括数据源、用户名、用户口令等。

数据库表名：数据源中表的名字、该数据源在模型数据描述文件中的数据库段中定义。

数据库字段名：包括所属表名、字段类型等；

数据库检索条件：按照此检索条件对数据库中的表进行检索，条件按照 SQL 语句填写，缺省值为 TRUE。

（4）在单模型中，不设模型关系描述节。组合模型中要定义模型关系节，该节描述组合模型的逻辑结构，即组合模型由哪些单模型组成，各个模型之间的关系以及数据流向等。和以上各个节的结构不同，模型关系描述节是有固定的几个关键字符和特定格式组成。固定的字符给出组合模型的部分语法定义，格式定义如下：

entrance＝模型 1 名；模型 2 名…　　　　　　　　　　//模型入口

模型 1 名. if＝条件 1…　　　　　　　　　　　　　　//模型 1 运行条件

模型 1 名. follow＝模型 1.1 名；模型 1.2 名…　　　　//模型 1 后继

模型 2 名 .if＝条件 2…	//模型 2 运行条件
模型 2 名 .follow＝模型 2.1 名；模型 2.2 名…	//模型 2 后继
break.dlg＝对话项目名字	//模型断点

（5）模型对话节完成模型运行过程中对模型数据进行动态的调整和显示。模型对话节由许多对话项目组成，标识调整模型的数据，格式如下：

对话项目名字 .inputdata＝模型名 .input	//显示输入数据，并修改
对话项目名字 .outputdata＝模型名 .output	//显示结果
对话项目名字 .continue＝yes or no	//调整完后是否继续运行
对话项目名字 .restart＝yes or no	//调整完后是否重新运行

模型数据描述文件只是模型规范化的一个方面，模型规范化的另一方面就是提供对模型数据文件的完整操作。模型的内容不一样，但对数据描述文件的操作是一样的，先将模型的公共操作提取出来，封装在模型的基类中，对模型进行规范化封装，这样，在编制模型时只要继承基类就可以完成对数据的操作。其结构如图 5.2 所示。

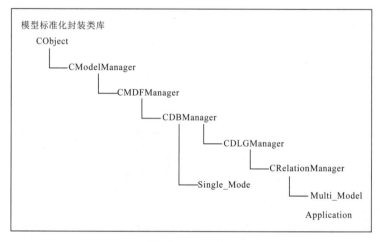

图 5.2　模型规范化封装类层次结构

CObject 提供模型框架的基本操作；CModelManager 提供模型基本方法和属性的操作；CMDFManager 对模型数据描述文件中模型描述节（model）、数据输入描述节（input）、数据输出描述节（output）、数据库描述节（database）的操作，包括节中项目的输入、删除、修改、获得项目属性、值等；CDBManager 提供模型对数据库的操作，包括数据库连接、数据增删改、检索、数据提取等。CDLGManager 提供模型对话操作、获取模型数据节、设置运行标识等。CRelationManager 提供模型关系操作，包括模型运行顺序、模型运行条件获取、模型数据关系获取、模型断点设置等。

基于以上分析，模型的运行分为单模型运行和组合模型运行，组合模型运行通过模型关系描述节控制各个单模型的运行，单模型运行步骤如下：

（1）模型运行请求。

（2）准备模型的数据描述文件，具体来说就是准备数据描述文件的参数描述部分和输入数据描述部分。

（3）把准备好的数据描述文件通过模型规范化模块送至模型算法。

（4）由于数据描述文件是对模型数据的描述，有些数据直接就可以从数据描述文件中得到，但有些数据要根据数据描述文件的描述，从相应的数据库或文件中得到。

（5）调用模型算法，模型运行完成后，记录模型运行的结果，一部分结果写入到模型数据中，一部分结果写到模型数据描述文件中。

（6）结果输出，通过模型描述文件中的结果描述节，通过模型规范化模块，直接得到模型运行的结果。

对于组合模型，运行步骤和单模型类似，同样使用模型描述文件，但组合模型使用文件中的模型关系描述节，得到组成组合模型中各个单模型的关系，然后引发单模型运行，每个模型运行完成后，根据模型关系描述节提供的信息，对需要的单模型的数据描述文件进行相应的修改，然后进行下一个单模型的运行，运行结束后，通过模型规范化模块把模型的运行结果写入模型描述文件中，查看组合模型运行结果通过组合模型的数据描述文件即可。单模型运行过程和组合模型运行过程见图 5.3。

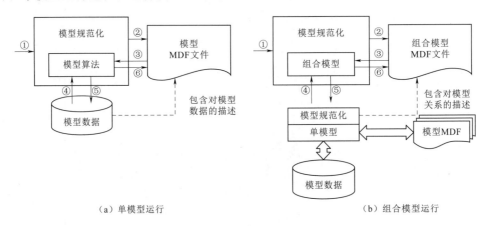

（a）单模型运行　　　　　　　　　　　（b）组合模型运行

图 5.3　单模型运行图和组合模型运行图

在模型运行过程中，通过模型对话节完成模型与用户的交互。模型对话定义为对模型的输入数据进行修改或对模型的输出数据进行显示。以上对数据描述文件的操作都可以通过继承模型规范化封装类或调用模型规范化的动态链接库得以实现。

5.1.3　模型的封装

传统的模型可以是不同语言按照不同的规范编写的模型，所以模型的数据格式各式各样，要把原有的模型输入到模型服务器下，统一管理、共享和运行，必须对模型进行封装和改造。模型封装的目的是对模型的输入数据和输出数据进行分析，按照模型规范化格式，编写模型数据描述文件，在原模型执行文件的基础上，增加对模型数据描述文件的操作。由于有的模型数据要从数据库中取数据，故在增加模型封装代码时，要加入对数据库的操作。模型改造是对一些特殊的模型，由于模型的交互界面或其他原因，模型封装比较困难，那么必须对模型进行一定程度的改造，进而适应新的计算模式，使之发挥更好的性能。模型封装说明见图 5.4。

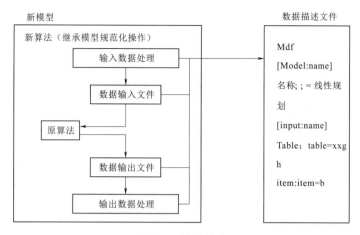

图 5.4　模型封装

5.1.4　模型的组件化

模型的组件化是解决模型共享和重用的有效途径。组件标准为模型的共享和重用提供了基础。模型组件化研究包括模型组件化框架、模型组件化接口设计、模型组织、模型组件提取、表现和调度运行等。

5.1.4.1　组件定义及特点

软件组件的设想来自硬件 IC：即插即用；高封装性；内部细节使用者不必过问；只根据外部特性进行维护、升级或重构，进而提高计算机系统的计算机能力，减轻升级、维护费用。每个软件组件都是自主的，有其独自的功能，只能通过接口与外界通信。

可重用的组件是具有相对独立的功能和具有重用价值的组件。可重用的组件应该具备以下属性：①有用性——必须提供有用功能；②可用性——必须易于理解和使用；③保证质量——自身及其升级能正确地工作；④适应性——应该易于通过参数化等方式在不同的环境中进行配置；⑤可移植性——可以在不同的硬件和软件环境中工作。

组件是封装了它的设计和实现，而仅向外部提供接口的相对独立的可重用的软件单元。所谓接口，是一套用于说明组件提供服务的操作集合，它着重于一个给定服务的行为而不是服务的实现，服务的实现由组件内部的实体具体完成，接口给出了一组操作的名字。组件的定义包含三个方面的内容：①组件是可重用的、自包含的、独立于具体应用的软件对象模块；②组件只能通过其接口来访问；③组件不直接与别的组件进行通信。

一个组件同一个微型的应用程序类似，都是已经编译链接好的二进制代码，应用程序由多个这样的组件搭建而成。在需要对应用程序进行修改时，只需将构成此应用程序的某个组件用新版本替换即可，可见，组件在应用程序中完全是动态的。

从组件的定义可以看出，一个组件应该具有以下特点：①即插即用——是可打包的软件组件，可从经销商处购得。②可重用性——组件以二进制的形式发布，这样组件必须将其实现所用的编程语言封装起来，不论客户使用什么编程语言，都可使用组件，即语言无关。③位置透明——组件在网络上的位置必须可以被透明的重新分配。

基于组件的开发方法（Component - Based Development，CBD）模拟了硬件设计的思想，一个应用程序由若干可重用的组件动态组合而成，组件的物理位置透明，分布在网络上，同时为多个应用提供服务，通信协议由组件协议完成，对组件客户和组件开发者保持透明。

组件的上述特征提供了将应用程序划分为若干组件的机制，每个组件提供一定的功能，并向框架的其他部分描述自己，使别的组件具有访问它的条件，这种描述是通过说明性语言实现的。组件的描述又称为组件的元数据，每个组件都拥有各自的元数据，在COM 自动化组件对象中，组件的元数据可以通过特定的接口获得。组件通过元数据机制提供重用者关于组件的必要信息。一个组件具有若干接口，每个接口代表组件的某个属性或方法。其他组件或应用程序可以调用这些属性和方法来进行特定的逻辑处理。应用程序和组件的连接是通过接口完成的。负责集成的开发人员无须了解组件功能的具体实现，而只需要创建组件对象，并和其接口建立连接。这种方法的实质是把组件的接口和实现分离开来。在保证接口一致性的前提下，可以调换组件，更新版本，也可以把组件安插到其他的应用系统中。

目前已制定的组件实现规范的主要有 COM、JavaBean、CORBA。这三种组件规范都是针对二进制代码组件制定的，为基于组件的软件开发提供了一个对象管理的基础设施。

COM 组件实现规范由 Microsoft 公司提出，该规范运行的环境主要是微软系列产品，支持 COM 规范的开发工具有 VC++、VB、Dephi、C++Builder 等。

JavaBean 组件实现规范由 SUN 公司在 Java 语言的基础上提出的。CORBA 组件实现规范由 OMG 提出，组件间的重用已 ORB 为互操作中介。

由以上可以看出，组件技术在可扩充性、可重用性、支持分布式应用方面都支持得很好，非常适合将其用于分布式模型部件的开发。模型组件化框架作为决策支持领域组件的接口规范，它不受组件标准的限制，任何一种组件标准都可以实现模型组件化框架。

5.1.4.2 模型组件化框架

在程序设计技术的发展过程中，经历了基于过程的应用程序、面向对象的应用程序直至现在的基于框架的应用程序。基于过程或函数的应用程序包含大量的可以相互调用的过程，这些函数由于是在特定的环境为特定的程序而做，因此很难在其他程序中重用。框架提供对相似问题的一种统一的解决方案，这一层次上的重用远超出基于类库机制代码重用。框架的最终目标是能够动态的组装组件，实现软件的"即插即用"。借助这种程序设计思路，提出模型组件化方案，使模型调用更为灵活。

1. 模型组件化定义

利用框架思想，采用组件化技术，提出模型的组件化描述方法，它由四部分组成：说明部分、接口部分、输入输出规范化部分和具体实现部分，其结构见图 5.5。其中，组件说明部分是二级抽象部分，是辅助决策者的视图，它采用非形式化、自然语言的形式对组件的特征作出更为详细、准

图 5.5　模型的组件化结构

144

确的描述，主要记录组件的版本信息、组件的开发环境、组件的运行环境、组件的使用环境、组件功能的自然语言描述、组件的可重用信息。这样形成了组件的文档，适于决策人员理解；模型组件构造部分和参数部分是一级抽象部分，是模型使用者的视图，该部分给出模型的参数、模型组件的接口、模型的数据以及模型运行后结果输出等信息，在这一层上，决策开发人员可以利用已有的组件模型进行搭建决策支持系统；模型底层是具体模型部分，即按照一定的组件规范对具体组件模型进行编制，后两部分适于编程人员使用和理解模型。

2. 模型组件化框架实现

模型组件化框架的主要思想是通过框架技术实现决策支持系统中模型部件中的共性部分，如模型管理、模型数据的输入和输出、模型的运行等。在第 2 章已经对模型规范化做了详述，即提取各个模型的公共信息，对模型进行统一表达，以方便模型管理、运行、组合等。模型组件化框架在模型规范化的基础上，采用组件技术实现模型操作和运行的共性部分，包括两个方面的主要内容，一个为模型参数的处理，另外一个为模型的运行。模型参数的处理有以下三种方法。

（1）通过输入/输出规范化接口实现对模型数据的处理，通过规范化的模型数据描述文件实现模型输入/输出数据的描述，通过规范化接口实现对该描述文件的操作，这样，模型之间的组合运行也同样利用模型数据描述文件实现。

（2）通过对特定参数的处理，实现接口的输入/输出规范化。定义为：输入/输出参数处理接口，其中包含两个函数，一个为输入参数函数，另外一个为结果输出函数，参数作为一个列表，定义好列表后，调用输入参数函数完成对模型参数的设定，模型运行完成后，通过结果输出函数获得模型运行结果。由于决策模型本身的差异，应用此种方法会造成不同的模型有不同的输入和输出参数。参数个数不同，类型也不一致，所以参数的处理烦琐，用户应用起来也不方便。

（3）输入/输出参数列表，完全利用组件标准来定义模型的参数，不同的模型有不同的属性参数，在这种情况下就需要通过程序实现组件属性的提取和设定。在这种方法中，由于模型数据不规范，使得模型的调用和运行不统一，进而增大模型系统的复杂性。

对三种方法比较分析后，采用上述第一种方法对模型参数进行处理。该方法是以模型规范化为基础，利用组件技术实现对模型数据的处理。模型组件化框架中数据处理部分涉及两个组件：数据库操作组件和模型规范化组件，两个组件通过聚合实现两者之间的关系（图 5.6）。

1）数据库操作组件提供对数据库的操作包括三个接口：数据库连接接口、数据库操作接口（插入、删除和修改）及数据库查询接口。

2）模型规范化组件包括三个接口：

a. 模型说明处理接口（IModelDsp）：主要功能是对模型名称、模型类型、模型描述等模型基本信息进行处理。

b. 模型数据处理接口（IModelData）：主要功能是

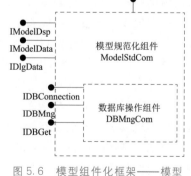

图 5.6　模型组件化框架——模型
数据处理部分

对模型参数、模型输入/输出数据进行处理。

c. 对话数据处理接口（IDlgData）：主要功能是在模型运行时动态调整模型属性或数据。

以上三个接口中包含的主要方法见图 5.7。

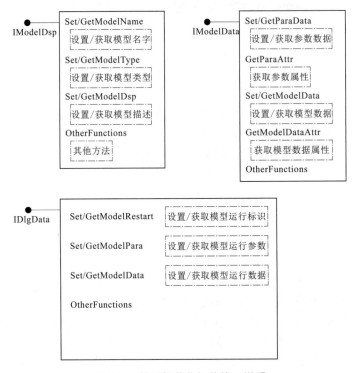

图 5.7　模型规范化组件接口说明

数据库操作组件 DBMngCOM 是对数据库操作组件 OLEDB 进行包装得到的，因为模型对数据库操作要求快速、简单、有效，所以对 OLEDB 接口进行简化处理得到三个接口 IDBConnection、IDBMng 和 IDBGet。

模型组件化框架的另一方面是模型的运行。组件模型的运行通过调用接口实现。一个模型具有若干接口，每个接口代表组件的某个属性和功能。其他模型或应用程序可以设置或调用这些属性和功能来进行特定的逻辑处理。模型和应用程序的连接是通过其接口实现的。负责集成的开发人员无须了解组件模型功能是如何实现的，只需创建模型对象并与其接口建立连接。在保证接口一致性的前提下，可以调换组件模型、更新版本，也可以把模型安插在不同的应用系统中。决策支持系统模型多种多样，但模型的运行只有几种类别，模型组件化后，模型的运行包括模型的创建、模型的表现、模型数据匹配和模型功能执行。模型运行框架的主要功能就是在模型组件化的基础上实现模型的运行，具体通过组件技术来实现，称为模型动态管理组件，包括三个接口：模型创建和表现接口，模型数据匹配接口和模型运行接口。其中模型运行接口在编制每个具体模型时继承的，里面细节在编制具体模型时实现，即每个模型都有 IModelRun 接口，其中具有方法 RunModel，模型的运行就是调用该方法。这样，屏蔽模型实现细节，保证在调用模型时有统一的标准。接口中包含的具体方法见图5.8。

IModelCreate 接口实现模型的创建和表现，IModelRun 接口实现模型的统一运行，IDataMatch 接口实现模型数据类型匹配判断，主要有三种匹配关系：数据和参数匹配、数据和数据匹配及参数和参数匹配。

模型管理系统提供模型的静态管理和模型的动态运行，提取模型的共性信息，再加上模型管理部分，通过模型组件化框架实现。模型的实现根据模型功能的不同而不一样，根据具体模型的不同有不同的数据组织和实现方法。利用模型组件化框架，可以以一种统一的方式进行模型的管理，模型参数和数据的处理，以及模型的创建和运行。模型组件运行见图5.9。

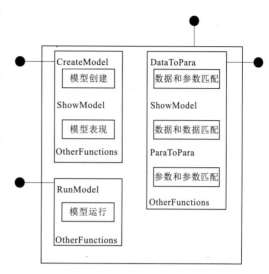

图 5.8　模型运行组件接口说明

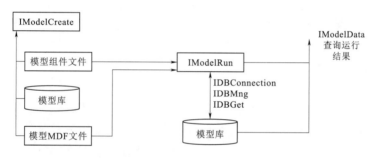

图 5.9　模型组件运行图

模型组件运行的第一步是从模型库中得到模型组件文件的物理位置、模型组件文件的 MDF 文件，然后通过 IModelCreate 接口创建组件。组件创建成功后，通过 IModelRun 接口运行模型。运行模型需要对模型描述文件 MDF 进行操作，这就需要接口 IModelData 的支持。运行过程中，需要对数据库中的数据进行操作，应用数据库操作的三个接口 IDBConnection、IDBMng、IDBGet。运行完成后，通过 IModelData 接口查询模型运行的结果。

5.1.5　模型标准化范式

在研究多模型耦合问题时，引入模型过程概念，用于解决模型冲突。以下对模型过程进行定义，并形成模型过程范式。

5.1.5.1　定义 1（全局模型）

一个全局模型是一个二元组 $g=<P,E>$，如果：

（1）P 是一个模型过程的集合。

（2）E⊆P×P 是一个偏序的二元关系，称为 P 的嵌入关系。E＝{p，p˘'|p，p'∈ pΔp'嵌入到 p 中}。p˘'称为 p 的子过程。

在全局层的模型过程中，包含许多过程层的模型过程。因此，定义的全局模型可用来表示（全局层的）过程中包含的所有（过程层的）过程。

5.1.5.2 定义 2（模型过程系统）

一个四元组Σ＝（C，A；F，M）被称为一个模型过程系统，满足以下条件：

（1）＜C，A；F＞是一个没有孤立元素的网，A∪C≠∅。

（2）C 是一个条件的有限集，∀c∈C 称为一个条件。

（3）A 是一个活动的有限集，∀a∈A 称为一个活动，A 中元素 a 的发生称为 a 被执行或者 a 点火。

（4）M⊆2˘C 称为Σ的情态类，其中 2˘C 表示 C 的幂集。

（5）∀a∈A，∃m∈M，如果在 m 中 a 可以发生。

5.1.5.3 定义 3（模型过程）

假设Σ＝（C，A；F，M）是一个软件过程系统。$M\_0 \in M（M\_0 \subseteq C）$是Σ的一个情态，且 $p＝(C，A；F，M\_0)$。M_0 称为 p 的初始标识，p 的每个元素 $d \in M\_0$ 在图中用一个托肯来表现；p 称为一个模型过程。

一个模型过程是一个扩展的基本网系统，C 中的元素只有"有托肯"和"无托肯"两种状态。在这个模型中，一个活动能被细化为一个模型过程。因此，逐层建立模型的过程模型，随着深度的增加，能获得更细粒度的过程模型，直到建模者对模型粒度满意为止。模型过程依照 Petri 网的规则执行。

5.1.5.4 定义 4（冲撞）

若有 b∈B，c∈C，e∈E 使得 e⊆c，而且 b⊆c∩e，则在情态 c 条件 b 处有冲撞。

由于在 Petri 网中冲撞现象代表着潜在的事故，且有冲撞的系统无法用进程刻画其动态行为，故在过程建模中应保证模型在运行过程中的任何情态下均无冲撞，即模型过程应是无冲撞系统。

5.1.5.5 定义 5（过程第一范式）

一个过程 $p＝(C，A；F，M\_0)$，若 p 在运行过程中的任何情态下、任何条件处均无冲撞，则称过程 p 满足过程第一范式，记为 1PNF。

5.2 多专业模型封装耦合方法

当前水库群多目标智能调度中水文预报、水库调度、风险决策等专业应用模型种类繁多，使用场景各异。传统水库调度系统中各模块没有实现模型的耦合，或者仅以数据库作为桥梁实现数据交换。

信息技术的进步对模型集成耦合的发展起到加速作用，但仍要以新视角去看待，模型不是简单地拼凑在一起，而是服务于系统建模。欧盟水框架指令提供了开放式模型接口（OpenMI），为多专业模型耦合增添了新动力。

本节从模型的拓扑角度提出线性加权耦合法及瀑布型耦合法，指出模型封装耦合的连接形式，规划模型的运行次序。

多专业模型封装耦合的研究可为水库智能调度带来以下便利：

（1）线性化的模型连接处理，有利于模型交互效率的提高。

（2）可用于模型组合及具有相同处理的不同模型之间的交换，可帮助敏感性分析及基础研究。

（3）缩短开发时间并因此提高决策支持系统价值。

（4）为模型用户增加选择，从而他们能在不同资源交叉比较中确定所需。

（5）为模型连接、移植以及模型运行监视提供途径。

（6）增强模型的鲁棒性，修改模型内部代码不影响模型之间的接口处理。

5.2.1　线性加权耦合法

线性加权是最简单易用的耦合算法，工程实现非常方便。对于某些情景，单一模型求解可能误差较大，可综合多种同类模型的优势，不同算法赋予不同的权重，将多个平行算法的结果进行加权，即可得出结果，见式（5.4）：

$$sum = \sum_{i=1}^{n} \partial_i X_i \tag{5.4}$$

式中：sum 是 n 个模型最终的加权值；∂_i 是算法 i 的权重；X_i 是算法 i 的结果。

该方法引入动态参数的机制，通过各模型在工程项目中的表现，结合专家打分法生成加权模型，动态的调整权重。这种融合方式的优点是能够结合多种同类模型的优点，实现简单；不足之处是权重依赖于专家的经验。

5.2.2　瀑布型耦合法

瀑布型（Waterfall Model）耦合方法采用了将多个模型串联的方法。很多工程场景需要多个模型串联完成一条计算链，前一个节点的输出作为下一个节点的输入。

比如要进行发电调度计算，可根据计算链"WRF 气象预报模型→产汇流模型→洪水预报模型→发电调度模型"得出结果。

5.2.3　OpenMI 规范法

OpenMI 是一种接口标准，由欧盟 HarmonIT 项目制定。该标准适用于以时间序列为基础的模型，它规定了模型运行时各模型之间交换数据所应遵循的规范，并以数据接口的形式加以确定。通过采用该标准，各模型可以并行运行，并共享每一时间步的信息，即在模型运行时同时允许模型之间的数据交换。这一关键技术使得模型可在操作层面实现集成。其基本要求如下：

（1）连接不同领域（水文、水力学、生态、水质、经济等）和环境（大气圈、内陆水、海水、陆地、城市、乡村等）下的模型。

（2）基于不同的模型概念（确定性、随机性等）连接的模型。

（3）对不同维数模型连接（零维、一维、二维、三维）。

（4）连接不同尺度的模型（从区域气候模型到集中径流模型）。

（5）连接操作在不同时段方案的模型（如时、月甚至年）。

（6）连接基于不同空间表达的模型（如网格、栅格、多边形）。

（7）连接不同投影、单位、分类方式的模型。

（8）在不同数据源下连接的模型（数据库、用户接口、操作工具等）。

（9）在最小的工程量及不需要过高的 IT 技术条件下连接新建的和已存在的模型。

可从 OpenMI 官网下载开发环境，最新版本为 2.0，提供了 java 版本和 C♯ 版本的 jdk 以及对应的接口说明文档，其结构见图 5.10。

根据官方提供的接口可完成模型的连接、数据交互等操作，用户只需实现相应接口并完成方法体。以基本可连接模型组件接口为例，图 5.11 展示了该接口的 UML 图。由 UML 图可知，该接口定义了行为、属性及事件监听三个方面的内容。在组件行为方面，定义了组件的初始化、更新、完成、验证等方法；组件属性方面，定义了适配器、参数、状态、适配器及输入输出等属性；事件监听方面注册了组件状态改变监听的方法。

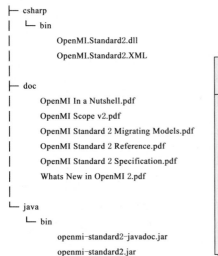

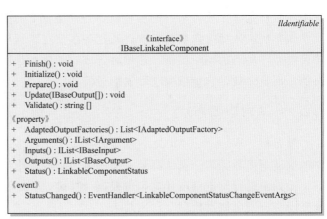

图 5.10　OpenMI jdk 资源结构图　　　　　图 5.11　基本可连接模型组件接口 UML 图

5.3　不同应用边界的数据组织与模型优选算法

水库优化调度系统是非常复杂的大型应用软件，而且随着流域内水电站规模的扩大和运行管理方式的改变，要求系统能够灵活方便地适应未来发展需要，这就对系统的可靠性、扩展性、维护的方便性提出了很高的要求，因此必须有先进的技术解决方案。

面向对象技术是当前软件开发方法的主流，其核心思想是尽量模拟人的思维方式，尽可能地使程序的结构和实现与其所描述的现实世界保持一致，亦即充分保证计算机领域的概念与问题域的概念之间的一致性，这正是传统的程序设计方法所缺少的。采用面向对象技术显著提高了系统开发效率，系统可重用性、可维护性和可扩展性。

5.3.1 水资源管理业务及业务主体利益分析

（1）研发一套拥有完全知识产权的水资源管理决策支持系统。系统主要以梯级电站的发电量最大或效益最优为目标，充分考虑防洪、发电、航运等综合需求及电力市场影响，通过模拟和优化相结合的方式动态生成调度决策建议，实现对水资源的科学配置和智能管理，形成具有国际竞争力的流域水资源管理决策支持系统品牌。

（2）形成一套水资源统一管理需求的业务体系。通过项目研究工作，进一步梳理和优化水资源调度管理工作流程，既形成方案制作、评估、实施和反馈的全链条调度管理生产流程，也形成调度生产与自主科研紧密结合、相辅相成的一体化模式，不断完善，最终形成水资源统一管理需求的业务体系，提升水资源综合利用和梯级联合调度能力。

（3）培养一批掌握系统核心技术的自主研究开发人才。项目通过联合开发的方式，在各研究承担单位专家的指导下，不断提高其专业技术水平，最终形成能够自主维护、升级改造模型和系统的研发人才队伍。

5.3.2 面向不同应用边界的数据组织方法

5.3.2.1 数据集成

跨时空尺度下不同信息数据的集成是分布式水资源系统规划和建设的必要环节。复杂水资源系统数据集成的多源性、实时性和不确定性给数据的集成与组织提出了新的挑战。在不同应用边界下，客户的决策需求往往需要多个资源管理器对其进行响应，在多个决策模型与需求数据交互的过程中，多源异构数据的融合与关联成为分布式数据集成尤为重要的步骤。

1. 数据融合

面对分布式环境下数据的多源异构性，数据集成需要天然的数据融合研究。然而以往的数据集成研究往往专注于数据的模式匹配方面，在融合方面的探求较少。直到近几年，分布式网络与大数据的兴起，数据融合才成为了研究热点。数据融合指的是将不同数据源下、同一实体的不同表象融合至同一实体的同一表象，同时解决可能存在的数据冲突的过程。

水信息驱动下的数据融合涵盖了关系数据库、地理数据库及文件存储系统。以上三种异构数据源的数据模式、物理结构和逻辑结构具有较大的差异性，要实现分布式网络环境下的数据异步操作，需先建立多种数据源连接方式，常见的主要有数据库网关、套接字编程及数据服务 API 调用。传统关系数据库的数据融合最为常见的便是基于基础表多种键值的视图建立（图 5.12）。视图包含多个基础表的行列属性，就像一个真实存在的表。视图中的字段来自一个或多个分布式数据库中的真实表中的字段。通过向视图添加 SQL 函数、WHERE 及 JOIN 语句，用户不仅可以实现多表数据的组合查询，还可以提交修改数据。运用数据库视图功能，可实现关系数据库最为基本的数据筛选与融合。然而，常见关系视图往往运用于本地数据库多表数据的融合，对远端分布式数据库运用限制较大，并不能提供良好的数据支撑。基于此，各大型关系数据库服务提供商（SqlServer、ORACLE等）针对分布式情景下的数据操作需求，建立了基于多数据服务器通信的分布式分区视图。分布式分区视图致力于实现分布式数据库服务器联合体。联合体是一组分开管理的服务器，但它们相互协作分担系统的数据处理及传输负荷。这种通过分区数据形成数据库服务器联合体的机制使系统架构可以随时扩展数据服务器，以支持大型分布式系统的数据需要。

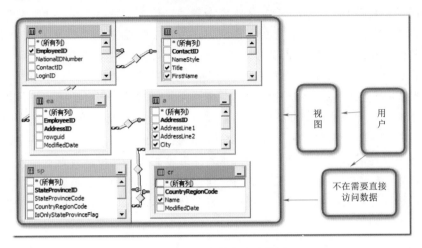

图 5.12　传统关系数据库中的视图

水利数据的空间多元化突出了地理空间数据在这个行业的重要性。空间数据融合是依托于 GIS 平台的复杂处理过程，包含了对多个数据源数据和信息的检测、关联、估计和组合处理。空间数据融合旨在通过一定技术手段及算法合并多个信息源数据，产生更为精准的空间信息，并以此观测信息，作出一个需求属性的最优估计量。从空间文件类型上分，空间数据融合常可分为矢量数据融合和栅格数据融合。

2. 数据模型

数据模型的建立是提高集成数据质量，为多学科算法模型与决策流程提供高质量数据支撑的必要环节。围绕水环境中多源数据分散管理需求，为提高数据在各服务端与模型的贴合度，良好的数据模型协议是支持分布式数据多点传输的核心要素。数据模型需要模型端、客户端、数据服务端的多小组磋商构建，一旦针对某业务的数据模型协议达成，围绕该业务功能的模型端的模型计算、客户端的数据交互，以及数据服务端的数据管理，都以该数据模型为标准进行相关模块开发。

在数据模型中，数据结构是数据模型的基础，其主要描述了数据的类型、内容、性质以及数据间的联系。数据模型的构建是对数据结构变量进行属性封装与事件关联的一个过程。常见的数据建模工具有基于模型驱动的 PowerDesigner，专注于数据实体间关系的 ER/Studio 及 IBM 公司围绕关系数据模型以及多维数据模型的 InfoSphere Data Architect。

MVVM（Model - View - View Model）框架是由 MVC（Model - View - Controller）、MVP（Model - View - Presenter）模式逐渐发展演变过来的一种新型架构框架，最先由微软公司在其推出的基于 Windows Vista 的用户界面框架中提出，如今广泛应用于桌面应用（WPF，JAVAFX）及移动应用（Andriod OS，iOS）中，MVVM 框架见图 5.13。

MVVM 将软件系统中前端界面与后台数据的交互过程分为 3 个模块：模型（Model），视图模型（ViewModel）及视图（View），其中与数据紧密耦合的是模型与视

图 5.13　MVVM 框架示意图

图模型。模型是实体数据的抽象化表示，而视图模型是基于模型的真实数据填充集合。MVVM 模式中的数据模型主体包含以下三大部件：

（1）私有变量。私有变量是模型中相关数值在内存中的真实存储。为确保数据的模型中底层数据的安全性，故而对其进行私有不透明化。

（2）公有属性。公有属性是对模型私有变量的公开化封装，目的在于实现对外部程序操作内部变量的权限控制（写入、读取权限），在变量更新的同时，有选择性地向与该数据模型的绑定对象发出属性变更通知。

（3）属性变更通知。在模型属性被读取或者写入时，对模型的多个绑定对象进行属性更新广播，是 MVVM 中数据-视图联动的核心方法。

5.3.2.2　面向不同应用边界的数据组织方法

1. 合理的类设计提高软件复用性

流域梯级优化调度决策系统采用基于 SSH 的轻量级 JavaEE 框架。通过深入分析系统各个功能模块，本着通用性、可扩展性和面向可变业务的原则，采用面向对象技术和设计模式，对系统中各种业务需求进行抽象设计，形成如下几种满足业务需要的类（图 5.14）：

（1）通用工具类。主要包括适用于各种数据类型的冒泡排序、选择排序、快速排序等方法，最大值、最小值、查找值对应索引号的各种查询方法，以及二点插值、三点插值方法和各种编码解码方法。通过将这些方法设计成类，显著提高了代码的可维护性和复用性。

（2）基础数据类。数据库中的表对应的各种基础数据，包括水位库容关系、下游水位流量关系、水头预想出力关系、电站综合特性、水库综合特性等。将这些基础数据抽象成类，在程序中以面向对象的方式来操作。

（3）算法类。包括应用于优化调度的动态规划、逐步优化方法、离散微分动态规划、粒子群算法等，以及水文预报、负荷预测的各种算法。这些算法在以往的项目和研究中已经得到充分的测试和检验，以对象的形式来管理可以将其标准化、组件化，从而加快开发速度，提高系统的可靠性和运行效率。

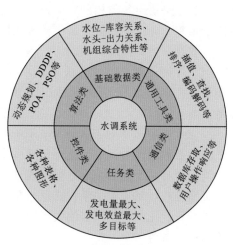

图 5.14　类设计示意图

（4）控件类。主要是对各种图表和模型控件的抽象，将这些界面元素进行封装，不仅可以实现图形化建模，而且能提供通用一致的表现形式，统一系统开发的风格，方便操作人员使用。

（5）任务类。包括水电站厂内以水定电、以电定水，以及短期、中期、长期面向各种目标的调度任务，如发电量最大调度、发电效益最大调度及多目标调度等。

（6）通信类。主要用于数据库的存取和用户操作的响应，通过这些类的抽象，屏蔽不同数据库的差别，减小数据层和逻辑层之间的耦合。

在以上这些类的设计中充分利用到了设计模式，不仅实现了代码复用，而且能有效实现设计模式的经验复用。任务类的设计采用了策略模式和模板模式。

图 5.15 所示为短期发电优化调度中使用策略模式的简化类图。将各种优化算法作为算法族分别封装起来，实现同样的接口，可以互相替换。而在使用到算法的短期调度任务中只包含算法的接口类，从而让算法的变化独立于各种调度任务类，当添加新的算法时只需实现算法接口。

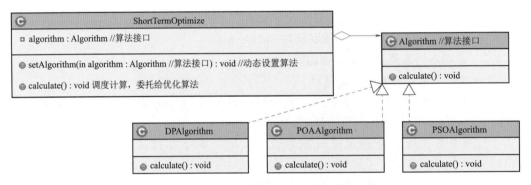

图 5.15 短期优化调度中使用策略模式类图

图 5.16 所示为优化调度计算使用模板模式的简化类图。长期、中期、短期调度计算步骤一致，即初始化参数、设置约束条件、调度计算、结果输出，而且四个步骤中的初始化参数和结果输出步骤相同，因此在抽象类中定义模板方法 optimalCalculate（）包含以上四个步骤，并且在模板方法中实现相同的步骤避免代码重复。设置约束条件和调度计算两个步骤在子类中实现。

当水库调度计算方式方法因新水电站节点的加入或者其他原因发生变化时，这种模式能够在不改变算法结构的情况下重新定义算法中的相应步骤，完成新的水库调度业务。

2. 良好的调度系统数据库模式设计消除数据冗余和存取异常

在关系数据库中，关系模型包括一组关系模式（数据库表），并且各个关系不是完全孤立的。设计一个好的关系数据库模式，必须根据调度系统面向的问题本身决定应该包括哪些关系模式，每一个关系模式又包括哪些属性，以及如何将这些模式项目关联起来，并对它们进行优化。一个不好的关系数据库设计通常会导致许多数据存取异常，比如数据冗余、插入异常等。

分布式流域梯级水库调度决策系统须统筹考虑整个流域内的水库和电站，需要处理水

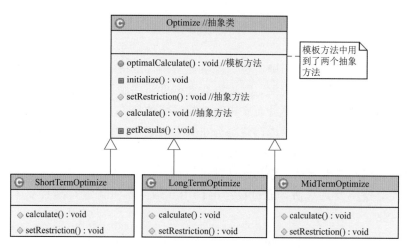

图 5.16　优化调度中使用模板方法模式类图

文水情数据、水库电站特性数据、电网负荷数据、电价数据以及生态数据等大量基础数据和运行数据，数据量大而且数据关联复杂。为此，系统使用 Hibernate 作为数据持久层 ORM 框架，将关系数据映射为 Java 对象，使上层应用程序不直接通过 SQL 语句操纵数据库而使用 Hibernate 提供的 API 以面向对象的方式存取数据。图 5.17 为流域梯级水库调度决系统数据库关系图。

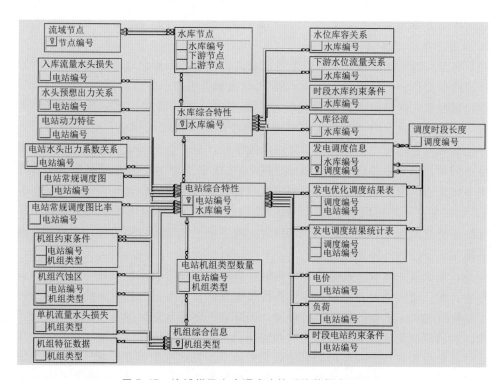

图 5.17　流域梯级水库调度决策系统数据库关系图

5.3.3 情景应对型模型优选算法

5.3.3.1 模型集成

流域水资源管理决策具有不确定性、复杂性与多样性等特点。随着水信息学的高速发展，水资源体系下的水量优化调配、水库群联合调度、洪水风险管理、水生态调控等不同学科的模型和算法已经成为构建分布式决策支持系统的核心。

以多学科算法为基础的模型库构建是分布式系统运作的重要业务支撑。基于分布式系统模型服务注册机制，设计和搭建了调度管理节点的模型服务库，库中存储了各类水资源管理日常辅助与应急决策模型，包括水文预报、水力计算、水库调度、灾害评估、风险分析和决策会商等模型及其算法，通过模型的调用实现对水资源管理事件要素的分析、预测、评价和优化。

1. 组件式集成

为克服多学科算法模型间松散集成不足和完全集成的困难，针对便于封装、生命周期较长且运算耗能较低、计算耗时较短的简易模型（如单一目标寻优调度模型，集总式水文模型，评价模型等），设计了组件式集成方法。在此集成方法中，将计算模型以应用程序接口形式嵌入到集成环境（公开的管理节点或本地客户端）中，充分实现模型与数据的分离，从而显著地提高集成模型的鲁棒性、运算速度和开发集成效率。

组件式集成的集成形式是将简易模型封装成动态链接库（DLL）、Jar 包或可以独立运行的 exe 程序，直接集成部署于公开访问的管理节点或多方客户端，由客户端直接触发运算或远程服务器触发运行。

2. 服务式集成

针对部分运算耗时较长，计算资源占用较高，特定技术耦合过深（如运算软件平台限制、特定硬件支持）的模型，如复杂水质-水动力耦合模型、多目标寻优水库群调度模型、大时空尺度分布式栅格水文模型、基于大数据的 GIS 转换模型、存在不支持跨平台异构环境等一系列问题时，组件式集成将不再适于此类复杂模型的集成。Web 服务作为新一代的开放分布式处理技术，其具有高度的互操作性，易于将现有应用远程集成为新系统功能模块。因此，以 Web 服务为核心的远程访问集成方式成为了此类模型集成的首选，亦称为服务式集成。服务式集成主要运用了远程过程调用协议（Remote Procedure Call Protocol），实现客户端对远端模型的跨主机、跨网络访问。服务应用程序构建了底层模型类库与客服端交互的桥梁，同时也达到了向客户端屏蔽了底层的具体实现，客户端集成不再需要具体了解底层的具体实现。

服务式集成首先为服务端部署以多学科计算模型为核心的高性能计算机集群以及特定运算环境，然后通过用户客户端远程操控传参触发运算，经过一段时间的计算，返回运算结果。这样既提供了模型的高速运行环境，又降低了客户端运行的环境需求，实现了跨平台异构环境的模型集成、并行运作及异步访问。

服务式集成的集成形式将模型封装成单个或多个高效应用程序并部署于特定系统平台的高性能计算机集群，同时为其发布远端服务作为触发接口，由客户端远程访问发起运算需求。

5.3.3.2 情景应对型模型优选算法

1. 硬件拓扑结构设计

梯级水库调度决策系统所涉及的数据包括气象、水情、雨情、工情、社会、经济、地形、地貌、遥感等，数据量庞大，类型复杂，来源不同。因此，针对不同管理部门和部门内不同区域的数据具有数据源相对分散的特点，为有效解决数据共享、数据发布、数据集成，设计了分布式存储的海量空间数据组织和管理模式。通过高可扩展性和可用性的共享数据库技术，实现了以空间数据服务器、算法模型数据服务器为基础，以多媒体数据服务器和属性数据服务器为动态扩展的异构多维广义耦合服务器集群。通过集群服务器之间的高速连接专线，实现服务器集群中的海量数据无延迟交换和实时传输。

硬件拓扑结构见图 5.18，通过以 GIS 服务器和算法模型服务群为核心的 Web Service 群，实现了空间数据和算法结果数据的动态交互，提高了各数据库系统的数据内聚性，增强了异构系统之间的数据耦合性，保障了系统数据安全性，充分实现了数据独立性。此外，使用状态监控服务器实时监测数据库集群和 Web Service 群的系统负载、吞吐量、网络连接数等参数，并通过压力均衡服务器动态调节 GIS Service 和算法 Services 之间的数据流量和数据传输速度，实现双重服务之间的互补，达到最优服务性能。针对涉密数据的安全性、保密性和系统服务的稳定性等需求，设计了基于 ASIC 架构的复合型防火墙，实现了网络边缘实时病毒防护、内容过滤和阻止非法请求等应用层服务措施。

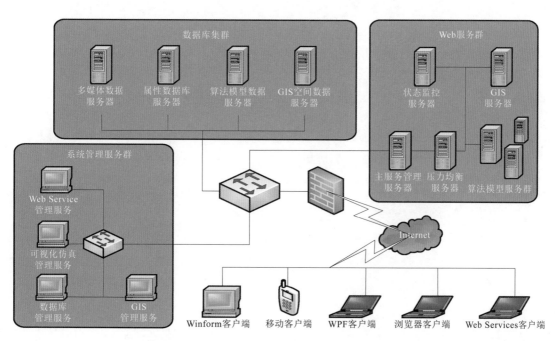

图 5.18　硬件拓扑结构图

2. 跨平台与松耦合结构

基于不同开发环境由不同程序语言编写的各种算法模型和系统功能模块通过发布统一的基于 Web Service 描述语言（Web Services Description Language，WSDL）的发现文档来完成在系统主服务上的服务注册，各部分间经系统主服务中转，通过基于简单对象访问协议（Simple Object Access Protocol，SOAP）的 XML 数据流，来实现跨平台，跨模块之间的互操作。

各算法模型和系统功能模块仅通过 WSDL 发现文档来对外公开消息接口，任何计算实体间只通过这有限的几个消息接口进行互操作，而具体实现方法完全黑箱化，这样就将各计算实体间的耦合度降到了最低，节省了大量的移植或接口补丁工作。

第 6 章

基于沉浸式场景和行为感知的交互技术及会商决策方法

6.1.1 沉浸式概述

1. 沉浸式的概念及由来

沉浸属于积极心理学范畴（侯莹等，2016），其本义是指全神贯注于某行为或事物。沉浸理论起源于 Csikszentmihalyi 在 20 世纪 60 年代对游戏展开的研究，他将关注点从游戏带来的益处和功能转移到游戏带给人们的愉悦感上，并把现实游戏中产生的令人愉悦的感受扩展到多种不同形式的"自成目标"的活动中，比如攀岩、国际象棋、体育运动、艺术活动等，这些活动具有内部动机性，即参与者只关注活动本身，不求外部回报或结果的沉浸并享受在活动过程中。

沉浸式的本质就是沉浸体验，也被称为"心流体验""流畅体验"。1975 年，Csikszentmihalyi 通过访谈调查国际象棋手、运动员和艺术从业者后，发现了一种非常特别的、使他们专注的体验在活动过程中产生的情绪状态，他把这样的情绪体验称为沉浸体验，从而首次提出沉浸体验的概念（吴素梅等，2018）。他认为沉浸体验是指对某一行为表现出很高的兴趣，而且个人全身心地进入这种活动的心理状态，并且该情绪体验是来源于行为本身而不是其他外在目的。Nakamura 和 Csikszentmihalyi 用"水流"来比喻这种情绪感受（Nakamura 等，2002），当活动的进行非常顺利、非常流畅时，这种情绪状态会不由自主、不停地出现，这是一种包含愉快、兴趣等多种情绪成分的综合情绪，而且这种体验是由活动本身而不是任何外在其他目的引起的；Jackson 和 Roberts 通过对体育运动的沉浸体验研究提出，将体育运动的本质目标转化为运动者本身心理过程中体验到的情绪感受，就是沉浸体验（Jackson 等，1992）；Kimiecik 和 Stein 认为沉浸体验是从难度和技能高于一个水平，到难度和技能达到平衡状态的转化过程（Kimiecik 等，1992）；Webster 和 Trevino 认为沉浸是一种暂时性的、主观的体验（Webster 等，1993）；Clarke 和 Haworth 认为个体在体验到挑战与技能平衡时所伴随而来的表现，沉浸是一种超越乐趣，达到完全满意体验时的感觉（Clarke 等，1994）；Jackson 和 Marsh 则认为沉浸体验是有关于正面的表现结果且令人非常愉悦的状态（Jackson 等，1996）。

综上，沉浸式体验是一种将精力完全投注在某种活动或某些情境，忘记了真实世界，心理高度集中，所有不相关的知觉会被弱化甚至完全过滤，从而进入一种沉浸的状态。

2. 沉浸式的理论模型演化

早期的沉浸理论认为，沉浸包含挑战和技能两大概念（Csikszentmihalyi，2014）。Csikszentmihalyi 和 Massimini 根据这两个概念，先后构建了沉浸式的三通道模型、四通道模型和八通道模型。三通道模型认为，个体感知到的任务难度与自身技能水平相适配时，会产生沉浸；当挑战要求过高，个体技能不足时，会产生焦虑；当挑战难度过低，个体技能水平较高时，会产生厌倦。四通道模型认为，用户沉浸的出现与挑战、技能程度的高低相关，当挑战与技能水平都很高时，会产生沉浸；当挑战与技能水平都很低时，产生冷漠体验；当挑战低于个体技能水平时，会产生无聊体验；当挑战高于个体技能水平时，会产生焦虑。八通道模型进一步将挑战和技能细分为高、中、低 3 个等级，当挑战高于个体技能水平时，会产生担忧、焦虑或觉醒的体验；当挑战低于个体技能水平时，会产生控制、放松或无聊的体验；当挑战与技能水平都很低时，会产生冷漠体验；当挑战与技能水平都很高时，才会有沉浸。

3. 沉浸式体验的六大要素

由沉浸式的理论模型演化可知，沉浸体验往往既包括人的感官体验，又包括人的认知体验。感官体验很多活动对人有一定挑战，主要是利用人的感官体验，让人从而感觉到爽或者刺激，但利用感官刺激达到心流状态，很难维持长久；认知体验对人的技能与挑战匹配主要利用人的认知经验。事实证明，既包含丰富的感官经验，又包含丰富的认知体验的活动，才能创造最令人投入的心流。

沉浸体验之所以在没有外部刺激的情况下，依然可以让个体全神贯注于某个活动，主要可概括为六大要素：①行动与意识的融合，即人们全身心地投入到活动当中，整个活动过程是自然而然的；②高度集中注意力，即专注于此项活动中，对其他事情往往会无暇顾及；③自我意识的消失，因为人们太专注，自我融入活动中以至于意识似乎暂时不存在；④对活动本身有一种掌控感，即活动的每个环节、流程及走向都能处于控制之中；⑤活动要有明确的目标、清晰的反馈；⑥自足的本质，在没有任何外部奖赏和刺激的情况下，活动的整个过程就可以使个体得以满足，活动本身就是最大的激励。

4. 沉浸式体验的九个维度与三阶段特征

Csikszentmihalyi 提出了沉浸体验的维度模型（Csikszentmihalyi，1975，1990，1993，2002），该模型包括九个维度：能与挑战之间达到的平衡、行动与意识的融合、明确的目标、明确的反馈、集中手头的任务、控制感、丧失自我意识、时间感丧失、自动化目的的体验。他认为，在个体复杂多样的活动中，相互影响、制约的九个维度促进个体体验到沉浸体验。虽然九个维度在概念上具有不同的内涵和构成，但是不同维度之间具有不同程度的重叠和联系。这种观点已经得到了广泛的接受和认同。在此基础上，Jackson 和 Marsh 提出了沉浸体验的九因子模型（Jackson 等，1996），该模型对上述的九个维度分别进行了明确的定义：①清楚的目标，即确切地知道自己所做的活动，明确其意义和结果；②明确的反馈，即迅速和清楚的反馈，确定所有事情都按计划执行的感觉，对个体行为迅速和清楚的监督；③挑战-技能平衡，即个体感知到的活动的挑战性和自身的技能水平间具有平衡性；④行动意识融合，即融入程度太深，以至于产生了自动化的行为；⑤专注任务，即个体的注意力高度集中于当前所从事的活动；⑥潜在的控制感，即当前的活动具有较好的控制感；⑦自我意识丧失，即自我意识的暂时丧失；⑧时间感扭曲，即时间过得更快或更慢，或者不会意识到时间的流逝；⑨自觉体验，即体验活动本身成为活动的内在动机。

上述九维度模型全面描述了沉浸体验的内部结构，对后来的测量工具编制奠定了理论基础，已有的大部分测量沉浸体验的工具都是根据九维度模型编制。Chen 等则以此为基础，进一步将沉浸体验概括成三个阶段：事前阶段、体验阶段和效果阶段（Chen 等，1999）。事前阶段指想要达到沉浸状态，活动本身应该具备的因素，包括要有清晰的目标、立即的回馈和面临挑战的适度技能等；体验阶段指经历沉浸体验期间感知到的特性；效果阶段指个体在经历沉浸体验后，所产生的内在体验及影响等。

5. 沉浸式体验的测量及研究应用

沉浸式体验的测量主要有以下几种：问卷调查、访谈、经验取样法和成分分析法。研究者在决定选取采用哪种测量方法时要尽可能避免单个方法的不足，需要考量研究的具体目标和任务，融合现有方法的优势为自己的研究所用。纵观 30 年来国内外在沉浸领域研究的发展历程，绝大多数是相关性研究，实验研究几乎空白。当前，沉浸体验的研究与应用已涉及诸多领域（徐娟等，2018；李京杰，2019；顾绍琴等，2019；刘革平等，2015；陈渝等，2020），重点包括学习教育、文学艺术、体育运动、医疗健康、计算机应用和娱乐休闲等。其中，学习教育领域主要应用在语言学习、课程教学、课件设计、教学游戏等方面；文学艺术主要应用在情境互动、角色演绎、主题音乐、歌舞剧场景等方面；体育运动主要应用在球类训练、田径训练、健身器材、模拟竞技等方面；医疗健康主要应用在医学器械、手术操控、辅助诊断、临床治疗、康复疗养等方面；计算机应用主要应用在系统软件及网站设计、人机交互、可视化呈现、系统仿真、3D GIS 渲染、虚拟现实（VR）、增强现实（AR）等方面；娱乐休闲主要应用在游戏对战、互联网体验、人际交往、多媒体网络、持续行为分析、兴趣爱好分析等方面。几个沉浸式体验的行业应用场景见图 6.1。

图 6.1　沉浸式体验行业应用

6. 沉浸式体验设计及产生条件

为营造或创建沉浸式体验而进行的设计称为沉浸式设计。常见沉浸式设计法则包括叙事性设计法则和最省力法则。前者主要利用情境、沉浸、角色、气氛、情节、节奏的设计来让个体融入故事本身；后者主要目的在于降低人们在达成目标时的认知阻力（达成目标的脑力活动总量）和运动阻力（达成目标的体力活动总量）。根据沉浸式的理论模型和特征要素，要完成上述的沉浸式体验设计，必须重点突破并达成三个方面的条件：

（1）用户能力与情境需求要尽可能相匹配。如果用户的能力低于情境要求，则用户进入情境后会面临很大挑战，难以驾驭，从而达不到体验效果；如果用户能力过度高于情境需求，则用户体验感会大幅降低，会产生无聊感，从而无法达到预期。因此，设计者需要充分考虑用户的能力知识和应用场景，不能失衡。

（2）设计体验过程时，要有非常明确的目标。如球幕影院，其设计就是给观众带来强烈震撼的视听冲击，并使其享受身临其境的高科技虚拟现实体验。

（3）设计的交互行为要有即时反馈，让人感觉任何互动都有回应，并在可接受范围时间内完成响应，从而达到人景合一，提升沉浸体验的融合度。

6.1.2　逻辑作业场景概述

6.1.2.1　场景的概念与内涵

场景的原意是指戏剧、电影中的场面，是在某个时间和空间下发生的有开始、有结尾的事情片段，泛指情景。在影视剧中，场景是指在一定的时间、空间内发生的一定的任务行动，或因人物关系所构成的具体生活画面。相对而言，是人物的行动和生活事件表现剧情内容的具体发展过程中阶段性的横向展示。简便地说，是指在一个单独的地点拍摄的一组连续的镜头。泛指情景则是指生活中因各种特定原因而出现的各类特定情景，如工地上热火朝天的劳动场景，特殊节日、庆典的活动场景等。

任意一个固定的场景，都可以延伸出极为丰富的场景内涵。例如，某段正在播放的视频，突然暂停后，截取当前的片段场景，将原本连续的动态画面截断为一张静态图片。在这张图片场景下，可以延伸想象当时正在发生什么，这一瞬间人物在想什么，怀着什么心情，发生这件事之前在想着什么，发生这件事的前提或原因是什么，他即将要去做什么，完成这件事情的目的是什么，是否能够成功等。概括而言，根据一个场景，抽象出什么时间什么地点发生了什么事，人物心情怎样，接下来他想做什么，会有什么动作，会取得什么结果等，就是一个典型的对场景内涵的刻画和丰富。

由此可见，场景可以理解为写一个简版的记叙文，抓住典型的事、典型的人，描写参与人的所处环境与内心活动，描述一件事情的前因后果，可按时间、任务维度拆分，从下至上拆分再合并，或自上而下逐渐拆分，颗粒度可灵活自由把握。好的场景能拿让人感觉到生动、形象、具体，能看到非常丰富的画面感。

6.1.2.2　基于场景的产品设计

基于场景的产品设计是一种虚拟的、关于用户如何使用产品去达成某些特定目标的描述，描述应涵盖基本的"5W1H"六何分析法要素，即何人（who）、何事（what）、何时（when）、何地（where）、何因（why）、何法（how）。更详细的，还可以考虑到用户的生理（如年龄、身高、体力、视觉、听觉、嗅觉、触觉、健康）、心理（如心态、心智、情绪）及文化（如国家文化、地域风俗、受教育水平）等关联状态。基于场景的产品设计需要思考场景，这一过程可以帮助设计人员去除伪需求、发现新需求、做出体验更好的交互设计。用户在使用产品而获得的优秀体验感，必然来源于高效率的、基于场景的交互设计。

基于场景的产品设计在需求分析时能更有针对性的抓住用户需求，抓住关键点与价值点。例如，若需求分析时只知道要做一个产品查询的功能，没有任何背景与场景分析，则会出现一个大而全的查询功能，把尽可能多的查询条件与全部的库表字段都摆到界面上。这样的查询功能显然不是用户真正所需要的。用户什么情况下会查询，能否通过其他菜单提供信息，用户查询时想知道什么信息，是否区分重点信息，能否快速查出一批用户最想查找的数据，能否提供按需求分类别的数据查询功能等——只有充分开展了应用场景分析，才能有针对性地设计出简单易用、层次分明、类别清晰、重点突出的查询功能。

在需求分析向研发环节传递时，基于场景的技术交底更有利于研发人员了解需求：需求传递时若不说清前因后果，程序员会难以理解真实需求；如果能传递客户场景，程序员会快速领会设计意图，甚至可能会提出更好的解决方案。需求传递与沟通一样，让研发人员站在用户场景，从用户的目的和角度思考，需求理解才不会偏离路线。

同时，基于场景的产品设计功能更全面，定位更清晰，应用更具体。知道用户的心理，就更容易精准把握。知道不同用户在使用场景下的心理，或者知道用户在不同场景下的心理，有利于让产品的功能体系更为全面和丰富。脱离场景摸索功能时，很容易漏掉一些功能点。必须确保对于所有场景下的目标用户都在产品上得到满足，这样才能保证产品功能的健全。同时，也能让用户对产品的理解更加深刻和具体。

6.1.2.3　面向水库群智能调度的逻辑作业场景

基于场景的设计离不开逻辑支持。在很多时候，设计人员会被自己的固有思维所禁锢，认为第一印象中理所应当的逻辑才是逻辑，于此以外的是场景，这种思维是导致场景至上和逻辑至上两个派别争论的主要原因。而事实上，逻辑和场景并不是独立互不相干的两个概念，场景的假设是为了找到更恰当的产品逻辑，而产品逻辑直接服务于用户操作场景。由此可见，一方面，场景是基于逻辑而存在的，任何忽略逻辑的场景都是分散凌乱的；另一方面，每一个场景的假设最终都会抽象成为逻辑。在设计产品的时候，通常需要借助场景的假设来分析和确定最终的产品逻辑，从而降低操作成本，提升用户体验。

面向水库群智能调度的逻辑作业场景，就是水库群智能调度领域内，构成不同水库调度业务场景的各类作业逻辑，主要包括预报、调度、决策及分析评估等4个重点业务场景。水库群智能调度逻辑作业场景以流域水工程为视角，以宏微观一体化对象为载体，以交互式调度操作为关键手段，从天然来水到河道传播，到水库调蓄，再到工程控制，形成全过程业务体系。

水库群智能调度的各类逻辑作业场景主要包括10个方面的核心要素：①触发条件，明确该场景的人工触发方式及自动触发介入条件；②数据类别，明确该场景需要哪些数据作为依据，如降雨、水位、流量等；③数据来源，明确该场景下各类数据从哪里获取，如数据库表、字段、文件等；④数据处理，明确该场景下各类数据需要进行哪些二次处理和转换，如线性插补延长、时段类型转换、加权平均等；⑤数据校核，明确该场景下哪些数据需要由用户进行校核确认，如水库起调水位、最大出库流量、最高运行水位等；⑥模型计算，明确该场景下需要开展哪些专业计算，并实现不同对象在计算过程中按水力关系自动完成数据的衔接与耦合，如产流计算、坡地汇流计算、河网汇流计算、预报区间产汇流耦合等；⑦成果输出，明确该场景下可产生哪些成果及其数据格式类型，如库水位过程、蓄水流量过程、出库流量过程等；⑧可视化呈现，明确该场景下应该采用什么方式进行成果展示，如表格、过程线、柱状图、饼状图等；⑨人机交互，明确该场景下需要提供哪些人机交互功能，如修改水库起调水位重算、修改出库流量过程重算、修改库水位过程重算等；⑩成果管理，明确该场景下需提供哪些成果管理手段，如特征值统计、数据库存储、关键结果发布等。

6.1.2.4　预报逻辑作业场景概述

预报场景以气象气候条件和流域下垫面特征为基础，预测水库群不同时间尺度的天然来水流量过程，并分析不同断面的来水组成分布及关键特征指标。中长期预报主要以水库坝址的历史径流资料、大气环流指数、太阳活动指数等为依据，通过物理成因、统计分析、天气学等方法，预测未来一年内可能发生的径流过程，时段步长通常为月、旬、日等，其核心为径流规律分析；短期径流预报以实时洪水预报为主要场景，主要以降雨径流、坡地产流、河网汇流等理论规律为基础，根据降雨量推求预报流域出口断面的流量过程，无降雨时统一按退水预报考虑，时段步长通常为 1 小时、3 小时、6 小时等，其核心为降雨产汇流模拟。

6.1.2.5　调度逻辑作业场景概述

调度场景以预报场景为基础，以水库群为主视角，基于各水库当前运行状态、天然来水、调度目标、边界约束需求及各梯级区间的河道特征等信息，深度耦合河道水流演进、水库调节、发电计划、闸门控制等功能模块，模拟生成各水库不同时间尺度的蓄泄过程、发电出力计划、机组负荷分配、闸门启闭控制及梯级区间河道的流量演进一体化调度方案，形成遵循天然水力联系的流域水网及水库工程全过程调度模拟。长期调度主要以中长期预报成果为依据，以年为周期，以月或旬为时段步长，以水资源高效利用为核心目的，重点考虑水库对流域天然径流的发电潜力挖掘；中期调度主要以中长期预报成果为依据，以月或旬为周期，以日为时段步长，以水库的调度计划衔接核心目的，重点考虑水库运行过程中对计划执行情况进行滚动反馈；短期调度以短期径流预报成果为依据，以日为周期，以 5min、15min 或小时为时段步长，以河道演进、水库调蓄、电站运行、闸门控制的精细化调控模拟为核心目的，重点考虑水库对流域洪水的调节分配及资源化利用。

6.1.2.6　决策逻辑作业场景概述

决策场景以调度场景为基础，重点针对调度场景生成的多个调度方案进行多维度综合对比，包括概要信息对比、KPI 指标对比、详细过程对比等，最后经过协同会商，形成最适应当前来水形势和调度需求的决策方案，为调度令下达、计划执行等提供关键依据。

6.1.2.7　分析评估逻辑作业场景概述

分析评估场景以决策场景为基础，重点针对水库的发电、防洪、航运、灌溉、供水等综合利用任务，结合调度决策下达、调度计划执行、调度运行反馈等信息，对调度决策的最终成效进行多层次、多方位分析评估，为调度作业评价、调度经验积累、调度知识学习等提供关键依据。

6.1.3 场景化理论及关键技术

6.1.3.1 场景化理论

纵观场景化理论的发展变化历程，在不同时期和技术背景下，场景化会不断生发出新的设计内涵。新时代的场景化就是把人、行为通过一定媒介进行连接并呈现的状态，而这种场景创造了前所未有的价值，也营造了全新的美好体验，引导和规范了用户的行为，也形成了一种新的应用习惯。信息技术的发展和运用使得逻辑场景与应用场景、应用场景与物理场景之间的融合成为可能，并且各场景之间相互影响、相互制约，场景变成了互联性质的平台，具有借助网络和终端连接用户和提供服务的能力。例如，网络购物平台提供的线上购物场景、支付平台提供的线上支付场景、线下物流场景，这3种场景之间连接与融合又可产生新的融合场景。线上购物场景是用户从终端登录，浏览商品信息，选择目标商品，进行商品咨询并下单；线上支付场景主要是验证付款金额，确保安全交易，付款到第三方；线下物流场景主要提供商品的运输服务，并且将物流信息反馈到购物平台，用户验货合格以后又要执行线上的确认收货与评价操作；至此，基于融合场景的过程并没有结束，还有可能发生售后服务等。由此可见，场景并非一成不变，场景化理论的核心就是为场景不断赋予新的内涵，并不断丰富多场景的转换和融合体系。前述章节的预报、调度、决策及分析评估等4个逻辑作业场景，正是将场景化理论应用到水库群智能调度领域的具化和实例，4个场景既相对独立，又相互关联。

6.1.3.2 场景化交互的意义

场景交互设计就是针对各个场景不断丰富和完善用户体验的设计。场景化交互对于业务场景的分析与研究，可以使设计人员更好地连接用户真实使用场景和产品功能，可以更加明确目标，抓住用户主要需求，让设计过程始终围绕设计目标展开，更好地分析用户行为；场景化交互对用户要素研究有积极意义，通过融通和连接物与物、人与物、人与人、时间与空间、事件与事件等，始终建立在人这一要素之上，明晰用户行为习惯和思维方式，紧紧围绕人的意识形态、价值观念和行为动作；场景化交互描述了产品在不同环境下的交互实现过程，有主有次，使交互设计有针对性又不失全面，在产品使用的过程中避免了无关干扰，提供了更加有效的行为互动方法，伴随着页面场景更替变化，还能引导用户决策，流畅高效地达成预期目标；场景化交互能有效减少开发中的重复工作，及早发现功能实现问题、逻辑架构问题和用户体验细节问题，能将相似的操作目标归纳合并，使用户能在较短的思考时间内本能地完成操作，不增加认知负担，使产品更加简洁高效，完成使用场景和用户感知的和谐统一，获得最佳的用户体验。

6.1.3.3 场景化交互的二、三维载体

面向流域的场景化交互以GIS为核心载体。传统二维GIS始于20世纪60年代，是以点、线、面方式对现实世界的抽象表达和描述，在功能、性能、数据、应用等方面取得了良好应用。该方式具有简单的数据模型、大量的空间数据、丰富的地图制图功能、多种多样的查询分析决策方法、成熟的业务应用流程，数据存储量较小，便于描述地物关系，

适合开展定量分析和科学研究。但由于丢失了绝大部分视觉信息，直观程度不足，对直观决策的支撑能力非常有限。21 世纪以来，随着计算机硬件性能提高、计算机图形学发展、地球影像和高程数据获取技术进步，三维 GIS 进入全面应用阶段[27]。三维 GIS 是相对于二维 GIS 而言的，是基于地理球面或椭球面的三维地理空间，在展示效果和分析决策方面比二维 GIS 更具优势。三维 GIS 无须投影即可描述真实世界面貌，表达二维 GIS 无法表达的地物和自然现象，更加形象、直观，有利于将 GIS 推向大众化。在空间分析上，三维 GIS 不仅能完全集成二维的空间分析功能，还能突破空间信息在二维平面中单调展示的束缚，为信息判读和空间分析提供更好的途径，也可提供更直观的辅助决策支持。在此形势下，三维地球 GIS 迅速应用到城市规划、工程勘查与设计、项目选址、路径选取、资源调查与分配、环境监测、灾害预测与预报、军事、游戏娱乐等众多领域。但是，与二维 GIS 相比（图 6.2），三维空间数据的获取成本更为昂贵，尤其是大规模的三维场景建模；三维数据模型更为复杂，基于三维的空间查询和分析功能的算法效率相对较低；受网络传输和海量数据管理的限制，三维 GIS 的实时渲染能力也相对更低。

图 6.2　二、三维 GIS 对显示的抽象与还原

6.1.3.4　场景化交互的概化图载体

二、三维载体提供了基于绝对空间位置的场景化交互对象集合，本身并无具体的业务属性，且在流域场景下存在一定程度的视野限制。水库群智能调度涉及众多水利枢纽、水利工程设施，而且分散分布，沿江沿河可延绵数百公里，用户很难直接根据自己需求快速定位到不同业务所关心的具体对象群体。沉浸式场景的一个重要特点是用户能把绝大部分注意力集中在与场景的交互上，完成自己想要完成的任务，场景设计需要突出关键元素，在场景中隐藏不相关、关联性小、重要程度低的元素，尽量减少干扰。因此，可采用概化图作为沉浸式场景的交互载体。

概化图包括水库群联合调度所涉及区域范围内所有相关的水利枢纽、水利工程设施、河道、水利监测设施等，在对概化图的内容进行组织时，采用分层、分专题、层次细节模型（LOD）等方式组织，遵循沉浸式场景突出关键元素、减少干扰的特点，在交互过程中，根据不同的用户或用户的不同操作，显示不同的内容，详细程度也不尽相同。

遵循沉浸式场景简略、鲜明、突出主题、减少干扰的特点，以概化图为基础的交互式场景载体构建主要包括概化图内容组织和概化图内容呈现方式设计。概化图内容包括自然的江河湖库、水利工程设施、水利监测设施等。在内容组织上，根据水库调度的应用需求，选取某一或某些特征指标（如专题、类型、等级、关联性、区域性等特征指标），对概化图内容进行分层组织，用户可以设定显示或隐藏某一图层。通过分层组织，可以实现只显示与当前调度情景相符合的关键对象（目标对象），隐藏次要的、相关程度低的要素，交互场景简略、主题突出。在此基础上，对于某一层的内容，可以采用层次细节技术（LOD）、依比例尺分级显示、用户交互设定等方式，实现随着用户的交互而呈现不同详细程度的场景内容。由此可见，概化图作为水库调度操作的用户交互场景，通过内容分层组织和呈现方式的智能设计，充分体现简洁、鲜明、主题突出、所见即所得、所需即所得的特点，让用户把注意力集中在所关注的调度业务上，而不是分散于众多的无关、次要的界面元素和功能上。因此，概化图技术将不同业务场景所关注的不同水利工程对象通过概化图进行组织，并将其作为场景交互的载体之一，其本质是对流域各类水利工程的进一步简化和抽象，其核心目的在于为某一具体业务场景聚焦各类水利工程之间的相对布局和水力联系（图 6.3）。

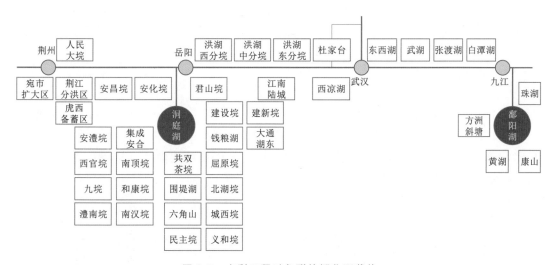

图 6.3　水利工程对象群的概化图载体

在概化图载体模式下，水利工程概化图是数据管理和交互式调度操作的基础。概化图场景构建主要包括概化图内容分层组织和分级显示（图 6.4）。

在分析水库群多目标智能调度具体需求的基础上，应进一步梳理水利工程设施布局概化图所应包含的内容，按照类型、等级、重要程度、所属专题领域、关联性等指标特征，生成分层指标体系，并根据分层指标体系对概化图内容进行分层组织，用户可以通过交互方式控制图层的显示或隐藏。针对某一图层的内容，采用 LOD、依比例尺、依用户设定等方式，控制图层内容呈现的繁简程度，例如对于某区域的水利监测设施图层，用户可以先显示几个重要的监测设施，如果用户需要了解更多更详细的监测设施信息，可以通过缩放、等级设置等方式，显示该区域范围内的满足要求的所有监测设施，实现"所见即所得，所需即所得"的交互效果。

6.1.3.5　场景化交互的拓扑关系描述

在确定了概化图场景的构建内容后，还应进一步描述和记录该概化图场景下各业务对象之间的拓扑关系。只有当拓扑关系清晰明确的建立后，才能为该场景配套的业务应用功能提供精准的对象组织服务。那么，如何才能既简洁又准确的描述流域水网下不同水利工程之间的串联并联关系、干支流关系和上下游关系呢？此处采用"单点双向"拓扑结构描述方法："单点"代表任意拓扑节点，包括编码、名称、类型等三个属性；

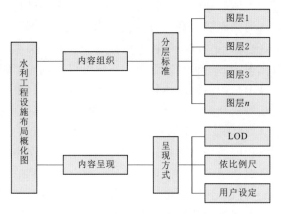

图 6.4　水利工程概化图场景的主要构建内容

"双向"包括指向和流向，其中指向反映父子层级关系，流向反映同层级上下游关系。

将各个实体水利对象视为一个节点，定义所有水利对象构成的节点集合为 ND（如乌江、构皮滩、彭水、长江、寸滩站、三峡、葛洲坝、枝城站等），节点总数为 n；再定义不同节点的类型集合为 OT（如河流、水库、水文站、蓄滞洪区等），类型总数为 m。则：

$$OT(ND_i) \in OT, i \in \{1, 2, \cdots, n\} \tag{6.1}$$

构建节点指向关系 P：

$$P = \begin{bmatrix} P(1,1) & P(1,2) & P(1,j) & P(1,n) \\ P(i,1) & P(i,2) & P(i,j) & P(i,n) \\ P(n,1) & P(n,1) & P(n,j) & P(n,n) \end{bmatrix} \quad i,j \in (1,2,\cdots,n) \tag{6.2}$$

式中：$P(i,j)$ 为 0—1 变量，表示节点 ND_i 与节点 ND_j 的指向关系是否成立，若节点 ND_i 指向了节点 ND_j，则 $P(i,j)=1$，否则 $P(i,j)=0$。

构建节点流向关系 F：

$$F = \begin{bmatrix} F(1,1) & F(1,2) & F(1,j) & F(1,n) \\ F(i,1) & F(i,2) & F(i,j) & F(i,n) \\ F(n,1) & F(n,1) & F(n,j) & F(n,n) \end{bmatrix} \quad i,j \in (1,2,\cdots,n) \tag{6.3}$$

式中：$F(i,j)$ 为 0—1 变量，表示节点 ND_i 与节点 ND_j 的流向关系是否成立，若节点 ND_i 流向了节点 ND_j，则 $F(i,j)=1$，否则 $F(i,j)=0$。

根据以上定义，当 ND_i 为根节点时，必有 $P(i,j)=0$；当 ND_i 为某分支最下游节点时，必有 $F(i,j)=0$。

式（6.1）～式（6.3）共同组成了各类水利节点的拓扑关系通用描述方式，所有拓扑关系数据可采用表 6.1 的形式进行数据库存储。

表 6.1　　　　　　　　　　　拓 扑 数 据 库 结 构

序号	字段名	字段标识	类型及长度	主键	备　　注
1	功能代码	FUNCID	VARCHAR2（50）	1	所属业务分类
2	方案代码	MODID	VARCHAR2（30）	2	某个具体业务实例

序号	字段名	字段标识	类型及长度	主键	备　　注
3	编码	KEY1	VARCHAR2（255）	3	拓扑关系编码
4	节点编码	V1	VARCHAR2（255）		节点编码
5	节点名称	V2	VARCHAR2（255）		名称描述
6	节点类型	V3	VARCHAR2（255）		节点类型
7	指向节点	V4	VARCHAR2（255）		指向节点编码
8	下级节点	V5	VARCHAR2（255）		下级节点编码

以长江、寸滩和三峡构成的简单拓扑结构为例，三个对象可产生三条拓扑关系记录。根据拓扑关系表，其拓扑结构可分别描述为：

长江的节点编码（对应 V1 字段）为 FB0101，节点名称（对应 V2 字段）为长江，节点类型（对应 V3 字段）为河流，指向节点（对应 V4 字段）为空（统一记为 null，下同），下级节点（对应 V5 字段）为空。

三峡的节点编码（对应 V1 字段）为 60106980，节点名称（对应 V2 字段）为三峡，节点类型（对应 V3 字段）为水库，指向节点（对应 V4 字段）为 FB0101，下级节点（对应 V5 字段）为空。

寸滩的节点编码（对应 V1 字段）为 60105400，节点名称（对应 V2 字段）为寸滩，节点类型（对应 V3 字段）为水文站，指向节点（对应 V4 字段）为 FB0101，下级节点（对应 V5 字段）为 60106980。

依此类推，任意业务场景、任意业务实例、任意对象规模、任意水力关系都可以通过上述方式创建出对应的拓扑结构，灵活支撑各类业务应用的配套需求。

6.1.3.6　拓扑关系的动态构建技术

水利对象拓扑关系的构建方式灵活多样。对于流域范围及对象规模相对较少的案例，可采用 GIS 动态法或流程图法，通过图形拖拽方式快速创建拓扑关系；而对于流域范围及对象规模较大的案例，用图形拖拽方式动态创建节点时，空间布局难以掌控，关系线网容易错乱，此时可采用表格法或节点树动态法，通过条目编辑、干支增删等方式来创建拓扑关系。

（1）基于 GIS 的动态绘制方法。该方法以 GIS 提供的 API 接口为基础，用户可按照实际位置采用拖拽的形式进行拓扑创建，拓扑节点不包含实际坐标，不表达实际位置，只突出节点上下游、干支流、父子级的相对关系，示例见图 6.5。

（2）基于流程图的动态创建方法。基于流程图的动态创建方法包含了更多节点细节，在保持拖拽创建节点关系的优点基础上，还可以描述节点的显示样式、节点类型、节点数据流等。本方法最适合从零开始创建拓扑关系，示例见图 6.6。

（3）基于表格的条目编辑创建方法。表格条目编辑创建方法直接对每个节点对象的指向节点和下级节点等进行逐行创建，用户友好度和可视化程度远不如上述两种方法。但表格独有的行列特点使其与数据库存储格式极为相近，更有利于进行大规模节点集合的批量修改维护和复用，非常容易被程序识别和读写，示例见图 6.7。

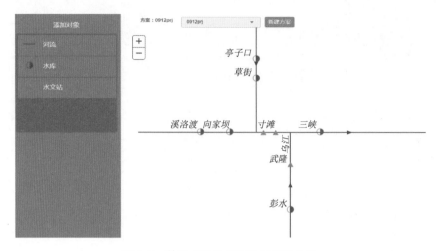

图 6.5　基于 GIS 的动态绘制方法示例

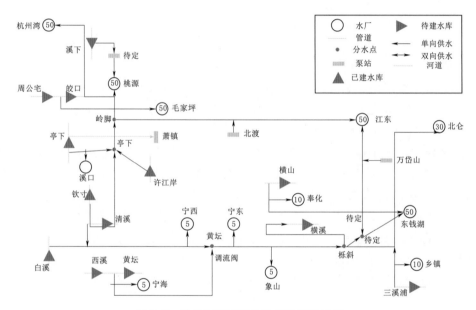

图 6.6　基于流程图的动态创建方法示例

（4）基于节点树的干支动态方法。节点树干支动态法是流程图法的一种变体形式，表现方式类似，但其操作是在"树"结构上，通过加"干节点"和"支节点"的方式来完成拓扑创建，并在创建过程中实时解析"树"，并绘制"树"所描述的拓扑图。在实际系统开发和实施过程中，可结合具体项目情况和业务需求，采用上述方法中的任意一种或几种进行综合应用，从而实现不同规模、不同业务场景下流域对象节点群的拓扑结构动态创建和统一管理。

6.1.3.7　宏微观一体化融合渲染技术

根据前述二、三维载体分析可知，二、三维 GIS 各有优缺点，以可视化为主的三维 GIS 现阶段很难完全取代二维 GIS。基于二、三维各自优势，从数据存储管理、可视化显示、分析计算、应用服务等方面构建二、三维一体化载体，已成为场景化交互的必然路

	对象编码	对象名称	对象类型	指向节点	下级节点
57	60112200	汉口	水文站对象	FDACTLSTVR	60112900
58	62601600	湖口	水文站对象	FDACTLSTVR	60113500
59	FDACTLSTVR	控制断面	河流对象	FB0101	FDAJJVR
60	FDAJJVR	荆江地区	河流对象	FB0101	FDACLJVR
61	FFA0000011	荆江分洪区	蓄滞洪区对象	FDAJJVR	FFF1400251
62	RCHCJ09	枝城-莲花塘	河段对象	FB0101	RCHCJ11
63	RCHCJ11	莲花塘-螺山	河段对象	FB0101	RCHCJ10
64	RCHCJ10	螺山-汉口	河段对象	FB0101	FDACTLSTVR
65	RCHCJ08	三峡-枝城	河段对象	FB0101	RCHCJ09
66	60101398	梨园	水库对象	FB0101	RCHCJ12
67	60101498	阿海	水库对象	FB0101	RCHCJ13
68	RCHCJ13	阿海-金安桥	河段对象	FB0101	60101698
69	RCHCJ12	梨园-阿海	河段对象	FB0101	60101498
70	60101698	金安桥	水库对象	FB0101	RCHCJ14
71	FB0101	长江	河段对象		
72	RCHCJ14	金安桥-龙开口	河段对象	FB0101	60101750
73	60101750	龙开口	水库对象	FB0101	RCHCJ15
74	RCHCJ15	龙开口-鲁地拉	河段对象	FB0101	60101850

图 6.7　基于表格的增删创建方法示例

线。因此，水库群智能调度的总场景应基于二、三维一体化融合技术进行打造，并兼顾宏微观切换，从而支撑不同业务的渲染需求。具体而言，应重点协调三个方面的技术环节：

（1）各个单体水利对象与二、三维 GIS 载体的融合。为满足沉浸式调度作业场景的全景对象管理及可视化需求，在二、三维全流域场景下，应严格按照各个单体水利对象的地理空间坐标创建地图实例对象，并采用分类、分级图层与自定义勾选相结合的方式进行水利对象渲染控制。

（2）不同业务场景与二、三维 GIS 载体的融合。为满足沉浸式调度作业场景的业务应用需求，不同业务应用模块不再采用传统的顶部或侧边栏多级功能菜单模式，而是把具体的业务应用功能沉浸到不同的地图对象上，将菜单驱动转移为地图对象驱动，将功能本身进行场景化，从而整体增强业务操作与功能切换的画面感和代入感。

（3）各个概化图载体与二、三维 GIS 载体的融合。为满足沉浸式调度作业场景数据智能感知及交互式查询要求，直接建立概化图对象与具体属性数据之间的关联，实现概化图对象与对应地图对象关键属性之间的双向交互查询。

6.1.4　沉浸式逻辑作业场景构建

6.1.4.1　沉浸式场景概述

基于计算机信息技术发展的虚拟技术使得系统设计可以从第一人称的视角进行[21]，这种设计可以给参与者带来沉浸式的体验，于是设计人员不断将沉浸式运用到不同场景的设计中[22-26]。众多学者在对沉浸式理论设计的研究中，都会分析到其在不同场景设计中的具体应用。大部分成功的沉浸式设计在于其对背后逻辑的完美把握和对场景的高度适应性与契合度。在具体场景应用中，沉浸式既可以认为是先进的计算机接口技术的一个特性，也可以是场景叙事的一个基本属性，所以能吸引用户进入到设计人员为其创造的虚拟世界中。同时，身临其境的沉浸式场景不应该仅仅局限于对数据的展示和分析，更不能狭义地陷入三维 GIS、虚拟现实和增强现实等单纯信息空间，而是应该继续上升到用户的操作行动层面，并深层次嵌入更复杂的专业计算、事务处理和业务应用。因此，沉浸式场景的本质是通过各种手段将业务应用大量聚焦到操作人员本身，而不是具体的一些技术和固化的功能界面；是以人中心来驱动场景变化，而不是以固定发的功能体系来限制人的操控。

水库群智能调度的沉浸式场景重点需要支撑预报、调度、决策、分析评估等功能业务，主要包括可视化交互场景和逻辑作业场景两个方面，其中可视化交互场景以用户操作和渲染展示为核心，逻辑作业场景则以各功能模块的业务流与数据流组织为核心。

6.1.4.2　水库群智能调度的可视化交互场景构建

根据场景化关键技术，水库群智能调度的可视化交互场景主要包括二、三维载体、业务场景和概化图等要素，重点实现水利对象与二、三维 GIS 载体融合、业务场景与二、三维 GIS 载体融合，以及概化图与二、三维 GIS 载体融合。二、三维 GIS 载体是水库群智能调度可视化交互场景的重要基础，需构建集二维和三维模式于一体的流域基础地形图层，用作叠加到系统界面最底层的通用底图资源，主要包括流域水系、地形地貌、行政区划、交通路网等信息，其中二维与三维模式可根据需求由用户自主选择切换。在此基础上，为满足业务层面需求，还需构建与各功能模块紧密关联的专题应用图层，包括不同类型水利对象的分布图层，以及不同功能业务的导航图层、概化图图层和拓扑体系图层等，不同图层根据用户操作动态响应，专题图层激活后直接叠加到流域基础地形图层上方进行融合渲染展示。所有基础地形图层和专题应用图层资源，在默认渲染逻辑基础上，均支持自定义勾选渲染控制，满足多图层的同步叠加渲染需求，图层渲染的层级顺序由用户的勾选顺序决定，从而呈现图层的触发式动态反馈效果。

综上，通过构建流域二、三维 GIS 交互功能和多维信息展示视图，可将水库群智能调度中相互关联的多类型功能从传统的单页面、多层级沉浸到同一层级的多个信息视图，从而构成扁平化的多业务组合作业场景，提升用户在决策作业中的专注度。

水利对象信息与二、三维 GIS 载体融合（图 6.8）的主要目的是满足水库群智能调度沉浸式作业场景的全景对象可视化管理及信息查询需求。各水利对象根据自身的地理空间坐标创建地图的实例对象，然后以地图要素形式呈现到二、三维全流域场景中。点击任一水利对象类型，即可在流域场景下按地理位置分布显示出该类型对应的所有水利对象；为提升大规模同类水利对象的渲染效果，在同类型基础上，还可进一步定义不同层次的显示级别，用以反映此类水利对象的重要程度；通过鼠标滚轮滚动，在底图放大缩小的同时，自动匹配显示级别，并实时显示当前级别对应的所有对象。当点击任一水利对象的地图要素时，则弹出该对象的二级页面，显示用户所关注的所有对象信息；具体信息内容和分类可根据不同对象类型自由定义，若对象信息量较大，则可根据信息分类创建不同的子页面，用户通过多页面切换查看分类信息。

功能业务与二、三维 GIS 载体融合（图 6.9）的主要目的是为满足水库群智能调度沉浸式作业场景的业务操作需求，不同业务应用的功能模块体系可直接沉浸到地图场景或具体的地图对象要素上，直接通过操作地图对象实现不同的功能页面驱动，从而将功能本身进行场景化，增强业务操作与功能切换的整体沉浸感。点击任一功能图标，即可激活对应

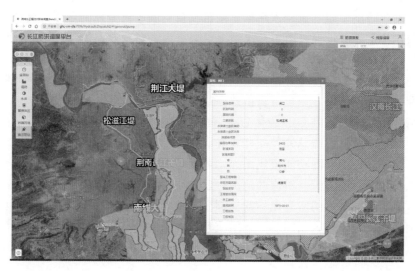

图 6.8　对象信息与二、三维 GIS 融合

的功能操作页面，将页面叠加到流域基础地形图层上方以半透明方式展示，从而提升沉浸感；当前功能对应的所有水利对象也会在功能激活时同步完成筛选，不同功能模块可关联不同的水利对象，从而实现功能模块与水利对象之间的灵活适配。

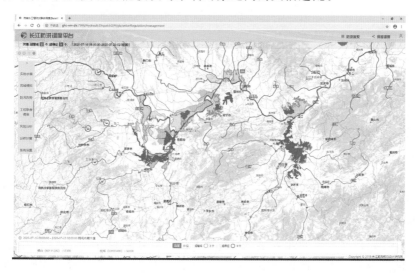

图 6.9　功能业务与二、三维 GIS 融合

当前功能执行完成以后，自动切换到二、三维 GIS 载体场景渲染当前功能的所有水利对象执行结果，结果信息全部沉浸到底图的水利对象上，并可通过多种形式渲染不同类型的特殊事件，如站点高亮闪烁预警、流域分区突出显示、特征值悬浮显示等。当点击二、三维 GIS 载体场景内任一水利对象的地图要素时，则弹出该对象二级页面，显示用户在当前功能下对当前对象所关注的各类基础信息、执行结果信息和统计分析信息；若对象信息量较大，则可根据信息特征分类创建不同的子页面，用户通过多页面切换查看分类信息。此外，功能操作完成后，可根据需求产生一系列全局性执行结果，如水库群总发电

量、水库群剩余防洪库容总量、水库群总拦蓄洪量、流域超警戒站点数、流域超保证站点数、超汛限水位水库数量等。由于此类结果是根据多个对象获得的综合统计信息，因此无法直接沉浸到地图上某个具体的水利对象要素。此时，可通过瓦片面板、条形面板等形式，将各类综合统计信息作为统计面板悬浮显示到流域基础地形图层上，所有统计面板均提供开启和关闭操作按钮，用户可自由选择是否渲染统计面板。

概化拓扑图与二、三维 GIS 载体融合（图 6.10）的主要目的是满足水库群智能调度沉浸式作业场景的数据智能感知及交互式查询要求。概化拓扑图上的所有水利对象与具体的功能业务关联，点击不同功能模块图标，可激活不同的概化拓扑图。任一概化拓扑图上的所有节点均通过自身编码与对应的地图对象关联，是对地图对象的直接抽象。因此，概化拓扑图节点与地图对象的所有属性数据都完全相同，数据来源统一，从而实现概化拓扑图节点与地图对象之间的数据同步和双向交互查询。在操作方式和渲染显示上，点击拓扑概化图节点与点击地图对象也完全一致，都是通过点击图标激活二级页面，在二级页面中呈现当前点击对象的各类具体信息。

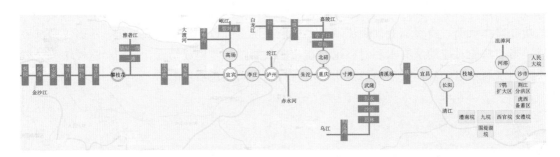

图 6.10　概化拓扑图与二、三维 GIS 融合

6.1.4.3　沉浸式逻辑作业场景划分

沉浸式逻辑作业场景的核心是对预报、调度、决策、分析评估等水库群智能调度功能模块的业务流与数据流组织进行科学高效组织。其中流域的预报、调度主要涉及水文水资源领域的三方面技术：一是降雨产流计算；二是汇流演进计算；三是水库调蓄计算。目前，以上技术领域的相关理论方法及模型算法已较为成熟，结合信息技术手段开发的系统软件产品在流域实时洪水预报预测、河道洪水推演及水库群联合调度模拟等相关业务中均已广泛应用。然而，这三个专业方向通常独立开发，管理较为分散。流域的降雨产流、坡地汇流、河网汇流、水库调度、河道演进等水文、水力及水库调节事件本质上是一系列密不可分的连续过程，既反映了自然状态，又反馈了人工决策。分散化开发人为割裂了流域径流在实时预测调节方面的系统性和整体性，不利于业务应用层的协同作业与融合应用，同时也降低了专业计算的总体效率，无法满足各类关联业务之间的高效协同与融合应用需求。而决策、分析评估则是以预报和调度为前提，通过对预报、调度的多方案结果进行深层次对比分析，然后基于指标体系进行量化研判，为面向具体业务需求的辅助决策提供技术支持。

因此，针对预报、调度、决策、分析评估等业务功能，根据各功能的本质定位和功能之间的内在关系，可总体划分为两大逻辑作业场景：①预报调度演进逻辑作业场景，重点建立从降雨到产流到汇流再到水库调蓄的全过程闭环模拟框架，支撑流域产汇流及水库调蓄的一体化计算；②决策分析评估逻辑作业场景，重点建立针对预报调度成果的指标分析体系，支撑面向决策需求及调度成效总结的分析评估。

6.1.4.4　预报调度演进逻辑作业场景构建

预报调度演进逻辑作业场景重点需建立从降雨到产流到汇流再到水库调蓄的全过程闭环模拟体系，以不同类型的对象与模型耦合为核心，采用自适应解析技术，根据拓扑结构的水力拓扑关系和不同类别水利对象，构建一套针对预报调度演进的自适应快速组态框架。

将不同类别的水利对象和根据业务需求自主创建的业务对象统一抽象为节点，如流域节点、河流节点、水库节点、水文站节点、雨量站节点、河段节点、预报区间节点、子流域节点等。不同类别节点可智能添加对应的计算模型，实现模型智能适配，如子流域节点可适配产流和坡地汇流模型、河段节点可适配河道汇流演进模型、水库节点可适配水库调度模型。

在组织构建预报调度演算业务时，每创建一个节点，自适应模块就会自动根据该节点类型分析适用于本业务场景的全部模型作为当前节点的候选模型（图6.11）。候选项约束了模型的范围，既降低了节点与模型的错误匹配可能性，又提升了业务过程的智能化程度。

图6.11　不同类型节点对应的模型自适应候选

假设当前业务为P，节点类型集合为T，节点类型总数为n，模型集合为M，模型总数为m，自适应模块为F。则当前业务的模型子集为

$$M' = F(P, t), t \in T \tag{6.4}$$

$$M' \subset M \tag{6.5}$$

自适应模块的核心为模型自适应函数。该函数一方面依赖于节点类型，不同节点类型一般采用的计算模型也不同；另一方面依赖于业务类型，因为在不同业务场景中，同种类型的节点需要的计算需求也不尽相同。例如河段节点类型，在河道水流演算业务中候选模型通常为水文演算模型或一维水动力演算模型，但在推求水库库区水面线的计算业务中候选模型则为水库回水模型；水库类型节点在发电业务场景下候选模型通常为长期、中期、

短期发电调度模型，但在防洪业务场景下，候选模型则为面向不同防洪目标或防汛任务的防洪调度模型。

不同节点之间可智能衔接数据，实现计算数据流自动按照节点的干支流和上下游关系完成智能传递。模型、节点、数据三者互相独立，又共同协作，才能完成业务计算的整个流程（图 6.12）。其中，节点是独立的计算单元，节点包含了自身计算所需的所有数据，包括了输入数据、静态数据、参数数据、输出数据；模型是计算方法，不包含任何数据，因此模型挂载到某个节点时，由节点提供数据给模型，模型获取到数据计算得到输出后，返回给节点，并由节点的拓扑关系向后传递。

可以看出，每个模型所需要的数据需要通过节点提供，每个节点的数据都是通过前节点传递数据、本身的基础数据和参数数据三部分组成。为保障信息的完整性和准确性，三部分组合时需通过数据校验模块对前后节点之间的数据衔接进行检查。以水库和河段衔接为例（图 6.13），当预报调度演算业务中节点连接关系为"河段 A—水库—河段 B"时，河段 A 的下边界流量和水库的入库流量是等价的；同理，水库的出库流量和河段 B 的上边界流量等价。依此类推，每一对节点都存在一组类似的单项数据衔接关系，组成了节点类型之间的数据衔接关系集。

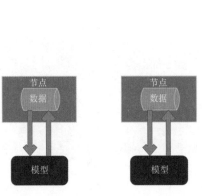

图 6.12　节点、数据、模型组合关系

图 6.13　水库与河段衔接示例

综上，结合当前流域径流实时预测调节的建模方式，最终构成三层模型库及其智能耦合应用方案（图 6.14），其关键要点为：首先对流域径流实时预测调节所涉及的计算任务进行单元化分解；然后根据模型用途分别构建降雨产流、汇流演进和水库调蓄的三层模型库，其中产流预报模型库存放管理降雨产流模型，汇流计算模型库存放管理坡道汇流及河网汇流模型，水库调蓄模型库存放管理水库调度模型；最后结合具体业务场景，围绕模型、数据与对象将与之相关的单元任务进行按需自定义耦合，并在各子任务之间完成智能嵌套衔接。

在模型库体系下，根据面向对象方式，每层模型库中的任意模型算法都视为一个完全独立的计算单元，均视为一个模型对象实例，并分配全局唯一编码进行标识。每层模型库建立统一的访问接口，接口参数固化为三个，即模型编码（字符串类）、输入信息（In-

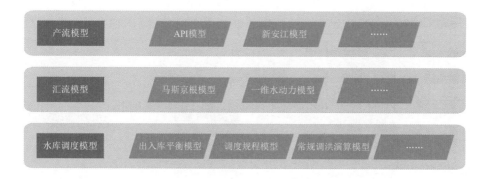

图 6.14　三层模型库体系结构

putJson）和输出结果（OutputJson）。InputJson 的固有属性定义应涵盖该层模型库中所有模型的计算输入信息，OutputJson 的固有属性定义应涵盖该层模型库中所有模型的计算输出信息。

每层模型库中的任一模型对象实例仅从访问接口的 InputJson 中获取自身所需的输入信息进行纯数学计算，并将计算结果通过 OutputJson 的对应属性变量输出，模型库本身不再进行任何文本文件和数据库读写操作。

根据外部系统用户的业务需求，模型库可分散化应用，也可进行耦合应用。分散化应用的访问效果与普通的应用模式相同，各层模型库仅提供对应系统软件功能的计算服务请求响应。该模式下，流域径流实时预测调节被划分为水文预报、河道洪水演进和水库调度等业务应用功能，且每项业务应用功能均与对应的模型方法组合。完成流域径流预报调度演算的全过程模拟需要应用人员频繁参与系统的各项业务应用功能交互、人为构建多次计算任务才能实现。耦合应用模式则突破了现有的业务应用功能模块界限，将流域径流预报调度演算的全过程计算任务视为一个有机整体，并将系统外部的业务应用操作与系统内部的多层模型计算完全分离开来。在三层模型库之上，针对任一计算断面/节点（包括预报断面、测站、水库等），只需一次交互、单次构建计算任务，即可自动调用各层的模型对象实例完成全过程计算，并一次性反馈所有断面/节点在不同计算环节的输出结果。对任一断面/节点而言，每次计算任务涉及的具体模型调用需求（包括模型库和模型对象实例）可通过四种方式确定：①根据断面/节点类型和历史资料信息进行自适应优选；②根据应用人员的历史访问记录进行调用行为学习后智能推荐；③自动记忆最近一次的访问调用操作；④由外部用户直接选择指定。

通过上述三层模型库构建方式及其耦合应用方法，可形成一套预报调度演进的智能嵌套方案，流程图见图 6.15。

（1）业务对象体系建立。根据天然水力关系，按从支流到干流、从上游到下游的顺序，对预报调度演进的所有计算对象进行排序，业务对象类型主要包括子流域（根据预报区间划分的计算单元）、河段（根据河道水流渲进划分的计算单元）、水库等，其中相邻子流域之间通过河段进行衔接，河段上边界为上级子流域出口站点，河段下边界为当前子流域出口站点。从首个子流域开始执行业务流程。

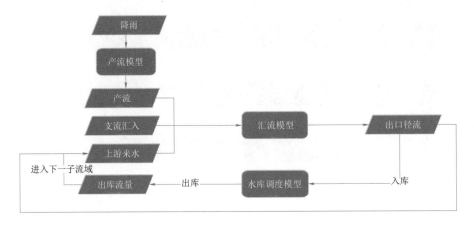

图 6.15　预报调度演进智能嵌套流程图

（2）边界数据提取处理。根据子流域划测站分布，从实时雨水情数据库提取预热期内各雨量站、水库站、水文站的实测雨水情信息，然后根据计算时段类型进行时序步长转换和线性插补延长处理（雨量除外），生成雨量、水位、流量的格式化过程数据，并按子流域雨量站权重，加权计算各子流域的预热期面雨量过程；提取预见期内各气象分区的预报降雨过程，然后按计算时段类型进行时序步长转换得格式化过程数据，并根据气象分区与子流域的对应关系生成各子流域的预见期预报面雨量过程。

（3）子流域区间径流计算。调用产流模型库中的产流模型及参数，调用汇流模型库中坡面汇流模型及参数，计算得子流域区间径流过程。

（4）河段汇流计算。根据河段上边界径流（上级河段的下边界径流）、区间径流（当前河段对应子流域的区间径流）、支流汇入（支流汇入站点径流），调用汇流模型库中的河道演进模型及参数，计算得下边界径流过程。

（5）若下级衔接对象仍然为河段，则继续开展下级河段对应的子流域区间径流和汇流计算；若下级衔接对象为水库，则将当前河段的下边界径流过程作为下级水库的入库流量，然后调用水库调度模型库的模型及参数进行水库调节，得水库出库流量，并以此作为继续往下游河段演算的衔接流量。

（6）以此类推，按对象体系顺序依次执行业务流程，直至所有对象计算完成。

（7）针对任意对象的计算结果，若不满意，则可修改对应的输入信息或边界条件后，然后提取与当前对象具有水力联系的所有对象，按人工修改后的条件重算，其余无水力联系的对象则不再执行任何操作，保持原结果不变。

（8）所有计算结果经用户确认后，可根据整体保存至数据库，并根据需求发布或推送重要成果信息及关键特征指标。

以上智能嵌套方案从逻辑层面还原了流域预报调度演算业务的系统性和整体性，规范了不同模型方法的访问调用接口，实现了面向不同计算任务的多模型集中统一管理，实现了流域径流过程自然状态与人工决策的一体化、精细化和高效率模拟，可有效提升预报调度的科学化水平，为及时、准确的决策响应提供技术支撑；在业务应用层面，通过三层模型库的灵活耦合，不同模型实现了统一管理模型和标准化访问，调用方式分合兼顾，业务应用更为灵活，充分体现了信息化技术在行业应用中从传统数字化向智能化和智慧化的内在转变，可有效提升行业应用人员的交互体验感，有利于专业理论技术成果的大规模转化与推广应用；在触发条件方面，该方案既可以采用人工触发方式，通过点击沉浸式场景中对应的业务图标进行驱动，也可以采用无人干预方式，通过时间控制器定时自动触发，实际应用中可根据用户需求灵活选择。

预报调度演进智能嵌套技术需要通过大量的配置进行业务搭建，计算流程中的数据类型广、数量多，各环节计算模型中的输入输出以及参数皆不同，故各个流程节点的连接关系都需要严格验证，只有节点内封装的模型组件接口与该类对象的属性参数存在关联，节点对象耦合才有效，否则无效。

首先将所有计算所需数据类型进行归类，并制定出不同类型数据的校验规则；然后制定不同构件相互连接的适配校验策略，在校验分析基础上，实现流域预报调度演进智能嵌套模拟技术的数据诊断。主要内容包括以下方面：

（1）节点的数据参数完整性校验。如产流模型 $P-P_a-R$ 曲线、汇流单位线、预报模型参数、水库泄流能力曲线、下游水位流量关系曲线、库容曲线，河段的断面形状数据、糙率数据、马斯京根演算参数等。校验项包括数据是否存在、数据维度是否一致、数据类型是否符合等。

（2）数据的封闭性。一些规则性数据，例如水库调度规则，是否覆盖了所有条件。为保障逻辑完整，规则条款不能出现任何开边界的情况。假设调度规则全集为 U，总共有 n 种条件，则：

$$U_1 \bigcup \cdots \bigcup U_i \bigcup \cdots \bigcup U_n = U, i \in \{1,2,\cdots,n\} \tag{6.6}$$

$$U_i \bigcap U_j = \varnothing, i,j \in \{1,2,\cdots,n\} \tag{6.7}$$

如果漏掉其中任意一项，则调度规则无法闭环，在实际计算中会容易出现计算溢出崩溃等情况。

（3）数据时段匹配。预报业务不仅仅关注计算起算时刻，同时还包括了预热期、预见期、时段步长等方面，在进行预报调度演进计算过程中，预报需要加入预热期综合考虑，当计算到水库节点进行调节计算时，需要从起算时刻进行时段数据处理，并在计算结束后修正预热时段的数据；此外，预报模型和河道汇流模型自身通常也具有时段属性，如 1 小时模型、3 小时模型、6 小时模型等，而实际业务计算中，用户需要的时段类型有可能与模型时段不匹配，此时就需要在模型计算前和计算结束后分别进行所有数据过程的时段类型转换匹配。

（4）数据衔接适配性。在流域预报调度演进业务中，需要针对降雨量、产流、汇流、河段上下边界流量、水库出入库流量等数据类型，以及子流域、河段、水库等对象类型进行对象与数据、数据与数据的准确匹配。

上述数据诊断策略为预报调度演进业务的全过程智能嵌套和逻辑作业场景的自适应衔接提供了重要保障。

6.1.4.5 决策分析评估场景构建

决策分析评估逻辑作业场景重点需建立针对预报调度成果的评价指标体系，以不同对象、不同指标的智能分析为核心，采用组件化封装与组态化配置技术，构建一套具备场景化动态耦合适配能力的决策分析评估框架，全方位支撑面向决策需求及调度成效总结的分析评估业务。该框架从统计对象、统计方法、统计数据源、统计指标 4 个维度信息构建逻辑作业场景。

（1）统计对象。决策分析评估场景下的统计对象是以分析需求为导向所创建的抽象对象，可以是某个具体的水利对象实例，也可以是对某个流域、某个行政区域或某条河流下水利对象集合的统称。例如，三峡水库、三峡-葛洲坝梯级、湖北省大型水库、华中电网直调水电厂、长江流域控制性水库等都可以作为独立的统计对象。所有统计对象都通过统计对象库进行集中管理，包括编码、名称和子对象编码集合等属性信息（图 6.16）。其中，统计对象由于具有抽象属性，仅起标识作用，因此，其编码和名称都可以按需自主创建；而子对象编码集合则代表纳入当前统计对象中参与决策分析评估的所有水利对象集合，需要耦合数据并纳入计算，必须与前述预报调度演进场景中创建的业务对象体系关联，因此，所有子对象编码都具有唯一性，代表唯一的一个水利对象实例，只能从既有水利对象实体中选择，而不能在当前场景下自主创建。

编码	名称	子对象编码
F010000	金沙江中游	60101398, 60101498, 60101698, 60101750, 60101850, 60101998
F020000	金沙江下游	60103165, 60103385
F030000	雅砻江	603KW000, 603KD005
F040000	岷江大渡河	606KT012, 606KA001
F050000	嘉陵江	60706825, 607KH001, 607KH002, 60703780
F060000	乌江	60802450, 60801650, 60802350, 60802620, 60802600
F070000	三峡	60106980
F080000	清江	61002791, 61003101
F090000	洞庭四水	61401900, 61402350, 61312550, 61302350, 61201300
F_01	上游水库群	F010000, F020000, F030000, F040000, F050000, F060000
XZHQ_CH	滁河附近区	XZHQ_CH1, XZHQ_CH2, XZHQ_CH3, XZHQ_CH4
XZHQ_CH3	滁河附近区一般蓄滞洪区	FFAB400021, FFAB400011, FFAB400031, FFAB400041

图 6.16　统计对象库示意图

（2）统计方法。统计方法是针对决策和分析评估需求所创建的一系列通用函数集，可以是简单的统计计算，也可以是复杂的组合计算，但都具有相对固定的计算逻辑，且原则上不得与任何具体的对象实体挂钩，也不与任何具体的统计指标挂钩，从而保障各个统计方法的通用性和独立性。例如，求给定过程数据的最大值、求给定过程数据的最小值、求给定过程数据的总和、求给定数值与权重系数集合的加权平均值等都是独立的统计方法。因此，所有针对某种决策分析评估需求构建的统计方法，都必须以通用组件方式进行封装，通过统计方法库进行集中统一管理，任一统计方法的所有输入输出信息都以参数形式进行传递和返回。

（3）统计数据源。统计数据源用于指定参与当前决策分析评估的数据来源和依据，全部来源于前述预报调度演算场景的结果集合。为便于对计算结果进行统一标识和集中管理，采用数据编码方式对各类业务场景的输入输出信息进行定义。每种业务数据类型，都拥有全局唯一的数据编码。例如，用 10001 代表水库的入库流量、用 10002 代表水库的出库流量、用 10003 代表水库的坝上水位等。因此，统计数据源可通过与之对应的数据编码来进行数据适配。

（4）统计指标。统计指标反映的是当前决策分析评估任务的最终目的，是通过智能耦合统计方法、统计对象和统计数据源后，自动生成获得的统计分析结果，是用于支撑辅助决策的直接量化描述。每种统计指标类型也通过全局唯一的数据编码进行标识。

根据上述场景，所有统计数据源和统计指标的数据编码应建立统一数据编码库进行管理，确保不同数据类型和不同指标的编码具有全局唯一性。对于具体的决策分析评估业务，则可构建智能驱动引擎，实现决策分析评估的四维信息动态耦合适配（图 6.17）。首先，在触发条件方面，该场景可采用人工触发方式，也可采用自动触发方式，但无论哪种方式，都必须保证前述的预报调度演进已经执行且保存了业务计算成果，才能具备统计数据源。其次，当前决策分析评估的任务清单可采用表单或其他同类形式创建，每一条记录都代表了一项具体任务，并指定了其统计对象、统计方法、统计数据源和统计指标之间的相互耦合关系，且每一项任务都包含了对应的数据类别、数据来源、数据处理和输出成果。最后，驱动引擎对任务清单逐条进行解析、执行并自动存储结果。同时，为保障驱动引擎正常运行，在任务清单创建时，还应自动进行数据校核和逻辑校核。例如，在自主创建任务时，针对选定的统计对象，直接智能推送备选统计指标，统一以选择方式进行创建，其余清单内容的创建方式也与之相同，从而在源头上避免了非法操作和无效输入信息。

	序号	统计对象编码	统计对象名称	统计指标编码	统计指标名称	统计数据源编码	统计方法	描述
1	4	F010000	金沙江中游	11540	已用库容	11540	sumProcess	
2	1	XZHQ_JJ	荆江地区	12093	启用的蓄滞洪区个数	12093	sum	
3	2	F_01	上游水库群	11540	已用库容	11540	sumProcess	
4	3	F_01	上游水库群	11543	剩余库容	11543	sumProcess	
5	5	F010000	金沙江中游	11543	剩余库容	11543	sumProcess	
6	6	F020000	金沙江下游	11540	已用库容	11540	sumProcess	
7	7	F020000	金沙江下游	11543	剩余库容	11543	sumProcess	
8	8	F030000	雅砻江	11540	已用库容	11540	sumProcess	
9	9	F030000	雅砻江	11543	剩余库容	11543	sumProcess	
10	10	F040000	岷江大渡河	11540	已用库容	11540	sumProcess	
11	11	F040000	岷江大渡河	11543	剩余库容	11543	sumProcess	
12	12	F050000	嘉陵江	11540	已用库容	11540	sumProcess	
13	13	F050000	嘉陵江	11543	剩余库容	11543	sumProcess	
14	14	F060000	乌江	11540	已用库容	11540	sumProcess	
15	15	F060000	乌江	11543	剩余库容	11543	sumProcess	
16	16	F070000	三峡	11540	已用库容	11540	sumProcess	
17	17	F070000	三峡	11543	剩余库容	11543	sumProcess	

图 6.17　决策分析评估耦合适配示意图

6.2 关键情境信息智能感知推送

6.2.1 关键情境信息概述

根据水库群智能调度的逻辑作业场景构建成果，其关键情境信息主要包括预报、调度、决策、分析评估等不同业务模块的应用场景 KPI 信息、专业模型输入输出信息、逻辑作业衔接信息，以及系统用户的角色权限、操作行为信息等。

（1）应用场景 KPI 信息方面。预报业务重点关注预报方案、实况雨水情、预报雨水情相关的关键指标，如预报精度、预见期、暴雨中心、最大面雨量、累积雨量、前期影响雨量、洪峰流量、洪峰流量时间、洪峰水位、洪峰水位时间、一日洪量、三日洪量、五日洪量、七日洪量、洪水频率或重现期、历史相似场次洪水等；调度业务重点关注与水库状态、调度规则、调度演算模拟相关的关键指标，如调度目标、防洪对象、防洪任务、最高库水位、最高库水位时间、最大出库流量、最大出库流量时间、拦蓄洪量、削减洪峰、总发电量、平均发电出力、平均负荷率、泄洪量、调峰弃水损失电量、出力受阻电量等；决策业务重点关注多方案对比、特征值统计的关键指标，如超警戒测站数、超保证测站数、超汛限水库数、动用防洪库容、剩余防洪库容、水电站群总电量、水电站群最小出力等；分析评估业务重点关注调度成效、运行实况和决策效益相关的关键指标，如计划执行偏差率、合同电量完成率、发电保证率、供水保证率、水量利用率、水能利用提高率等。

（2）专业模型输入输出信息方面。预报业务重点关注产汇流模型参数、雨水情信息及预报径流结果，如 $P-P_a-R$ 曲线、瞬时单位线、流域蒸散发折减系数、流域平均蓄水容量及不均匀系数、自由水蓄水容量、上层蓄水容量、下层蓄水容量、深层蒸散发系数、不透水面积比例、地下出流系数、自由水容量曲线指数、壤中流消退系数、地下水消退系数、子流域面积、滞后时间、消退系数、面雨量过程、历史流量过程、蒸散发过程、预报流量过程、实时校正流量过程等；调度业务重点关注防洪调度模型参数、发电调度模型参数、河道演进模型参数、水库工程实时状态、来水流量过程及调度演进结果，如水库的库容曲线、下游水位流量关系曲线、泄流能力曲线、机组 NHQ 曲线、预想出力曲线、闸门泄流曲线、允许水位上下限、允许出库上下限、允许出力上下限，调度期初的起调水位、坝下水位、入库流量、出库流量、各机组状态、各闸门状态，以及调度期内的入库流量过程、坝上水位过程、出库流量过程、泄洪流量过程、发电流量过程、坝下水位过程、发电水头过程、平均出力过程、预想出力过程、发电量过程等，河道的槽蓄系数、流量比重因子、传播时间、断面形状、断面间距、断面糙率，以及调度期内的上游站点流量过程、上游站点水位过程、区间汇入流量过程、下游站点流量过程、下游站点水位过程等；决策及分析评估业务则以数理统计方法为主，不涉及具体专业模型。

（3）逻辑作业衔接信息方面。主要包括预报、调度、河道演算之间的模型计算衔接信息，以及预报调度演算结果与决策和分析评估之间的衔接信息。其中预报、调度、河道演算之间的衔接信息直接关联预报调度演进逻辑作业场景的数据诊断信息，包括校验规则和适配策略的所有信息；预报调度演算结果与决策和分析评估之间的衔接信息则直接关联决策分析评估逻辑作业场景的数据校核和逻辑校核信息。

（4）用户角色权限及操作行为信息方面。主要包括用户在系统中的所属角色信息、各类系统角色所拥有的权限信息、用户最常点击的系统功能模块、用户最常点击的业务对象站点、用户最习惯的皮肤风格设置、用户最常关注的 KPI 指标，以及用户在不同业务模块中的参数设置偏好等。

6.2.2　智能感知识别关键技术

感知是指对客观事物信息直接获取并进行认知和理解的过程。对事物的信息主要是对事物的识别与辨别、定位及状态、环境变化的动态信息。感知信息的获取需要多种技术支撑，日益增多的信息获取需求促使信息感知技术得以持续进步，重点包括识别技术、定位技术、传感技术、物联网技术、数据挖掘技术等。

（1）识别技术是通过感知技术所感知到的目标外在特征信息，并证实和判断目标本质的技术，如语音识别、生物识别、图像识别等。识别过程是将感知到的目标外在特征信息转换成属性信息的过程，识别技术的重要作用就是确定目标的具体属性、区分目标的类型、辨别目标的真假及其功能等。

（2）定位技术是对各类测量目标的位置参数、时间参数、运动参数等时空信息进行获取和确认的技术，如雷达定位技术、电子侦察定位技术、全球卫星定位技术、声呐定位技术等。

（3）传感技术的核心是传感器，传感器是将能感受到的信息按照一定的规律转换成可用输出信号的器件或装置，通常由敏感元件和转换元件组成。其中敏感元件是指传感器中能直接感受或响应被测量（输入量）的部分；转换元件是指传感器中能将敏感元件感受到的或响应的被探测量转换成适于传输或测量信号的部分。

（4）物联网技术的核心是物联网，其定义为通过射频识别、红外感应器、全球定位系统、激光扫描器等信息传感设备，按约定的协议，把任何物品与互联网连接起来，进行信息交换和通信，以实现智能化识别、定位、跟踪、监控和管理的一种网络，本质就是"物物相连的互联网"。具体包含两层含义：①物联网的核心和基础仍然是互联网，是在互联网基础上延伸和扩展的网络；②在用户端延伸和扩展到了任何物品与物品之间进行信息交换和通信。

（5）数据挖掘技术就是从大量的、不完全的、有噪声的、模糊的、随机的实际应用数据中，提取隐含在其中的、人们事先不知道的，但又是潜在有用的信息和知识的过程。数据源必须是真实的、大量的、含噪声的；发现的是用户感兴趣的知识；发现的知识要可接受、可理解、可运用。数据挖掘技术一般应具备自动预测趋势和行为、关联分析、聚类、概念描述、偏差检测等五大功能，充分体现区域性与面向决策性，通过数据挖掘理论与算法的研究为智能决策提供依据。

结合水库群智能调度的关键情境信息内容，在应用场景方面，关键情境信息的智能感知识别可总体概化为用户行为智能分析和专业应用智能推送两大业务。在技术应用方面，识别、定位、传感、物联网等技术重点实现了水库群智能调度领域各类遥测、监测、监视数据的原始积累，如雨量、水位、流量、机组有功、闸门开度等；而基于这些原始数据继续开展的所有深化应用，本质上都属于数据挖掘技术范畴，包括预报、调度、决策、分析评估涉及的各类专业模型和统计方法。因此，面向用户行为智能分析和专业应用智能推送的智能感知识别，依然是对数据挖掘技术的具体应用。

根据水库群智能调度关键情境信息的数据特征，采用基于上下文关联的智能感知技术实现水库群调度关键情景信息的智能感知识别。其基本思想是在用户行为智能分析和专业应用智能推送等应用场景中获取各类调度操作和业务逻辑的上下文信息，然后对上下文信息进行建模，构建上下文库，根据上下文库中的上下文信息和规则库中的规则条款，通过执行规则引擎，生成调度操作和业务逻辑的输出结果，即为调度作业导则。业务人员根据调度作业导则，即可实现基于智能作业引导的交互式调度应用。

（1）上下文信息获取。上下文是指任何可以用来刻画一个实体的属性集或描述实体的关系集。可以从多种多样的上下文信息源中获取各种类型的上下文信息，如上下文信息源可以是各类传感器、监测设施，也可以是用户输入。水库群智能调度关键情境信息的上下文信息来源有两种：一类是各种实时监测数据，如水雨情监测数据，河道断面水位、流量监测数据等；另一类是用户的输入数据，不同专业、不同权限的用户，所关注的信息各不相同，输入的约束、限制条件不同，得到的调度作业导则也就不同。

（2）上下文建模。上下文建模是指为上下文信息建立起统一的抽象逻辑模型，使得上下文信息易于表达、推理和共享。常用的上下文建模方法包括键值对模型、标记 Schema 模型、图模型、面向对象模型、基于逻辑的模型、基于本体论的模型等六类。水库群智能调度关键情境信息的智能感知识别可采用面向对象模型的上下文建模方法，利用对象封装的概念和方法重用的能力，将上下文数据封装成对象，将对上下文数据的处理封装成对象方法，屏蔽内部细节。面向对象建模方法的好处是能满足分布式合成的需求，可以方便地对分散的上下文数据进行类型定义，并进一步进行封装及实例构造。

（3）上下文库。上下文库用于组织和定义基于沉浸式场景的水库群智能调度交互式系统中上下文所需的所有属性，如上下文类型、上下文来源、上下文关联等。

综上，水库群调度关键情境信息智能感知识别的核心，就是在业务场景中感知实时的监测数据或用户的特定设置，其转化为上下文信息，通过规则库和规则引擎获取建议结果，最后以调度作业导则的形式推送给用户。一方面为用户行为智能分析和专业应用智能推送提供关键技术支撑；另一方面，也为后续进一步开展水库群智能作业导则库建设奠定重要基础。

6.2.3　用户行为智能分析

6.2.3.1　用户行为的特点

水库群智能调度云服务系统平台涉及庞大的多类型用户体系，不同用户在系统平台中拥有不用的角色，如系统管理员、预报专责、发电专责、防洪专责、决策员等。不同用户角色在系统平台中拥有不同的操作权限，如监测信息查询、监测数据维护、水文预报应用、发电调度应用、防洪调度应用、调度决策下达、决策信息查询、决策信息维护、系统配置修改等。即便具有相同角色、相同权限，不同的系统平台用户也可能会有不同的使用习惯和偏好。因此，系统平台用户的行为习惯具有典型的多维度特征，如系统风格偏好、功能使用偏好、时间持续性、使用频次、时间间隔、功能操作效率、功能转移行为、使用活跃度等。通过采集各个用户的多维度行为数据，开展用户行为智能分析，可有效探索用户在使用系统中产生各类行为的时间和规律，从而为用户登录系统后参与各类行为提供智能推送奠定重要基础。

6.2.3.2 用户行为数据采集

根据前述关键情境信息的智能感知识别技术，用户在系统中的所属角色信息、各类系统角色所拥有的权限信息、用户最常点击的系统功能模块、用户最常点击的业务对象站点、用户最习惯的皮肤风格设置、用户最常关注的 KPI 指标、用户在不同业务模块中的参数设置偏好、功能跳转规律等多维度用户行为数据，可统一采用上下文信息获取方式进行行为数据采集，并通过上下文库进行集中管理，以此作为用户行为智能分析的样本集合。

6.2.3.3 用户行为的智能分析方法

能应用于系统平台用户行为分析的方法很多，有相对简单的漏斗模型、用户画像、点击分析模型、行为事件分析法，也有较为复杂的基于大数据挖掘技术的聚类分析法等。

（1）漏斗模型把用户行为流程抽象为一个过程，具体分析如登录上线事件、访问功能模块及页面、搜索浏览站点、点击查询指标、修改维护数据、点击操作流程等一系列环节中的流失和转化，相邻环节转化率的量化分析有利于找到系统在使用过程中的遗漏环节，避免具有逻辑关联的功能模块之间出现顺序不合理和业务体系无法闭环。

（2）用户画像是系统平台根据业务需要统计整合多维度用户信息，既可聚类目标用户的群体特性，又可标签化用户信息勾勒出个体的用户画像，从而快速精准定位用户需求，推断用户的角色、喜好、偏向、功能需求等特征信息。

（3）点击分析模型采取可视化的分析架构，直观地反映系统平台功能页面吸引用户的资源、用户最热衷的板块等，帮助系统平台记录不同用户的点击操作规律。

（4）行为事件分析法将用户行为定义为各种事件，其要素包括人物（who）、时间（when）、地点（where）、交互（how）、内容（what）等，各类要素聚合在一起就构成了用户的行为事件，反映了用户在某个时间点、某个地方以某种方式完成了某个具体内容。人物即用户，是参与系统事件的主体，是用户登录后在系统平台后台配置的实际 ID；时间即事件发生的实际时间，应该精确记录某一系统触发响应事件的具体发生时间；地点即事件发生的地点，可以通过 IP 来解析用户所在地理位置；交互即用户从事这个事件的具体操作方式，如用户使用的设备、浏览器、点击对象等；内容描述用户所做的这个事件的所有具体内容，如功能模块、模型选择、参数设置等。

（5）聚类分析法是数据挖掘领域中较为基础的数据处理手段，通过聚类算法对数据分类能够将一个数据集划分为若干个类内对象相似而类间对象相异的类簇，从而在数据集中发现潜在的数据模式和内在联系，为用户的多维行为数据分析提供解决途径。

不同行为分析方法各有优缺点和适用性，在用户行为分析的具体应用中，可结合不同的用户行为数据特点，灵活选择最合适的行为分析方法，可采用单一方法，也可采用多种方法进行组合。

6.2.3.4　用户行为分析的过程环节

根据上述各类用户行为分析方法的基本原理，用户行为智能分析方法选定后，在数据采集成果基础上，其后续处理过程可整体划分为行为数据预处理、行为特征提取、行为特征筛选、用户行为分析、用户行为结果等环节。行为数据预处理的目的是将原始行为数据转换为适应某一具体用户行为方法的输入数据；行为特征提取的目的是从原始输入数据中构建一组多维向量，用以全面覆盖需要分析的各种用户行为属性，所有系统用户的行为属性向量共同构成了用户行为分析的样本库；行为特征筛选的目的是对反映用户行为不同属性的多维向量，采用加权平均方式进行聚焦融合，将反映用户行为的多属性向量转化为一个绝对变量，然后用这个唯一的抽象变量值来对用户的行为特征进行统一描述和度量；用户行为分析即针对每一个用户，按照样本库中记录的该用户所有行为样本，根据选定的行为分析方法，对该用户的行为特征值进行定量分析；用户行为结果即用户行为分析获得的各个用户的行为特征定量分析结果。

6.2.3.5　用户行为分析的成果管理与应用

根据上述的用户行为分析方法及详细过程，针对水库群智能调度云服务系统平台的每个用户都进行原始用户行为数据采集、样本集构建和特征分析，最终可获得每个用户在各类业务场景下的行为特征分析结果。根据智能感知识别关键技术，每个用户的行为特征分析结果可按照上下文结构，纳入专门用于记录用户行为特征的上下文库，进行集中统一管理，为下一步开展用户参与各类专业应用的智能推送及智能作业导则库建设等提供重要依据。

6.2.4　专业应用智能推送

根据沉浸式逻辑作业场景构建成果，水库群智能调度云服务系统平台的专业应用整体包括预报调度演进和决策分析评估两大板块。不同业务板块都具有典型的多阶段和多目标特征，具体应用场景和用户类别也各不相同。多阶段方面，主要体现在水库调度的不同径流调节时间周期特征，包括汛前消落期、主汛期、次汛期、汛末蓄水期、水库供水期等，不同阶段下水库调度的核心任务各有侧重点；多目标方面，主要体现在水库调度的综合利用特征，包括发电调度、防洪调度、供水调度、应急调度、生态调度等，不同调度目标下的专业模型、约束边界、方案成果等具有显著差异；用户类别方面，主要体现在重点关注不同功能板块的用户在系统中所具有的角色和对应权限，如预报专责通常重点关注长、中、短期水文预报作业过程，发电专责重点关注长、中、短期发电计划作业过程，防洪专责重点关注水库自身及其防洪目标安全的洪水调节作业过程，决策员则重点关注各类调度作业所产生的 KPI 指标成果，为决策会商、指令下达、调度评估及成效分析等提供重要参考依据。由此可见，在水库群智能调度云服务系统平台中，不同的专业应用场景都需要考虑不同的用户角色、情境信息、数据组织、逻辑衔接、业务适配和功能推送。

根据关键情境信息感知识别成果及水库群智能调度业务中不同专业应用的场景特点，水库群智能调度的不同业务主体存在较大的利益诉求差异。因此，有必要面向不同专业应用的情境信息对与之匹配的业务模型进行优选，包括模型的边界条件、属性参数及数据组织等。

专业应用的业务模型智能优选重点需考虑两个层面的需求：一是专业应用本身的业务逻辑需求，二是参与该专业应用的用户行为需求。

（1）业务逻辑需求方面，主要内容包括针对当前场景的关键情境信息进行感知识别；结合不同阶段特征、不同目标特征、不同用户角色等场景信息，确定当前适合开展什么具体业务；根据不同业务应用类型，以备选清单方式反馈各类业务适合选用哪些专业模型；根据不同模型的输入参数和计算要求，自动列出各类模型需要组织哪些输入数据；根据不同模型的输入数据类别，自动关联对应的数据来源，并按模型的输入格式要求自动完成数据转换和处理；结合逻辑作业场景，智能识别各类业务模型的输入数据是否需要与其他业务模块的数据进行关联和衔接，若存在，则自动完成数据衔接处理；结合各类业务模型的输出数据，自动统计生成需要反馈的关键指标成果。

（2）用户行为需求方面，主要以业务逻辑需求为基础，赋予不同的用户行为特征，具体内容包括识别当前登录用户的角色信息、权限信息和行为特征信息；结合当前场景需求，为当前用户智能推荐需要开展哪些具体业务；在用户参与各项具体业务应用中，结合该业务的逻辑需求和不同用户的行为习惯，为其智能优选应采用哪些模型进行计算，并以缺省方式自动完成推荐选择；结合当前用户针对优选模型的参数设置偏好，自动完成对应的模型参数及边界条件提取，并将初始化成果以可视化页面方式供用户确认；结合当前用户针对不同业务应用和计算模型的关注热点，智能推送该用户最关心的水利对象及各类统计指标分析数据。

由此可见，业务逻辑需求覆盖了各类专业应用的所有数据信息总集合，而用户行为需求则为不同的系统用户创建了各类差异化的专业应用信息子集合。融合上述业务逻辑需求与用户行为需求，就能构建出针对不同用户、不同业务场景的专业应用智能推送信息。因此，水库群智能调度云服务系统平台的任一业务模块、任一功能页面都不是固定不变的，而是会结合不同的场景和不同的用户进行动态呈现与个性化渲染，这与传统水库调度系统存在着巨大差异，充分体现了系统的沉浸式特征及面向用户的智能化特性。

综上，针对所有反映业务逻辑和用户行为的信息，全部采用上下文结构方式，纳入专门用于记录专业应用智能推送的上下文库中进行集中统一管理，为下一步开展智能作业导则库建设提供重要依据。

6.3 水库群智能作业导则库

6.3.1 智能作业导则库概述

随着用户应用需求的持续增加和多样化发展，水库群智能调度云服务系统平台的功能体系越来越庞大，操作界面越来越丰富，业务逻辑越来越复杂，这在一定程度上也导致了用户对系统的驾驭越来越困难。根据前述水库群智能调度的关键情境信息智能感知识别、用户行为分析和专业应用智能推送等成果，可以为水库群智能调度的操作人员以智能推送方式提供各类调度操作建议。根据这一思路，可依托前述关键情境信息智能感知识别产生的各类上下文信息和上下文库，进一步结合知识挖掘技术，建立基于当前感知数据分析结果的智能作业导则库，为用户在系统功能应用中提供全过程智能化作业指导。例如，可建立用户行为导则库，通过关键情境信息识别和导则库驱动引擎进行对应的导则条款解析，即可获得某个系统登录用户的行为分析结果，如最常用的操作习惯、最喜欢的系统配置、最关注的站点对象、最在意的特征指标等；还可建立专业应用智能推送导则库，通过关键情境信息识别和导则库驱动引擎进行对应的导则条款解析，即可获得某系统登录用户在不同业务应用场景、不同业务操作环节下的专业应用建议，从而形成各类调度交互应用的智能推送，包括向用户推荐当前需要处理的操作任务、模型优选、参数建议、结果反馈、统计分析等。

上述过程中，水库群智能调度的作业导则是关键，即在特定情境下，用户在进行调度操作时，系统为用户提前识别出和创建出的各类关联信息或引导任务，使得系统运行既能最大限度满足当前用户的调度期望（依据用户行为智能分析成果），又能尽可能保证相关功能模块及业务处理的逻辑正确性（依据专业应用智能推送成果）。作业导则库就是所有作业导则的集合，其核心内容包括两个部分：①调度情境，是描述系统行为及操作任务所需要满足的各类条件，通过关键情境智能感知识别关键技术自动获得，如水雨情监测数据、预测预报数据、河道断面监测数据、河道断面水动力模拟推演数据、用户录入的边界条件、用户设定的约束数据等；②行为任务，包括用户行为习惯和调度作业任务，是指在当前调度情境下系统引导呈现的各类关联信息及推荐开展的各类调度操作，主要通过用户行为分析和专业应用智能推送自动获得，以推送和引导的方式呈现给用户，在交互式操作过程中，调度人员可以按照推送和引导建议完成对应的调度操作，也可以通过自主判断，按需修改调度任务，形成新的作业导则，然后反馈给作业导则库。

综上，将不同用户在不同调度情境下的各类调度交互操作抽象为作业导则进行描述并保存下来，就可形成作业导则库。作业导则库不仅保存系统生成的作业导则，还包含了用户对作业导则的修改调整信息。系统通过对包含用户反馈信息的作业导则库进行持续挖掘学习，就可以不断改善作业导则，使之更加符合各专业用户的行为习惯和操作需求。

6.3.2　基于多库协同推理的知识挖掘技术

根据水库群智能作业导则库的产生依据、应用方式及反馈机制，水库群智能调度的各类作业导则并非固定不变，而是会随着不同用户在不同调度情境下的行为习惯与作业需求变化而不断变化。因此，水库群智能作业导则库本身应具备一套完整的自主学习和智能反馈机制，包括数据获取、样本处理、知识学习、规则产生、作业推送、行为反馈等关键环节，可采用基于多库协同推理的知识挖掘技术对各环节进行驱动，从而实现水库群智能作业导则库的创建、应用和持续更新。多库包括数据库、方法库、模型库、知识库、推理库和案例库，不同库关联前述不同的驱动环节；协同推理是指多库之间通过协同作用，实现水库群智能作业导则库的持续创建与应用；知识挖掘即通过水库群大数据深度挖掘技术及其应用方法，支撑水库群智能作业导则的增量式更新和滚动迭代。上述过程主要涉及以下两方面关键技术。

6.3.2.1　多库协同技术

多库协同重点针对水库群智能作业导则库的各个关键环节与多库之间建立关联关系，

并明确对应的协同角色和协同任务。其中，数据获取以数据库为源头，重点承担水库群智能调度的关键情境信息感知识别任务，从数据库提取所有与智能作业导则相关的关联信息；样本处理以方法库为依据，重点根据知识挖掘需求承担样本处理任务，对从数据中获取的原始数据进行二次组织和处理，处理方法全部从方法库中调用；知识学习以模型库为支撑，重点根据知识挖掘需求承担学习训练任务，针对挖掘目标，从模型库中智能调用与之匹配的学习训练模型；规则产生以知识库为核心，重点根据样本处理结果和知识学习模型承担不同挖掘目标的规则生成任务，所有规则生成结果全部存入知识库中，为智能作业推送提供依据；作业推送以推理库为引擎，重点承担智能作业导则的实时驱动任务，根据用户在系统使用过程中的实时调度情境信息，通过建立推理引擎，从知识库中自动识别出与之匹配的作业导则建议，并推送至用户界面，指导系统的操作响应和引导；行为反馈以案例库为桥梁，承担不同用户在线智能作业的行为反馈任务，根据不同用户对系统作业导则及推送建议的采纳情况，建立案例跟踪机制，若作业导则被大量采纳，则继续保持知识库不变，若作业导则的采纳频率低下，则将用户的新行为通过案例库进行专题记录，并定时反馈到数据库中，为重新生成作业引导规则并更新知识库提供依据。

上述多库协同技术从本质上对水库群智能调度作业导则库的各个环节进行了逻辑分解，并通过任务协同和业务关联，为水库群智能调度作业导则库的在线运行和滚动更新提供了闭环支撑体系。

6.3.2.2　知识挖掘技术

知识挖掘技术是水库群智能作业导则库的核心任务和内容之一，应以用户行为分析和专业应用推送为基础，直接采用第 3 章的水库群大数据深度挖掘技术，通过建立规则库和规则引擎实现具体知识挖掘过程。

（1）规则库本质上就是前述知识库的规则产生结果，规则库的创建和管理方式与第 3 章的水库群多维时空决策知识库和水库群大数据增量式智能调度知识库完全相同，此处不再赘述。直接运用相关技术进行上下文规则的创建和管理，并将最终成果纳入智能调度知识库，作为其增量式拓展的子集。由此可见，水库群大数据深度挖掘技术与智能作业导则库之间形成了从技术到应用，应用再反馈技术的互动体系，技术与应用是相互促进的，充分体现了二者的可持续性特征。

（2）规则引擎则是规则执行的驱动器。规则引擎依赖关键情境信息的智能感知识别技术获得对应的输入参数，然后根据输入参数转换为与规则库对应的上下文信息，再利用规则引擎提供的适配算法，从规则库中获取与上下文信息最匹配的规则，最后得到输出结果即为作业导则知识。由此可见，规则引擎本质上就是前述推理库的作业推送过程。

6.3.3　智能作业导则库的构建与应用

水库群智能作业导则库与前述沉浸式逻辑作业场景和关键情境信息智能感知识别紧密相关。逻辑作业场景确定了水库群智能调度的核心业务流程和数据流程，智能感知识别则为系统用户在系统应用的任意时刻确定其逻辑作业场景的实时状态，智能作业导则库则根据状态识别结果为系统用户提供最合适的信息推送和操作引导。由此可见，上述三个方面的研究成果在水库群智能调度云服务系统平台的决策应用场景下是相辅相成、互为依托的。

结合水库群智能作业导则库的多库协同推理和知识挖掘技术研究结果，可以数据库、方法库、模型库、知识库、推理库、案例库等六库协同为基础，围绕行为采集、分析学习、智能感知、信息推荐四个层次完成智能作业导则库的配套功能模块构建，其总体架构体系及运行过程见图6.18。

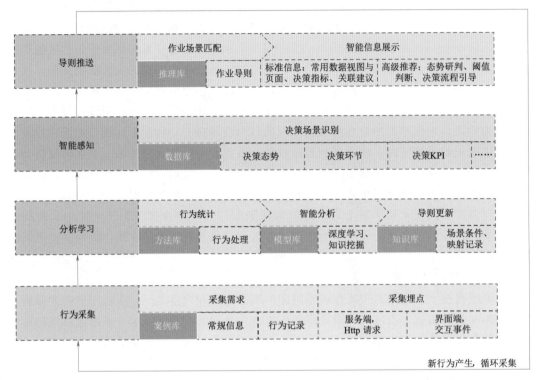

图 6.18 水库群智能作业导则库的六库四层架构体系

图6.18中，四层功能模块围绕不同的系统用户、调度场景、运行态势和用户操作滚动嵌套运行。首先，根据行为采集获取各种行为记录，并通过案例库进行集中管理；其次，以方法库（如线性内插、线性外延、滑动平均、瞬时值时段转换、平均值时段转换等）和模型库（如卷积神经网络模型CNN、长短期记忆网络模型LSTM、深度置信网络模型DBN、支持向量机SVM、K均值聚类模型K-Means、高斯混合模型GMM等）为基础，针对各类行为记录开展统计处理和智能分析，构造出多层次、多维度的用户作业推荐导则，并纳入知识库统一管理；然后，结合数据库信息和用户操作开展决策场景的智能感知识别，确定系统的实时运行状态；最后，借助推理库进行作业场景匹配，获取作业导则，自动推荐用户感兴趣的信息视图与页面，并建议或提醒用户下一步执行某些业务操作，若用户出现与导则推送不一致的新操作行为，则伴随产生新的推荐信息，通过循环采集将新行为纳入案例库。不断重复上述智能作业导则库构建过程，即可促使智能作业导则库与不同系统用户之间的契合度越来越高，用户的操作使用体验感也越来越强。

针对上述构建的水库群智能作业导则库，其应用的核心任务在于建立能够智能响应用户交互操作的数据组织和专业应用服务，实现外部环境变量和工程运行情景演变条件下的用户行为智能分析，包括关键情境信息中的外部环境变量和工程运行情景演变条件判别、用户行为智能引导、专业应用智能推送等，总体应用场景见图 6.19。

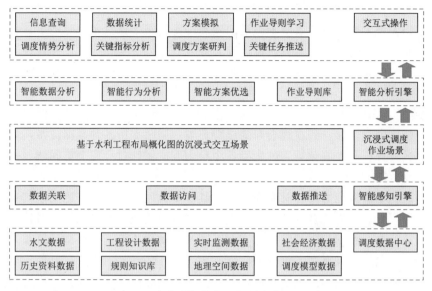

图 6.19　水库群智能作业导则库的应用场景

　　数据组织是水库群智能调度逻辑作业场景交互式操作的基础，所有与调度相关的交互式操作、智能识别、感知、推送、学习都需要各类数据支撑，包括水利工程设计参数、水雨情实时监测数据、水利工程安全监测数据、水库运行调度数据、智能调度决策知识库、调度决策知识库等。专业应用服务则搭建了系统用户与交互操作之间的互动桥梁，通过水库群智能作业导则库，系统自动完成智能感知数据、行为学习、信息推送、应用服务调用等任务，并引导用户及时获取当前需要处理的工作。例如，当某用户登录系统后，系统可自动根据该用户的风格偏好进行所有系统页面的色系渲染，如蓝色风格、黑色风格、浅色风格等；系统在用户的热点区域中，可自动根据作业导则推送该用户最常访问或最关心的功能页面，方便用户能快速调用和访问；当用户点击某些特征统计功能页面后，系统自动挑选出该用户最感兴趣或最关注的统计指标进行推送显示，实现不同用户的差异化展示；当用户进入某专业应用功能中开展业务计算时，系统可自动推荐该用户最信任的模型算法及配套参数，如洪水预报中自动推送产汇流模型及参数、水库调度中自动根据当前水库状态和用户角色推送调度模型及参数等。

6.4　分布式多专家多轮次协同会商决策平台

6.4.1　会商概述

　　会商的含义是指双方或多方共同商量，是解决内部关系复杂决策问题的有效手段。传统的会商以商讨参与方集中会议的形式推进，而在当今网络与通信技术的支撑下，会商的形式变得多样化，远程语音、远程视频等广泛运用，使得会商的规模和方式不再受地域、时间的限制。国内政府机构中，远程电话和远程电视会议是会商决策工作的主要形式（崔璟，2011）。

会商中相关技术的研究已取得了长足的发展，尤其在信息技术的驱动下，各类协同会商系统大量涌现，可供会商参与者通过远程异地方式进行交流和探讨，并且在会商中提供各参与方数据和信息的共享（许英，2016）。一般协同会商系统应具备的基础能力主要有以下方面。

（1）会商实时通信能力。满足会商的核心需求，为处于不同地方的会商参与人员，以音频、视频链接方式，参与到在线会商的虚拟环境。同时支持各种数据交换，如文字、图像、文件、远程数据推送服务等，可保障各个参与方能够针对会商决策问题，提出并交互各自的意见及数据。

（2）会商辅助决策能力。针对会商主题下具体专业问题，进行问题关联信息的整合与展示，同时提供自动化的综合分析与评价能力。决策问题关注的信息如实时情况、历史同期、专家知识、专业模型、平行对比方案等，通过自动化决策辅助模型计算与人工调节操作，形成可为决策提供具有参考价值的信息。

协同会商系统一般应具有上述功能。另外，对于具有严格会议议程要求的协同会商场景，针对考虑用户异地分步，通过如权限控制模型等保证会议的有序、有效开展（贺荣，2016）。

在我国，会商系统常被用于地质灾害、水利防汛、气象旱情、农业灾害以及医疗诊断等专业性领域的问题决策（何为东，2010）。其中，因我国受自然灾害影响较大，重大自然灾害具有多目标、多因素、群决策等特点，决策过程复杂，决策后果影响深远，政府部门常常需要组织如防汛会商等应对重大自然灾害（何斌，2006）。

6.4.2　流域水库群调度会商决策

6.4.2.1　流域水库群调度会商决策关键流程

我国水利行业的业务迫切需要统筹流域外调水与流域内供水，要兼顾流域上下游、左右岸、干支流，妥善处理江河湖泊关系，在"补短板、强监管"的要求下，更要综合考虑水资源、水生态与水环境、水灾害、水工程、水监督、水行政等专业的业务需求。当前我国流域水工程，尤其是水库工程得到了充分规划与建设，如长江流域，以上游控制性水库群为代表的控制性工程调度体系，在每年的防汛抗旱过程中均发挥着综合效益，为减少流域水旱灾害、强化流域水资源统一调度管理，全面推进经济高质量发展提供强有力的水利支撑与保障。

长期以来，为保障流域水库群这样大规模的复杂水工程体系，能够在满足各项需求的情况下良好的协同运行，水利部、流域管理机构、各地方水利厅（局）及各个水库管理运行单位，在流域汛期关键时期常需要举行流域水库群调度会商，通过研判洪水风险、协调调度方案，科学防御洪水。在会商的时候，决策支持系统始终都是相关业务决策的重要技术支撑手段。以国家防汛抗旱指挥系统为例，含有洪水预报系统、调度系统等功能体系，实现了基于流域展示的各类信息融合展示、会商汇报演示、预报调度计算与分析比较等一体化业务，在近年的防汛抗旱工作中发挥了重要作用。其他水利工程管理机构、管理单位、研究院所等亦在不同的时空尺度开发了一批水利应用系统平台。

以流域水库群调度会商为例，在运用会商系统基本功能的基础上，其会商决策的主要过程如下：

（1）实时水雨情信息研判。根据决策支持系统远端数据获取模块及服务，收集流域或区域相应气象站、水文站、雨量站等采集的实时气象、降雨、水文数据，并做信息统计与展示。

（2）业务方案制作。业务计算人员基于实时水雨情，系统的水情预报模块进行流域或区域水文预报，形成基础的水文预报方案；若未来水情正常，则业务计算人员进行常规的水工程调度方案制作；若未来会形成洪水威胁，则业务计算人员进行防洪形势分析，对洪水成分进行更详细的分析；根据分析结果对对应流域或区域的水利工程如水库优先进行防洪调度，原则上满足生态、供水、航运、发电的基本要求；对于多种角度考虑而形成的不同调度方案，对其防灾指标、灾损指标、效益指标等进行综合分析。

（3）业务方案研讨决策。对实时水雨情、预报方案水情、各类调度方案等综合指标进行综合研判和比选，一般通过决策专家经验对关键指标优选，从而判断方案优劣，并根据实际需要对方案进行必要的调整，重新组织业务方案制作中的过程，反复此过程直到最终获得满意的综合决策方案。

（4）方案发布。对经过研讨决策的最终方案正式确认，作为最终成果对流域各行政主管机构、工程运行管理单位正式发布。

6.4.2.2 流域水库群调度会商决策的特点

（1）分布式特点。流域级的水库群调度会商，具有广泛的地理覆盖面，涉及国家、多个省市行政区域、多个水库运行主管单位和部门。在汛期等重要阶段，汛情发展迅速、相关人员业务繁重，难以统筹安排时间集中实地会商，在线会商是较合理的解决方案，因此参与会商等地域性多方分布是流域水库群调度会商决策的关键特点。同时，由于水库群联合调度业务的高度复杂性，难以依据单线程的线性形式进行推进，会商决策过程常存在多个调度目标、调度问题的并行研判或异步执行，因此流域水库群调度会商决策还具有会商问题和流程的分布式特点。

（2）多专家特点。流域水库群联合调度决策的内容，含防洪、发电、水资源、水生态\环境、航运等多个维度的专业问题，相关专业领域的问题具有其内部的复杂性，而当综合考虑这些调度目标的时候，其联合调度问题又形成了复杂的多目标调度问题。因此，此类调度会商一般需要多个水利领域的行政领导以及技术专家参与指导决策，而且还包括各个相关地方与水库工程管理单位的专家提供基础信息，总体形成知识体系完备的多专家调度决策会商团队。

（3）多轮次特点。流域水库群调度会商决策由于其问题复杂度高，多个讨论议题往往会形成流程上的异步执行，而相互关联约束的议题常会出现需因其他议题的结论而进行修订的情况。同时，由于如汛期暴雨期或超标准洪水应对过程中，此类灾害具有突发性强、发展迅速、影响危害范围不确定等特征，导致会商决策过程中可能随时会动态增加相关决策议题并邀请对应人员参与会商。因此，流域水库群调度会商在过程具备多轮次决策的特点。

6.4.2.3 水库联合调度会商决策的困境

虽然通过信息化建设，水利行业的会商系统在软件实施与应用技术上得到了提升，尤其是高清视频会商网络等建设，是国家、省、市、县多级管理人员在会商时效性、稳定性方面得到很好等体验。但是，在面向水库水工程联合调度核心会商决策业务过程时，尚存在一些局限，对专业问题研判等涉及专业信息深化支撑的技术水平还有待进一步提升。

首先，当前的水利会商系统难以统筹专业业务计算人员与决策专家人员的业务需求。两类人员的实际专业能力和信息关注点不一致，专业计算人员主要关注调度业务内的方案计算过程，且往往关注具体的对象点，决策涉及信息主要是水利对象的单项数据和过程数据；决策专家人员主要关注待会商方案的分析指标与展示，往往关注流域或区域等面上的、综合分析数据信息。

其次，业务计算与方案决策协同难，效率低下。长期以来，方案制作、方案研讨混合在一个会商系统和业务流程中，业务流转所涉及的多个功能模块主要依靠单线程的方式逐项依次运行，需要多次切换不同的功能页面，等待耗时长、业务转换烦琐且低效。

另外，当前会商决策系统的界面较为原始，而且信息杂糅、不直观。一个系统展示有基本数据、方案数据、过程数据、决策分析数据等，尤其对方案决策分析形式的相关数据展示不直观，需要时间单独处理定制化的专题图表，实时数据多元化渲染能力不足，而且往往缺乏良好的与实际决策者的真实决策思维模式的决策视角。

因此，为了实现与流域水库群调度决策支持更契合的会商系统平台，应进一步解决这些问题：①专业计算人员处理调度节点内数据、决策专家人员关注流域或区域的面上数据，两者业务需求难以统筹的问题；②联合调度业务应用计算与决策分析两大业务之间协同的问题；③面向决策者的方案综合分析与方案多维度、多视角可视化展示的问题。

6.4.3 会商平台设计与构建

6.4.3.1 面向流域水库群调度的协同会商决策平台

为解决上述问题，将 6.1 节所述的沉浸式理念作为基础，进一步将多终端、业务分离、信息协同、多维数据展示等理念与水库群调度业务的应用决策支持问题深度结合，设计实现面向流域水库群调度的分布式、多专家、多轮次协同会商决策平台，建设了数据及交互功能服务体系，具体通过一种水利业务双端协同的理念与机制来实现协同会商。

本协同会商决策平台的总体结构见图 6.20，主要包括会商业务方案制定系统、会商业务方案决策系统、双端协同服务三个部分组成。

（1）会商业务方案制定系统：面向决策会商的专业计算人员使用，对应各类水利业务方案，如水库群调度方案的生成与产出。

（2）会商业务方案决策系统：面向决策会商的决策专家人员使用，对各类待决策的水利业务方案（如水库群调度方案）提供综合展示分析。

（3）双端协同服务：本服务是衔接上述两个系统的桥梁，承担两个系统之间的各类数据交换，尤其是待决策的方案数据以及方案调整意见的传输。

通过本平台，可以较好地实现流域水库群调度会商的分布式、多专家、多轮次的协同

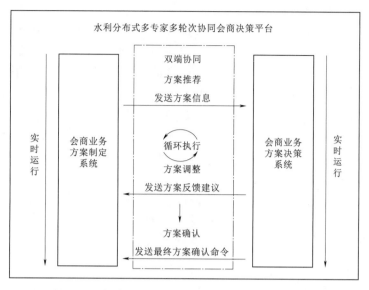

图 6.20　水利分布式多专家多轮次协同会商决策平台

会商决策能力需求。

（1）对分布式的支持：①会商业务方案制定系统和会商业务方案的决策系统，是两个可独立运行系统，通过相同的流域水库群调度方案实现数据关联，从而使会商中的专业调度方案计算人员和调度方案决策专家可分别在两个系统，形成双端分布式、异步的工作方式；②会商业务方案制定系统，按照调度方案制定的业务流程，按照不同业务领域，进一步划分为预报、形势分析、调度计算、统计分析、对比管理等子业务板块，不同子业务可以通过不同的客户端操作完成，从而实现调度方案的分布式协同计算；③会商业务方案决策系统，具备多方案综合投屏展示能力，可以面向不同决策专家，将不同的待决策问题方案独立展示，形成分布式决策的功能支持。

（2）对多专家的支持：本平台通过两个子系统：①将参与决策的人员，按照其在会商中承担的技术职责，可形成对专业计算人员与决策专家两类人员的深度定向功能服务；②通过两个系统对业务板块的划分，可以按业务类型，支持不同的业务领域，如水文气象、防洪调度、发电调度、应急防灾等的专业技术人员和专家进行计算与决策。

（3）对多轮次的支持：本平台的会商业务方案制定系统和会商业务方案决策系统，在各个系统内部模块之间、两个系统之间，均以数据服务的形式进行交互。同时设置了完善的业务流程管理机制，保证业务方案计算、调整、决策确认的滚动执行，为演化复杂的流域水库群调度问题提供多轮次协商支持。

因此，与传统的会商决策相比，本协同会商平台重点针对专业会商问题进行优化，强化了专业会商决策流程以及会商专题信息展示交互方法。主要在几个方面改善了联合调度专业会商的支撑能力：①通过两个子系统的体系结构，将水库群调度方案的计算和调度方案综合效益决策分析的过程解耦，减少业务需求和业务过程的交叉，让负责专业计算的人员和决策人员可专注于自身的工作范畴，提升业务沉浸度；同时方案制定和方案决策的双端可以在不同的终端设备异步并行的展开工作，综合提升整个决策支持的过程运转效率。

②在会商业务方案制定系统内部可形成业务协同，在会商业务方案决策系统形成多屏展示与数据协同，整个水利业务应用决策过程中的各个用户均更优化工作任务细分，提升工作临场感。③通过高效双端协同机制，将两个系统至之间的数据和信息联系限定于必要环节，减少系统间的数据依赖，提升整个会商平台的前后台运行效率。④通过深度结合水利决策人员对水利专业方案的决策过程和分析模式，建立水利业务方案的多维度展示方法，强化决策人员关注信息感知，提升水利方案决策综合体验与效率。⑤同时该会商决策平台的设计理念与运行机制具备一定的通用性，在水利专业领域，除了能够适合流域水库群调度决策会商，对于其他类型的会商如水资源、水环境等主题会商，依然具有支撑能力。

6.4.3.2　会商平台工作体系与功能实现

会商平台分布式、多专家、多轮次协同决策工作体系见图 6.21，其核心是会商业务方案制定系统与决策系统两个子系统，经由双端协同服务所支撑的协同决策过程，两个子系统具有流程循环交互、异步多线程并行协同特点。

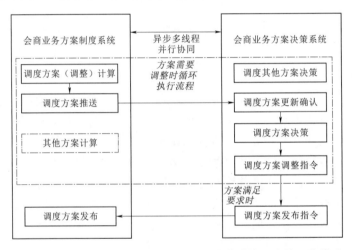

图 6.21　会商平台的分布式、多专家、多轮次协同决策工作体系

（1）会商业务方案制定系统与决策系统两个子系统的内部功能均独立、实时运行。

（2）会商业务方案制定系统经由专业人员操作产出各类专业方案后，经由双端协同推送至会商业务方案决策系统，此时操作本系统的业务人员可开展其他业务计算工作。

（3）会商业务方案决策系统进行各类方案的综合对比展示分析，将决策者意见生成方案的修改反馈建议，发起计算请求，经由双端协同推送至会商业务方案制定系统，此时本端的会商决策过程并不中断等待，会继续开展分析。

（4）会商业务方案制定系统的专业人员根据建议，重新计算生成专业方案，操作过程中不影响会商业务方案决策系统正在进行的分析决策过程，待新的方案计算后经由双端协同推送至会商业务方案决策系统。

（5）上述步骤中，各系统内部工作过程均为异步并行完成。另外，会商业务方案制定系统计算产生新的方案成果，主动推送至会商业务方案决策系统时，决策系统界面仅给出消息提示，但不直接更新实时成果，待决策专家用户主动请求确认后再更新，避免影响决策正在开展的决策过程。

（6）循环执行此流程，直至会商决策专家认为已经获得满意的专业方案。

（7）会商决策专家下达方案发布指令，经由双端协同推送至会商业务方案制定系统。

（8）会商业务方案制定系统的专业人员将此方案正式发布为调度令。

6.4.3.3　会商业务方案制定系统

本系统包括实时信息子模块、业务方案制作子模块、方案管理与发布子模块，共3大类组成，见图6.22。实时信息子模块：包含气象、降雨、水情、工情等所有水利相关的实时数据监控与接入。水利业务方案制作子模块：支持流域水库群调度业务，对水库群调度所涉及的多项水利业务如水资源、水生态与水环境、水灾害、水工程、水监督、水行政等，对每项业务中的专业问题进行计算，生成计算方案，交由双端协同发送至水利业务方案决策系统；各个水利业务可由不同专业人员完成，相互之间可独立运行，可以在本系统的不同客户端之间形成数据关联和业务协同。方案管理与发布子模块：所计算的专业方案的数据信息管理支持增删改查，可对满足决策要求的计算方案进行正式对外发布，形成实际调度应用方案。

图6.22　会商业务方案制定系统

本套会商系统针对专业计算分析人员对流域水库群调度方案制定过程的核心需求和一般作业流程，深化展示与交互设计，形成了一系列具有"沉浸式"特征的功能体系。

（1）沉浸式的水利业务推荐信息。流域水库群联合调度，其应对洪水量极大、来源丰富，而每个水利工程所能调蓄的覆盖地理范围是有限的，因此为使专业计算人员在实际调度方案分析计算之前，可更好地关注到各个流域的水工程应用现状，更直接明确地关注到当次水库群调度所应对的流域洪水场景，本系统对预报洪水提供自动智能化的关键指标分析、洪水分析、洪水应对水库工程及其他控制性水工程启用推荐等功能。通过更精细化的洪水信息推荐，为专业计算分析人员在实际调度计算前，强化对于当次洪水情况的临场感，有助于提升针对性处理或设置计算参数。

洪水分析如图6.23所示。其核心目的是强化对于流域洪水防御现状及将要应对的当前预见期内洪水情况的信息提供。对于洪水防御现状，系统子流域级别，细化水库工程防御体系，并对当前各流域已用及剩余防洪库容进行统计。对于预见期内洪水情况，系统提供流域关键控制断面的极值水位计出现时间，并采用洪水智能计算分析，可以有效追溯对控制断面防洪效果影响最大的洪水区域，为有效启用对应区域的水库工程进行提前拦蓄提供较好的参考。

图6.24所示为本系统智能推荐的流域水库群调度方案中应当参与本次洪水拦蓄的水库工程，其核心是为专业计算人员将要展开的防洪调度计算提供初步的参考意见，强化决策感知。水库工程的推荐计算由洪水分析计算后由系统自动完成。根据分析的洪水量级及所在流域，系统按照一定的规则判断启用的水库和其他控制性防洪工程。判断规则根据前文的水库群多维时空决策知识库、智能作业导则库等综合实现。

（2）沉浸式的水利计算交互。流域级水库调度方案计算与制定，以长江流域为例，将涉及长江中上游40余座水库的调度运行，同时还需要涉及全流域上、中、下游数十个控

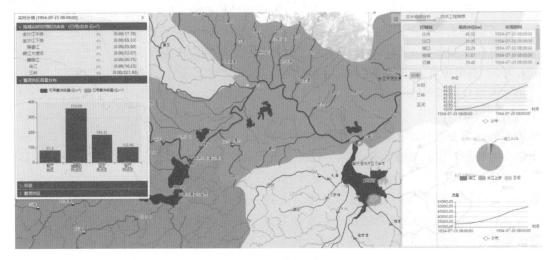

图 6.23 洪水分析

图 6.24 防洪调度水库推荐

制断面的边界控制。因此对于此数量规模的计算交互，利用采取真实地理位置关系的 GIS 交互并不便捷：首先，专业计算人员需要花大量的精力和操作处理地图缩放、寻找相关水利工程；再者，真实地图并不能直观地反映流域水系的水利关系；同时，专业计算人员常熟悉局部流域的调度业务，更加大了在大流域综合计算时交互的难度。为此，本系统提供直观的、面向流域水库群调度体系的概化图交互式功能，旨在强化专业计算人员对于水库群调度体系信息的获取和参数交互，改善分析计算业务的设置体验。

本系统提供的流域水库群、控制断面交互式概化图见图 6.25，按照流域水库群、控制断面的水利关系展示当前的水库工程调度场景。本概化图通过不同的高亮方式，进一步提供水库群的工程调度现状，如通过高亮，标示为经由防洪工程智能推荐给专业计算人员的可调度水库；或通过其他边框高亮等方式，分别标志当前已经进行防洪调蓄和已经用完防洪库容的水库。总体上，本系统让用户在面对此流域水库群概化图的同时，可以较好地有针对性地选取水库、其他水利工程、对应控制断面进行计算设置。

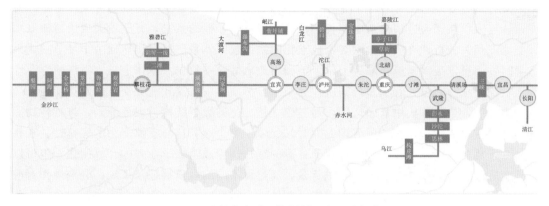

图 6.25　流域水库群、控制断面交互式概化图

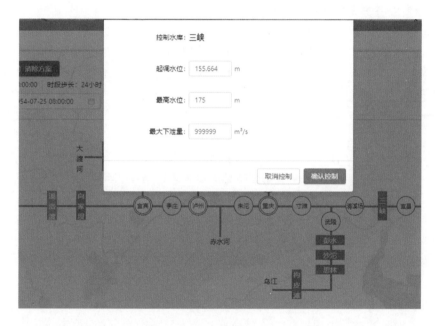

图 6.26　交互式概化图的调度方案计算参数设置

　　交互式概化图的调度方案计算参数设置见图 6.26。根据具体的调度问题，可在同一张概化图面板上，直接对水库等工程的调度运行计算参数进行设置。尤其在具有水库群多目标调度的问题下，一般需要针对水库调度过程和需要满足调度目标的控制对象进行相关设置，在以防洪为调度目标的情景下，对水库工程一般的起始水位、运行期最高运行水位、最大下泄流量等，对于控制断面则一般可设置断面对应的控制水位、控制流量等。

　　（3）沉浸式的调度业务计算过程。本会商业务方案制作系统，其核心职责是提供流域水库群调度会商决策时，供决策专家进行讨论对比的各类方案。因此，本系统具备完善的，面向流域水库群调度问题决策支持计算的能力。具体在上述沉浸式的计算辅助信息展示与交互功能之上，进一步以专业计算人员面对流域洪水调度响应的实际工作流程为考虑，形成了集实时水雨情查询、流域预报方案模拟、流域未来形势分析、水库群调度、方案风险分析、方案对比管理等子业务构成的标准化、全过程覆盖的调度业务支撑体系，使专业计算人员能够通过一个功能完备的、具有流程引导性的系统，有序地完成所有流域水库群调度相关分析计算任务。同时，标准化的系统数据体系使得制作任何一个环节的成果方案时，都可以很顺畅地获取到上一个流程所产出的业务数据。总体上，本系统使专业计算人员能够全身心投入到水库群调度业务中来，全面形成沉浸式业务交互的支撑能力。

本系统各个业务板块依序运作，通过建立标准化的数据结构与服务能力，进行各功能间信息与数据的传递，在业务解耦的同时又保障了整个业务核心支撑能力的完整性。在整个业务计算过程中，可以由同一台业务计算的客户端完成全部子业务的计算制作，也可以根据实际操作的专业计算人员的技术背景，通过由不同的客户端登录系统，分别操作对应的业务板块，协同制作完整的方案成果。总体上，本系统较好地为本会商决策平台在业务制作阶段提供了分布式、多专家、多轮次协同的技术和专业支撑。

6.4.3.4　会商业务方案决策系统

会商业务方案决策系统的总体结构详见图 6.27，主要包括方案对比展示分析子模块、

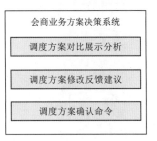

图 6.27　会商业务方案
决策系统

方案修改反馈建议子模块、方案确认命令子模块。水利业务方案对比分析子模块：通过二、三维空间场景与水利方案信息数据叠加综合展示，为调度方案决策提供多维度、多场景的展示支撑。水利业务方案修改反馈子模块：获取会商决策专家提出的方案调整意见，关联对应调度方案，交由双端协同服务发送至会商业务方案制定系统。水利业务方案确认命令子模块：满足决策要求的方案最终确定，交由双端协同发送至会商业务方案制定系统。

本系统重点结合决策专家对流域水库群调度方案决策过程的核心关注问题与视觉交互效果，对待决策调度方案虚拟化场景与方案数据信息展示设计进行专门设计和开发，形成具有"沉浸式"体验感的决策功能。

（1）沉浸式的视觉体验效果。对流域水库群调度方案通过在线会商系统进行会商决策的主要方式，即是通过一个虚拟化的流域空间场景，让参与会商的决策专家能够较好地了解到待决策的相关数据和信息。因此，本系统在针对方案进行展示的时候，重点突出水库群调度的核心关键对象，如水库群、控制断面、河道、淹没区域等的图形化展示和关联数据展示，再配合动态模拟，关键指标的凸显可使决策专家能够直接快速找到调度方案的问题核心关注，系统界面（图 6.28）有以下特点：

1）水利工业风的界面场景风格。为了能够模拟流域实际调度效果，本系统采用实际的 GIS 立体场景，为在实际地理尺寸下凸显相关的水库工程、河道、控制断面等，系统设计实现水利工业风格的界面展示方式。首先从展示上，弱化除河道、水利对象等之外的展示，对并非调度关注河道以外的土地等大范围实际背景地图，不做真实颜色渲染，总体构成以深色为主色调的流域背景场景。进一步，为凸显流域及其水库工程，系统通过高亮色调的配色方案，对其进行勾画，强化相关对象在视野范围中的突出观感。

2）宏微观结合的三维虚拟化流域。本系统为了更加真实地在虚拟场景中还原流域水

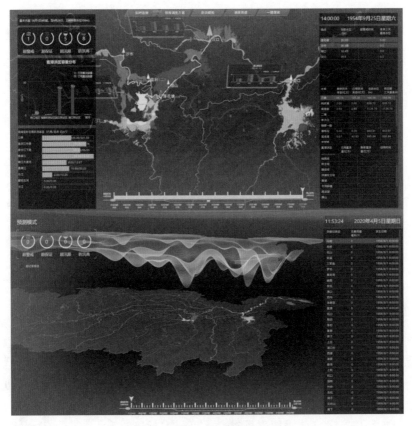

图 6.28　水利工业风格会商视觉效果实例

系及水利工程原貌，给决策专家更加真实的实景沙盘体验，采用了宏观与微观结合的三维立体建模技术。通过本技术将全尺度的流域水系和水利工程、建筑工程的精细化建模叠加于一张三维图层上，并采用无极缩放技术和渲染优化技术，大幅度减小了在流域场景下各种视角转换时三维模型加载切换的速度，视觉上基本实现无缝衔接、无极切换，使决策专家在进行流域各种尺度、流域不同地域、相关业务方案的信息查询、观看时，去除因场景加载等待而带来感官割裂，从而大幅度提升了沉浸式体验。

（2）沉浸式的方案决策交互流程。基于上述沉浸式的水利方案展示技术，进一步将水库群调度方案，按照不同的维度，如物理视角、业务方案类型、演进时间等优化设计与实现。将多套调度专业方案，以同屏展示多方案或多屏分别展示多方案，形成多方案展示、多业务场景联动、多屏互动、数据协同的决策形式。方案内的综合展示由三维场景物理视角、业务场景、场景时间轴、业务方案四大维度组成（图 6.29）：

1）物理视角的决策维度。三维场景下的决策用户物理视角高度、决策视野高度根据视角缩放由远及近，系统对应加载不同的对象，并在不同距离下完成无缝切换过程，如：云/国家级，最远最大视野范围，展示气象信息；雨/流域级，稍远的视野范围，展示实时降雨及未来降雨；水/河道，近距离关注某条河流，清晰展示河流的河道内水情，标示洪峰所在、洪水组成等；水库、控制站等工程，最近的距离，聚焦到具体的数个水利对象或

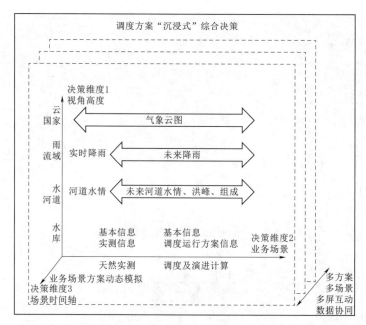

图 6.29　调度方案的沉浸式综合决策模式

水利工程节点，重点展示业务方案下这些节点的水信息。

2）业务场景决策维度。在不同的距离维度下，根据水利业务区别，进一步按不同的业务场景细化展示内容，可以根据业务场景进行切换，如天然实测实时场景、水资源场景、水生态与水环境场景、防洪调度场景、水工程运行场景等。

3）业务场景的时间轴决策维度。在不同距离及不同场景下，根据专业方案的信息构成，对含有方案时间过程属性的数据，提供按照时间模拟具体过程演化，形成业务场景下具体专业方案的动态模拟。

4）业务方案维度。在不同的业务方案间进行多套业务方案的协同展示，同屏展示多方案或多屏分别展示多方案；同步场景时间轴以在上述场景维度协同展示各方案的数据模拟进度；各个方案的展示可以聚焦于同业务场景下的不同备选业务方案，也可以聚焦于不同的业务场景或不同的地理场景等。总体上，该决策模式使各方案可以从多个视角同步进行对比分析。

因此，通过有针对性的多维度方案展示功能设计，可以在前述视觉观感提升的基础上，进一步强化针对性强、动静结合、所见即所得决策的交互感受，全面达到沉浸式决策体验的要求。

6.4.4　会商平台应用方法

本节以长江流域水库群的防洪调度问题为例，说明本平台的协同会商决策业务应用，依据本平台构建的实际流域水库群防洪调度决策会商平台，如图 6.30 所示，其中上方为会商业务方案制定系统，下方为会商业务方案决策系统。在整个防洪调度会商决策过程中：会商业务方案制定系统完成各环节的分析数据及计算数据，并推送至会商业务方案决策系统；会商业务方案决策系统将分析统计所接受的数据，并在空间立体场景内进行重新渲染与展示；决策专家根据平台的决策分析功能对专业计算人员提出防洪调度方案修改意见，并通过平台发送至会商业务方案制定系统，待重新计算防洪调度方案，进而重新分析决策；最终决策者确认满足要求的防洪调度方案，发送至会商业务方案制定系统，由专业计算人员发布为正式的防洪调度方案。

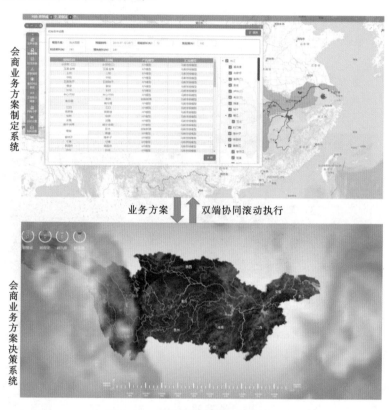

图 6.30　流域调度模拟决策系统图

6.4.4.1　流域实时水雨情会商功能

本功能支持流域内实时水雨情会商，本功能下数据信息主要由会商业务方案制定系统获取，并通过双端协同服务与会商业务方案决策系统交互，完成信息推送。

如图 6.31 所示上方为会商业务方案制定系统。其中具体业务功能和操作如下：实时水情模块根据远端数据获取模块以及服务，收集流域或区域相应气象站、水文站、雨量站等采集的实时气象、降雨、水文数据；分析统计当前预警的地区及关键指标，如水位、流量、涨势，以表格展示；对流域内各具体的对象节点，对其前 3～7 天的水情过程如水位、流量进行图形展示。

流域实时水雨情数据推送至会商业务方案决策系统后，提供面向决策过程的流域实时水情分析与查看，如图 6.31 所示下方为会商业务方案决策系统。其中具体功能与操作如下：通过双端协同服务获取会商业务方案制定系统推送的水雨情数据，经确认后在界面更新水雨情数据并进行综合展示；系统提供立体空间场景，在最远距离高度提供云图展示，

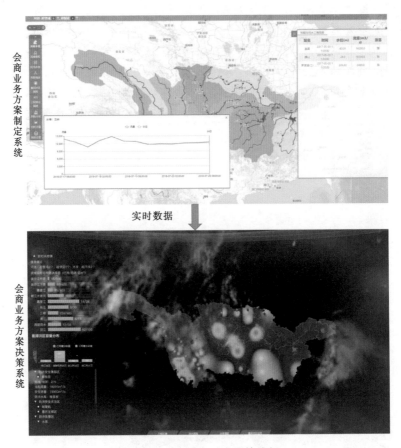

会商业务方案制定系统

实时数据

会商业务方案决策系统

图 6.31　流域实时水雨情分析

可快速定位暴雨中心；当缩放至流域高度，数据分析展示降雨及水情热力图，快速分析流域面上的降雨及水情；分析展示流域总体防洪能力，含已用库容、总体库容；分析展示水利工程的防洪能力，如水库群、蓄滞洪区。

6.4.4.2　流域河道洪水演进模拟会商功能

基于上一步的实时水雨情信息，对未来时间段可能发生的洪水进行洪水模拟，形成对未来水情发展的模拟预报方案，并通过双端协同与会商业务方案决策系统交互，完成推送方案、修改方案、发布方案。

如图 6.32 所示上方为会商业务方案制定系统。具体功能和操作如下：流域模拟模块进行流域或区域水文预报，经专业人员操作计算后形成基础的水文预报模拟方案；以图表方式展示含各计算节点的面雨量、模型流量、预报流量、实测流量等详细的过程数据；本方案通过双端协同服务将数据推送至方案决策系统；若通过双端协同服务收到决策系统要求进行方案修改的意见，如在模拟方案中，需要考虑某水库对天然径流调节影响，并重算模拟方案，则重复上述步骤；若会商业务方案决策系统到决会商业务方案决策系统要求进行方案发布的意见，使用方案管理与发布子模块，将对应方案发布为正式的流域防洪调度方案，需要填写正式发布的方案编号、制作人、发送对象等信息。

　　面向决策过程的流域河道洪水演进模拟方案分析决策，通过双端协同服务与会商业务方案决策系统交互，获取数据信息，发送修改信息、方案确认信息，完成方案决策，如图6.32所示下方为会商业务方案决策系统。具体功能如下：通过双端协同服务获取会商业务方案制定系统推送的洪水模拟数据，经确认后更新界面方案数据并进行综合展示；当系统缩放至河道层级高度，在基于立体空间展示的实际河道场景下查看未来洪水情况；通过计算分析，以颜色标示水深流量；以高亮标示洪峰在河道中的位置；以悬浮信息窗标示洪水危险区域站点的洪水情况；方案实际过程的动态模拟播放，动态展示河道各处的水深流量变化过程，以及洪峰在河道中的演进过程；图层展示切换分析，按照水文站的安全情况按需切换；若决策者认为需要进一步调整方案，则通过方案修改反馈功能录入方案修改的意见，如在模拟方案中提醒应考虑水库对天然洪水演进的影响，并重算模拟方案，确定后经由双端协同服务发送至会商业务方案制定系统，在方案满足要求前重复上述步骤；若决策者认为方案满足要求，则通过方案确认命令功能录入方案确认，确定后经由双端协同服务发送至会商业务方案制定系统。

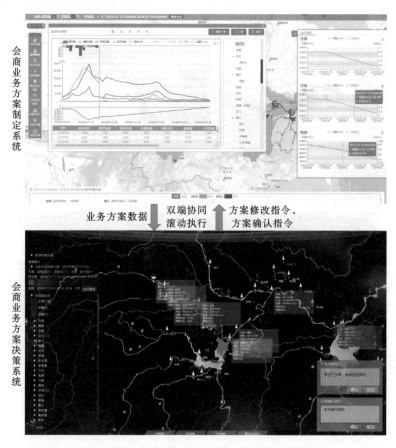

图 6.32　流域河道洪水模拟方案制作与决策

6.4.4.3　流域防洪调度会商功能

　　本系统业务面向防洪调度，因此根据上一步的流域模拟预报方案，进一步开展水工程调度方案制作，调度水库工程防御洪水，形成联合调度方案，并通过双端协同服务与会商业务方案决策系统交互，完成推送方案、修改方案、发布方案。

如图 6.33 所示上方为会商业务方案制定系统。具体功能与操作如下：会商业务方案制定系统的调度模块进行水工程调度，经专业人员操作计算后形成防洪调度方案，本案例下根据分析计算结果，启用了上游水库群进行防洪调度；以图表方式展示水库计算节点的调度计算期内库水位、入库流量、出库流量，调度期前置时间的实际水位、入库、出库等详细的过程数据；本方案通过双端协同将数据推送至会商业务方案决策系统；若通过双端协同收决会商业务方案决策系统要求进行方案修改的意见，如在调度方案中另外增加一个上游的水库启用，减小三峡拦蓄量级，并重算调度方案，则重复进行上述业务方案制定过程；若会商业务方案决策系统收到会商业务方案决策系统要求进行方案发布的意见，使用方案管理与发布子模块，将对应方案发布为正式的流域防洪调度方案，需要填写正式发布的方案编号、制作人、发送对象等信息。

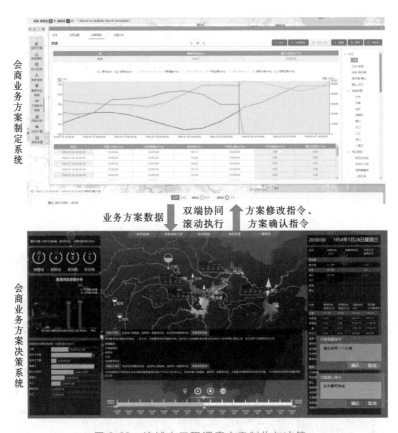

图 6.33　流域水工程调度方案制作与决策

面向决策过程的流域水工程调度方案分析决策。通过双端协同与会商业务方案决策系统交互，获取数据信息，发送修改信息、方案确认信息，完成方案决策。具体功能与操作如下：通过双端协同获取会商业务方案制定系统推送的蓄滞洪区启用防洪调度方案数据，经确认后更新界面方案数据并进行综合展示；当系统缩放至水工程层级高度，在基于立体空间展示的实际的水库群以及对应的各个关键控制断面的立体场景下查看洪水防御的调度情况；通过计算分析，以颜色标示河道内行洪水深；以立体箭头标示关键控制断面的警戒状态，以立体的柱状图悬空对比面板具体展示在当前拦蓄方案下的控制站水位流量减少效果；以立体圆形蓄满图标表示三峡水库当前的防洪库容使用量；同时提供流域梯级水库使用量、下游防洪工程体系、全流域控制断面防洪指标统计综合面板；针对方案的动态演进模拟，则可通过下方的进度条控制；若决策者认为需要进一步调整方案，则通过方案修改反馈功能录入方案修改的意见，如调度方案中另外增加一个上游的水库配合三峡调蓄并重算调度方案，确定后经由双端协同发送至会商业务方案制定系统，在方案满足要求前，重复上述步骤；若决策者认为方案以满足要求，则通过方案确认命令功能录入方案确认，确定后经由双端协同发送至会商业务方案制定系统。

第 7 章

水库群智能调度云服务系统建设

本章研究混合云存储模式下水库群分布式数据采集、存储、融合与大数据深度挖掘技术，攻克适应大规模水库群信息交互、预报调度、决策模拟、分析评估等应用特色的云平台构建共性关键技术，建立各类专业模型规范化表示与智能优选机制，提出基于"沉浸式"场景感知的行为学习及智能分析方法，突破水库群智能调度云服务应用示范系统集成的技术障碍，在金沙江下游与三峡梯级形成集成示范。

7.1.1 软件框架研究

7.1.1.1 整体框架

系统框架设计见图 7.1。

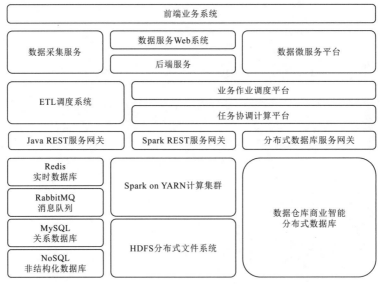

图 7.1 系统整体框架设计图

7.1.1.2 混合云架构

根据各企业单位已有数据中心、服务中心等基础设施条件，采用混合云架构是进行成本控制、安全控制的最佳选择。企业单位使用已有基础设施，同时把公共云当作机房延伸进行资源扩充和实现业务快速响应，也可将公共云作为另一个数据中心或灾备机房。示范系统也采用混合云架构，架构设计见图7.2。

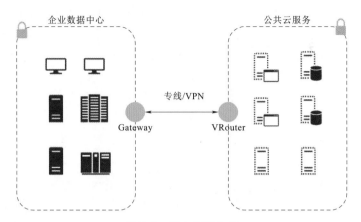

图 7.2　混合云架构图

7.1.1.3　海量异构数据存储框架

示范系统根据子系统整合集成方式，会面对海量异构数据的存储、计算与管理问题，建立海量异构数据存储框架，满足对于水库群水雨情、监测预报数据、社会经济、环境保护等各种文本、图片、音视频等异构数据，提供配准、管理、应用、共享与分发等大数据业务应用需求。

数据存储架构见图7.3。

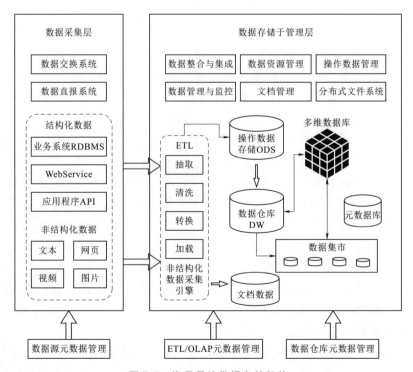

图 7.3　海量异构数据存储架构

7.1.1.4 作业调度与任务协调架构

业务作业调度平台是整个数据服务平台核心平台之一,主要负责作业的解析编排、排队、调度。作业编排采用调用编排服务的方式,通过编排进行业务的实现,同时将易变的业务部分从作业调度平台分离出去;排队支持多队列排队配置,具有面向业务用户的业务队列和面向开发人员的两种服务队列,通过队列来隔离调度,能够更好地满足具有不同需求的用户;调度是对作业及属于该作业的一组任务进行调度,为了简单可控,每个作业经过编排后会得到一组有序的任务列表,然后对每个任务进行调度。

业务作业调度平台主要考虑面向业务用户需求之外,还要扩展以支持其他业务单位部门开发人员对服务的使用。平台架构见图 7.4。

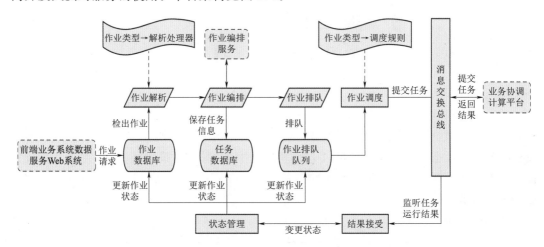

图 7.4 业务作业调度平台架构图

任务协调计算平台也是数据服务平台核心子平台之一,它是无状态的,它支撑数据服务平台,如果有其他想要接入的任务,可以通过该平台协调来运行。平台是主从架构,Master 和 Slave 之间通过 RPC 调用进行通信,Worker 可以根据实际计算任务的压力,进行水平扩展。Master 负责控制从 RabbitMQ 中拉取任务消息,然后根据 Worker 节点的资源状况进行任务的协调和调度,并将 Worker 上作业完成的信息发送到 RabbitMQ,供上游业务作业调度平台消费从而控制更新作业的运行状态。同时,Master 管理注册的Worker 状态、Worker 资源状态、Worker 上运行的任务状态。Worker 是实际运行任务的工作节点,它负责将任务调度到后端的计算集群,或者调用数据处理服务来实现任务的运行。由于任务都是批量处理型计算任务,所以 Worker 要管理任务的提交,以及对已提交任务运行状态的异步查询(轮询)。该平台架构见图 7.5。

7.1.1.5 数据挖掘与分布式计算框架

数据挖掘计算平台使用大数据计算框架实现,结合批处理、流计算、交互式分析三种类型特点建立计算框架,计算框架见图 7.6。

7.1.1.6 数据与业务服务架构

数据微服务平台对已存在的数据服务进行复用,并支撑数据服务的核心组件,如业务作业调度平台、任务协调计算平台等,为面向开发人员使用的服务调用,通过服务接口的

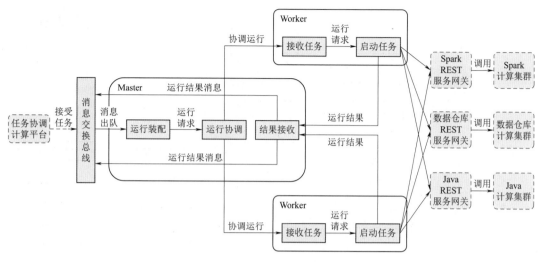

图 7.5　任务协调计算平台架构图

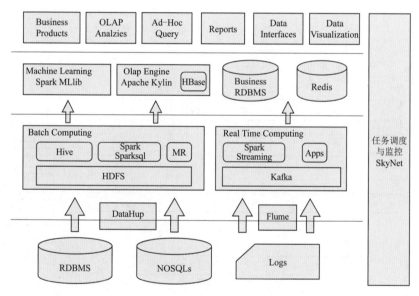

图 7.6　大数据计算框架图

方式暴露出来。平台主要基于 Spring Cloud 构建，使用 Eureka 作为服务注册中心。由于整个数据服务平台是以离线计算为主，对于高并发、服务降级的、调用链跟踪等需求，根据需要可以非常容易地进行集成。数据微服务平台的架构见图 7.7。

7.1.1.7　前端业务系统框架

前端业务系统框架如图 7.8 所示。

7.1.2　硬件框架研究

根据云平台架构设计与 OpenStack 技术的实现方式，通过标准的网络交换机将所有

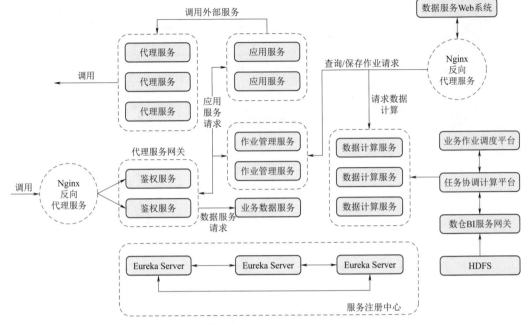

图 7.7　数据业务服务架构图

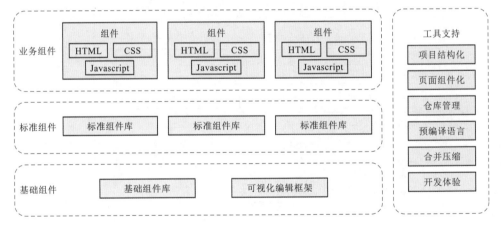

图 7.8　前端业务系统框架图

的服务器互联，按照不同的网络角色划分网络，给服务器分配不同的角色，承担不同的功能。多个管理控制节点采用多活机制，安装控制与管理组件，内部通过集群与高可用的机制保障容错、容灾以及数据一致性。计算节点只做计算虚拟化运行业务虚拟机，分布式存储节点只做存储虚拟化运行分布式存储系统组件。此架构支持对接第三方的商业集中式存储，将存储纳入平台统一管理，以及用于云平台内的虚拟机使用。基础架构具备优秀的扩展能力，并根据实际情况充分考虑负载均衡。典型物理架构如图 7.9 所示。

　　为了建立更好、更可靠的存储系统，遵循以下要求：①采用单位存储容量便宜的存储介质；②增加有效数据的存储比例；③提高单位存储密度和性能，减少运营费用；④减少

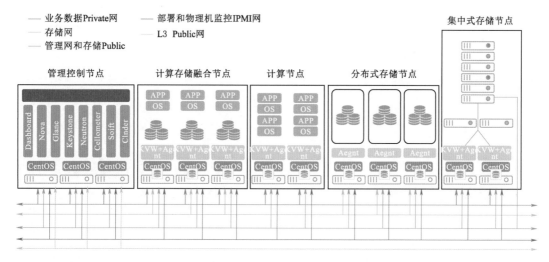

图 7.9　云平台物理框架图

数据的存储量，例如压缩、去重等技术；⑤细化存储分层，冷热分离；⑥统一存储平台，提高存储资源利用率。

　　根据不同业务性能的需求，再结合现有的存储硬件的 IO 访问速度及采购成本，作为数据落地的介质分层，搭建不同的存储集群，即：内存 DDR 为存储介质的 TMEM 存储集群；SATA SSD 为存储介质的 TSSD 存储集群；7200 RPM SATA HDD 为介质的 TFS 存储集群；5900 RPM SATA 云盘 HDD 的 BTFS 存储集群。

7.1.3　系统开发与集成技术研究

　　为提高系统稳定性和扩展能力，平台可基于微服务架构，采用 SpringCloud 技术搭建系统后台部分；运用 Vue.js 搭建前端框架以实现与后台松散耦合；引入 Cesium 平台搭建 Web GIS 服务，实现了二、三维 GIS 交互功能；使用达梦数据库搭建系统数据库，为系统提供安全稳定的数据源。系统架构见图 7.10。

7.1.3.1　分布式系统架构

　　分布式系统架构是将分散的计算机资源整合为一个整体，向用户提供一致性调用、监控和管理功能的系统结构；同时将系统拥有的多种通用的物理和逻辑资源，根据任务需求动态分配，将物理和逻辑资源通过计算机网络进行信息交换。采用基于面向服务（SOA）架构技术，将水资源管理多专业模型服务统一部署，以小规模服务集群的方式运行，通过服务接口的方式提供给应用开发者。

7.1.3.2　前端框架 Vue.js

　　Vue.js 是一个构建数据驱动的 Web 界面的渐进式框架，其目标是通过尽可能简单的 API 实现响应的数据绑定和组合的视图组件，为系统界面提供丰富多样的展示功能。Vue.js 其与后端交互方式见图 7.11。

7.1.3.3　后端微服务架构 Spring Cloud

　　微服务架构是一种将单应用程序作为一套小型服务开发的方法，每个服务都在自己的

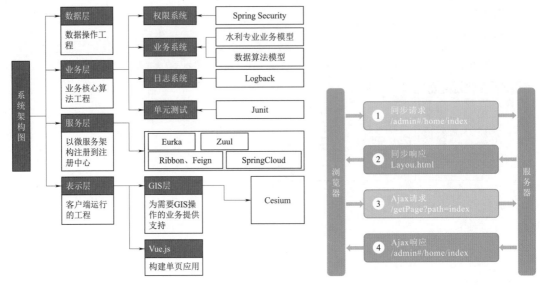

图 7.10　系统架构图　　　　　　　图 7.11　Vue.js 前后台交互流程

进程中运行，并与轻量级机制（通常是 HTTP 资源）进行通信。各服务围绕内部业务功能进行构建并可独立部署，是开发高可重用性、高扩展性和高可维护性模型的主流技术。

Spring Cloud 作为一套微服务治理的框架，考虑到了服务治理的方方面面，其实现了服务之间的高内聚、低耦合，将服务之间的直接依赖转化为服务对服务中心的依赖，是分布式架构的最佳落地方案。Spring Cloud 的核心特性有：分布式/版本化配置；服务注册和发现；路由；服务和服务之间的调用；负载均衡；断路器；分布式消息传递。

7.1.3.4　开源三维 GIS 平台 Cesium

系统的空间数据可视化功能主要包括：基础数据图层的展示，每个图层使用符号、颜色和文本来描绘有关各个地理元素的重要说明性信息；模型计算结果展示，将各模型结果可视化，增强系统人机交互性能。

Cesium 是一款面向三维地球和地图的、世界级的 JavaScript 开源产品。它提供了基于 JavaScript 语言的开发包，方便用户快速搭建一款零插件的虚拟地球 Web 应用，并在性能、精度、渲染质量及多平台、易用性上都有高质量的保证。其主要功能示例见图 7.12。

7.1.3.5　系统集成规范

REST 风格的服务是一种 Web 服务的轻量级实现，相对于传统单一的软件架构，基于 REST 风格的 Web 服务在异构平台上具有优异的兼容性。本系统在微服务框架的基础上，将后台模型封装为 REST 风格的服务，结合 Feign 服务间调用，向外提供声明式 REST API 并处理系统请求，同时集成了保证系统安全性的服务网关，完成请求转发和用户权限处理。

基于 REST 风格的 Web 服务，采用系统定时任务和触发器的自动运行功能，定时执行相关操作，同时监听特定事件，从而触发任务自动运行，使系统具备基于特定事件驱动的自动运行能力。

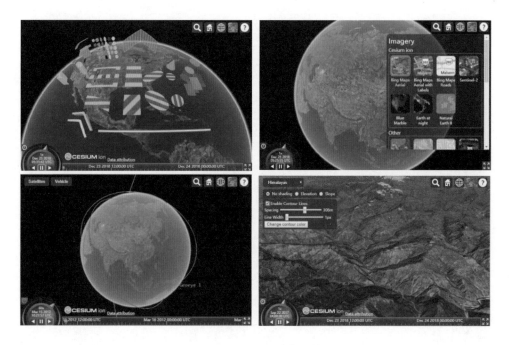

图 7.12　Cesium 功能示例

水库群智能调度云服务系统平台架构

　　水库群智能调度云服务系统建立云服务数据中心，在业务逻辑上总体呈现为"主系统云平台"和"综合数据云平台"架构。主系统云平台承载的业务主要是面向水库实时计划跟踪；综合数据云平台承载的业务主要是面向水库调度决策技术支持。云计算平台将提供一个面向水文信息资源使用者和后台运维管理人员的综合业务运营平台，采用云计算的三种模式（IaaS、PaaS、SaaS），实现资源的存储、处理、校核、分析、部署、监控及展示等功能。图 7.13 为 IaaS、PaaS、SaaS 三层模式架构及各层在系统中承担的作用。

　　水库群智能调度云服务系统在云平台基础上建设信息采集与交换、数据通信、数据处理、数据库管理、实时监视与预警、信息展示与发布等基础功能，整合气象信息系统数据，建设水文预报、洪水预报、发电调度、经济运行分析等水库调度高级应用。水库群智能调度云服务系统由信息基础支撑体系、数据资源管理体系、应用支撑体系、业务应用体系、网络与信息安全体系五部分构成，图 7.14 为总体框架设计。

7.2.1　基础支撑体系

　　通过配置必要的软硬件设备，实现计算、存储等基础设施的虚拟化，为各水库调度和其他相关自动化系统提供统一的基础设施服务和数据存储服务，为数据资源统一管理及应用系统高效运行提供基础支撑。

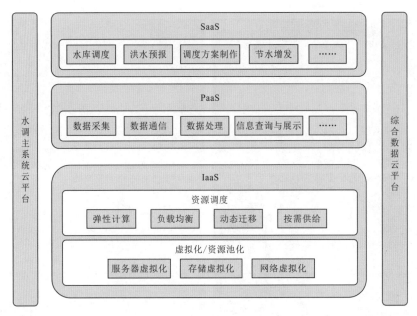

图 7.13　云计算架构

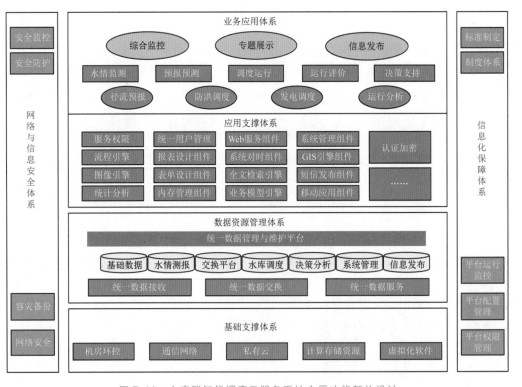

图 7.14　水库群智能调度云服务系统应用功能架构设计

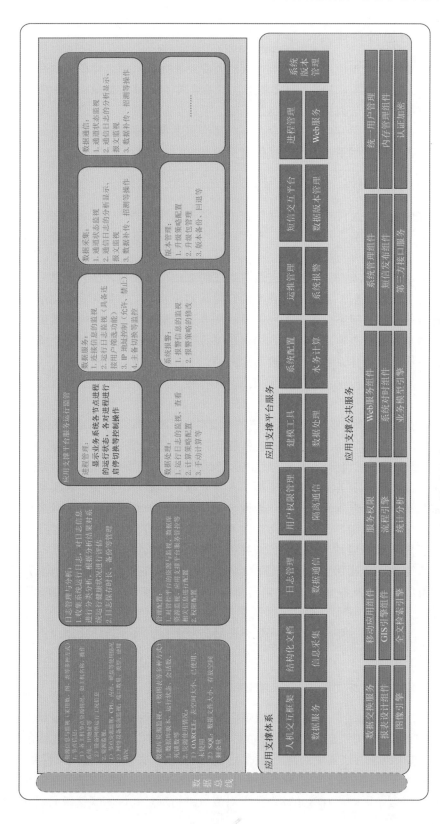

图7.15　水库群智能调度云服务系统应用支持体系功能组织模块

7.2.2 数据资源管理体系

平台基于电网水电相应的标准规范，梳理调度业务数据资源，建设调度系统数据资源综合数据库，开发数据统一接收平台、数据共享服务平台以及数据维护与管理系统，形成统一的基础数据库、水情数据库、报汛数据库、电站监控数据库、历史数据库、水库调度决策数据库，使用数据库专用工具和安全隔离通信装置实现不同地域和安全分区内的业务数据同步，为各业务应用系统提供数据信息支撑。

7.2.3 应用支撑体系

应用支撑体系基于组件技术及中间件技术，搭建应用支撑平台，通过系统资源服务、公共基础服务、应用服务、服务管理、平台管理等，为各调度应用的集成整合提供统一平台，实现业务协同。

应用支撑系统是水库群智能调度云服务系统的基础核心模块，涉及信息采集、数据服务、数据处理、数据通信、系统报警和系统管控众多业务，主要是为业务应用及其他相关功能提供基本的数据和服务支撑，各业务模块均为后台服务 7×24 小时连续运行，各服务之间通过数据总线进行高速交互通信，并通过综合管控平台实现各业务间的统一监视、管控协同工作，应用支撑体系功能组织模块见图 7.15。

7.2.4 业务应用体系

水库群智能调度云服务系统需要采集三峡—金沙江下游流域的水情遥测和水文站报汛信息、长江干流 6 大水库水情信息和电站运行信息，采集长江中上游主要水电站共享数据等，对接收到的各类数据进行综合分析处理，形成满足梯级调度水库调度应用的综合数据库内容。

水库群智能调度云服务系统软件支撑平台功能包括：事件与告警、人机交互、综合查询、地理信息平台、信息发布与查询、调度应用、系统维护管理等水调基础应用。

开发运行管理类功能，开展水电运行方案编制、水调专业报表、水电经济运行评价、资料整编分析等高级应用，为第三方厂家提供预报输入输出接口。

此外，系统还与国调中心、南网总调、华东电网、云南电网、国家防总、长江防总等调度防汛部门做信息接口及各流域集控中心等单位的相关系统互联，实现数据的交换和共享。

7.3 水库群智能调度云服务系统技术集成

7.3.1 面向水库群调度的水文数值模拟与预测技术

这项技术分别研究了"梯级水库群影响下流域水文循环演变规律""多尺度多阻断大流域水文预测预报方法""控制性水库群洪枯水演进数值模拟"及"非一致性条件下设计洪水研究"，基于以上方法集成编制出面向水库群调度的水文预测预报模拟模型。

（1）在梯级水库群影响下的流域水文循环演变规律研究中，重点选取雅砻江流域作为典型流域，进行多因子影响下梯级水库群调度对流域洪枯水过程影响规律研究（图 7.16）。

情景	目　的	描　述
情景1	作对照	天然情景
情景2		年调节水库
情景3	水库库容的影响	季调节水库
情景4		日调节水库
情景5	水库位置的影响	年调节水库
情景6		年调节水库
情景7	水库联合调度的影响	年调节水库＋日调节水库
情景8		日调节水库＋年调节水库

图 7.16　情景模式

为了分析梯级水库群建成投运对流域径流产生的影响，并探究水库库容、位置和运行方式等多因子对水文极值事件的影响，以雅砻江流域为例，设置了 8 种水库建设运行情景，模拟 2009—2016 年二滩站径流过程。对比 8 种情景下二滩站的洪枯水过程，进而探究水库库容、位置以及双水库联合调度方式对洪枯水的影响。采用最大三日洪量、年最大洪峰、涵养指数等特征指标，分析了上游水库调度运行对流域洪、枯水的影响及其影响程度，为研究梯级水库群调度对流域洪枯水过程的影响规律提供新的研究思路。

（2）径流演进水文学模拟模型适用于河道水下地形资料缺乏、无法进行高精度水动力学模拟的河流，由于水文监测断面一般设置在河口以上数十甚至上百千米的位置，需要将上游水文监测断面的实测流量过程通过径流演进水文学模拟模块演算得到河口的出流过程，以旁侧入流的形式汇入一维河网水动力学模拟模型。本节结合长江上游已有水文模拟参数率定成果，采用马斯京根法建立了洪水演进水文模拟模型，为建立嵌套水文学和水动力学的全区域一维河网水量模拟模型提供技术支撑。针对多阻断河流洪枯水演进特点，基于 Preissmann（图 7.17）四

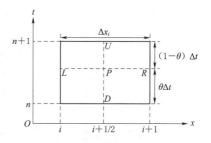

图 7.17　Preissmann 格式示意图

点加权差分格式离散圣维南（Saint-Venant）方程组，采用 Newton-Raphson 方法求解一维水动力非线性离散方程组；采用汊点水位预测校正法处理汊点处的回水效应，实现了复杂河网天然汊点和阻断汊点的数值解耦；克服了分级解法需要建立和求解总体矩阵的缺点，能有效提高计算的稳定性和效率。

在此基础上，以水库蓄水后对天然河道容积的影响为切入点，抽象概化出了天然河道和蓄水单元两种元素，结合流域干支流河段及水库拓扑结构，构建了一维、二维组合河网框架；采用圣维南方程组描述河道一维、二维水流运动，对于水库调度影响，采用隐式计算格式，将水库调度模式嵌入到河段方程水位与流量的关系模式中，与河道河网联解，初步搭建了河网径流演进数值模拟模型，为进一步开展控制性水库群洪、枯水演进数值模拟

技术研究提供了理论基础和模型框架。

（3）水利工程尤其是水库建成后，对产流过程的蒸发、下渗及地表和地下径流的产生均有不同程度的影响，同时对天然洪水波的传播规律也有一定程度的影响。预报体系构建需满足长江流域大型水库单库预报调度和联合调度及流域防汛水情预报精度和预见期要求。长江流域主要水系及重要控制节点见图7.18。

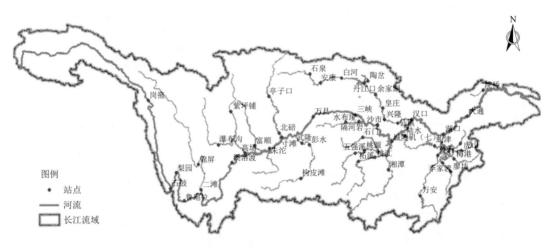

图7.18 长江流域主要水系及重要控制节点图

本节研究基于 WRF、ECWMF 等数值预报模式的构建或解释应用，初步形成了适用于长江上游的基于多时间尺度（短期、中期、延伸期、长期）的降雨预报产品；以重要水利工程、水文控制断面为节点，采用传统水文预报方法，同时考虑降雨的空间分布不均匀性，嵌入分布式精细化模型，初步构建面向长江流域的洪水预报方案体系，为提出多尺度多阻断大流域水文预测预报方法提供技术支撑。2009—2018 年三峡水库中期流量预报平均误差见图7.19。

（4）本节采用 GAMLSS 模型建立了关联梯级水库群调蓄因素的非一致性洪水频率分布模型，基于重现期的期望等待时间和期望超过次数理论，构建屏山站上游金沙江流域水库指数因子，推求未来一定时期内某一水文风险下的设计洪水成果，并采用 Bootstrap 方法计算设计洪水的统计不确定性。年最大 1d 流量设计洪水成果见图7.20。

本节首先采用 M-K 趋势检验和 Pettitt 变点检验方法，分别对武隆站和屏山站的洪水序列进行初步非一致性检验。检验结果表明，两站各序列均有下降趋势/向下跳跃突变；研究进一步采用时变矩方法，选取了具有代表性的 Gumbel 分布、Gamma 分布、P-Ⅲ分布等 7 个分布作为备选洪水频率分布，结合 GAMLSS 模型对武隆站和屏山站的洪水序列进行频率分析，建立了非一致性洪水频率分布模型，进而引入水文风险的概念，推求未来一定时期内某一水文风险下的设计洪水成果，并采用 Bootstrap 方法计算了设计洪水的统计不确定性。对于气候变化、土地利用、城市供水等渐变因素的影响，本研究所采用的非一致性设计洪水计算方法尚可评判，然而，对于长江流域梯级水库群调度引起的水文序列变化，往往都具有短期内变化较大的特点。虽然本研究引入水库指数来模拟频率分布参数的时变情况，但该指数主要还是由水库规模等特征值确定，还不能随着调度进程动态变

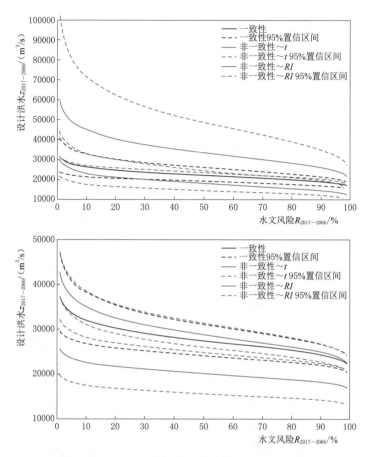

图 7.19 2009—2018 年三峡水库中期流量预报平均误差

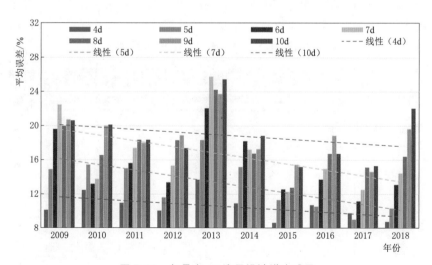

图 7.20 年最大 1d 流量设计洪水成果

化，这是本研究下阶段拟进一步开展的工作。本研究仅考虑了洪水频率分布统计参数随时间及水利工程建设的变化情况，并未将气候变化、下垫面变化和多种不确定因素考虑进来，这将是下一步开展的另一方面工作。

（5）考虑长江流域水文气象特性、水系分布、水文站网布设及水利工程建设情况，建立上下游之间的流量演算方案，构建基本覆盖整个长江流域干支流主要控制站、主要水库的预报方案体系（图 7.21），以满足对水情预报的需要。

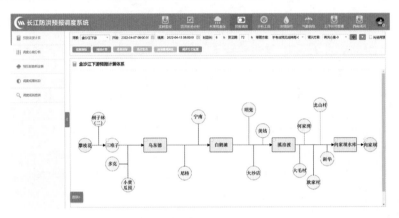

图 7.21 三峡水库预报体系图

预报调度模块（图 7.22）提供自动预报、交互预报计算及分析功能，输出预报成果，协助制定洪水调度方案；具体功能包括预见期降雨设置、预报计算、交互计算、交互调度、调度成果对比、调度成果上报。系统采用目前业界通行的三层架构，平台采用先进的基于 HTML5 技术的富客户端技术，无须安装额外的插件即可获得丰富的用户体验，针对后台的数据访问和交互采用比较通行的 JSON 的数据格式来交互，提高了传输和交互的效率，针对 ArcGIS API 也采用了 Javascript 的 API 接口来做二次开发，摈弃了插件安装的复杂过程和不确定性。采用 B/S 架构开发、B/S 模式的管理系统负责数据的入库、数据的组织维护、图件与报表的组织生成、数据信息输出等功能。

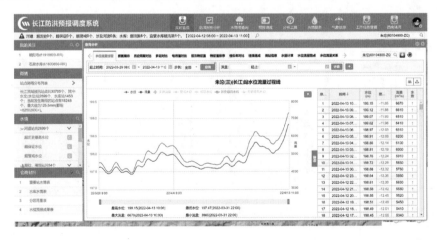

图 7.22 调度系统预报计算图

7.3.2   水库群联合防洪补偿调度技术

长江上游水库群联合防洪调度的主要防洪保护对象为干支流沿江重要城镇、重点河段及地区，具体防洪需求见图 7.23，故着重分析长江川渝河段、荆江河段、城陵矶地区、武汉地区等区域，研究寻求满足各重点区域防洪要求的上游水库群防洪库容分配优化组合方案与动态预留方式。进一步建立起长江上游水库群多区域防洪协同补偿调度模型，研究水库群汛期运行水位动态控制技术，同时提出了长江上游水库联合防洪调度实时补偿调度模拟模型与相应的效益评估方法。最终形成长江上游水库联合防洪调度方案。

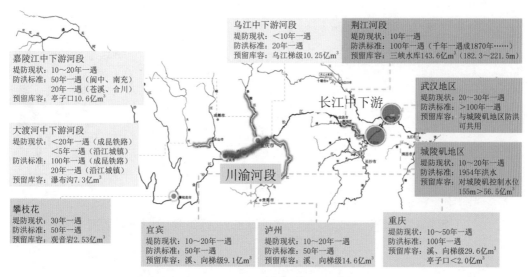

图 7.23   长江流域防洪需求图

7.3.2.1   水库群防洪库容分配与动态预留方式

以满足长江重点区域防洪标准为目标，寻求满足各重点区域防洪要求的上游水库群防洪库容分配优化组合方案，确定水库群防洪库容动态预留方式，研究上游防洪库容对不同防洪区域防洪库容利用的有效性。可建立如下防洪库容优化分配模型：目标函数可采取剩余防洪库容最大策略、防洪库容同步释放策略、系统线性安全度最大策略、系统非线性安全度最大策略中的一种；约束条件包括水量平衡，河道洪水演进，水库的泄流能力限制、库容限制、日泄流量变幅限制，水库防洪库容是否重复利用，水库联合防洪对象防洪安全。以水库群防洪系统遭遇 1998 年的 100 年一遇设计洪水为例，分别采用四种策略进行水库群联合防洪调度。应用线性规划方法进行求解，得到枝城防洪控制站的优化调度结果（图 7.24）。

系统线性安全度最大策略和系统非线性安全度最大策略的防洪效果最优，尤其对于大洪水；但系统非线性安全度最大策略更符合实际要求。剩余防洪库容最大策略和防洪库容同步释放策略适用于中小洪水。结合水库群兴利蓄水要求，研究确定水库群防洪库容动态预留方式（图 7.25、图 7.26）。

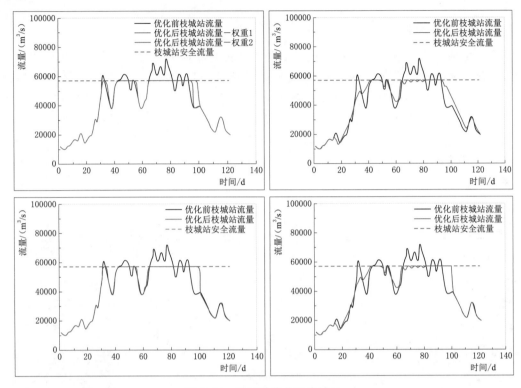

图 7.24　枝城站优化调度结果

梯级	水库名称	防洪库容预留时间
金沙江中游梯级	梨园—观音岩	7月1—31日
雅砻江梯级	两河口	
	锦屏一级	7月1—31日
	二滩	6月1日至7月31日
金沙江下游梯级	乌东德	7月1日至9月10日
	白鹤滩	
	溪洛渡	
	向家坝	
岷江大渡河梯级	下尔呷	7月1日至8月10日
	双江口	7月1日至8月10日
	紫坪铺	6月1日至9月30日
	瀑布沟	6月1日至7月31日/8月1日至9月30日
嘉陵江	碧口	5月1日至6月14日/6月15日至9月30日
	宝珠寺	7月1日至9月30日
	亭子口	6月21日至8月31日
	草街	6月1日至8月31日
乌江	洪家渡	—
	东风	—
	乌江渡	—
	构皮滩	6月1日至7月31日/8月1—31日
	思林	6月1日至8月31日
	沙沱	6月1日至8月31日
	彭水	5月21日至8月31日
长江干流	三峡	6月10日至8月31日
	葛洲坝	—

图 7.25　水库群防洪库容预留时间

梯级名称	6月			7月			8月			9月		
	上旬	中旬	下旬	上旬	中旬	下旬	上旬	中旬	下旬	上旬	中旬	下旬
梨园				1.73	1.73	1.73						
阿海				2.15	2.15	2.15						
金安桥				1.58	1.58	1.58						
龙开口				1.26	1.26	1.26						
鲁地拉				5.64	5.64	5.64						
观音岩			2.53	5.42	5.42	5.42	2.53	2.53	2.53	2.53	2.53	2.53
两河口				20	20	20						
锦屏一级				16	16	16						
二滩	9	9	9	9	9	9						
乌东德			24.4	24.4	24.4	24.4	24.4	24.4	24.4	24.4		
白鹤滩			75	75	75	75	75	75	75	75		
溪洛渡			16.51	16.51	16.51	16.51	16.51	16.51	16.51	16.51		
向家坝			9.03	9.03	9.03	9.03	9.03	9.03	9.03	9.03		
下尔呷				7								
双江口				6.62	5.5	5.5	1.8					
瀑布沟	11	11	11	11	11	11	7.3	7.3	7.3	7.3	7.3	7.3
紫坪铺	1.67	1.67	1.67	1.67	1.67	1.67	1.67	1.67	1.67	1.67	1.67	1.67
碧口	1.36	1.56	1.56	1.56	1.56	1.56	1.56	1.56	1.56	1.56	1.56	1.56
宝珠寺				2.8	2.8	2.8	2.8	2.8	2.8	2.8	2.8	2.8
亭子口			14.4	14.4	14.4	14.4	14.4	14.4	14.4			
草街	1.99	1.99	1.99	1.99	1.99	1.99	1.99	1.99	1.99			
洪家渡												
东风												
乌江渡												
构皮滩	4	4	4	4	4	4	4	4				
思林	1.84	1.84	1.84	1.84	1.84	1.84	1.84	1.84	1.84			
沙沱	2.09	2.09	2.09	2.09	2.09	2.09	2.09	2.09	2.09			
彭水	2.32	2.32	2.32	2.32	2.32	2.32	2.32	2.32				
三峡		221.5	221.5	221.5	221.5	221.5	221.5	221.5	221.5	196.1	165	92.8
葛洲坝												

图 7.26 水库群防洪库容动态预留

7.3.2.2 水库群多区域协同防洪调度模型

根据水库群防洪调度库容分配方式和重要防洪对象多区域分布属性,可将30座水库分为核心水库(三峡水库)、骨干水库(乌东德、白鹤滩、溪洛渡、向家坝水库)、5个群组水库(金沙江中游梯级群、雅砻江梯级群、岷江梯级群、嘉陵江梯级群和乌江梯级群)。防洪库容分别为221.5亿 m^3、154.94亿 m^3、17.78亿 m^3、45亿 m^3、28亿 m^3、20.22亿 m^3、10.25亿 m^3,合计防洪库容489亿 m^3。核心-骨干-群组水库示意如图7.27所示。

按照水库群的防洪任务和重要防洪对象多区域分布属性,长江上游水库群在长江流域多区域协同防洪调度格局中的定位为:①群组水库通过自身河流的防洪调度,减轻本河流下游防洪压力,减少了进入三峡水库的洪量;②骨干水库在支流水库群组配合下,保障干流沿程重要城市如宜宾、泸州、重庆等的防洪安全,在减少三峡入库洪量的同时可进一步削减进入三峡水库的洪峰流量;③核心水库为总阀门,控制进入长江中下游洪量。按照水库群角色定位,提出了水库群多区域协同防洪调度模型的拓扑结构如图7.28所示。

对于上述长江上游30座水库群多区域协同防洪调度模型(图7.29),按照逻辑结构

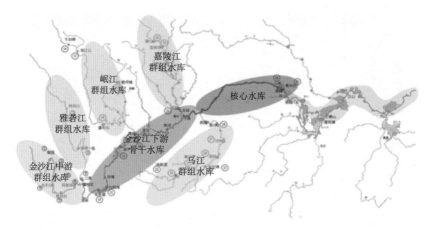

图 7.27　核心-骨干-群组水库示意图

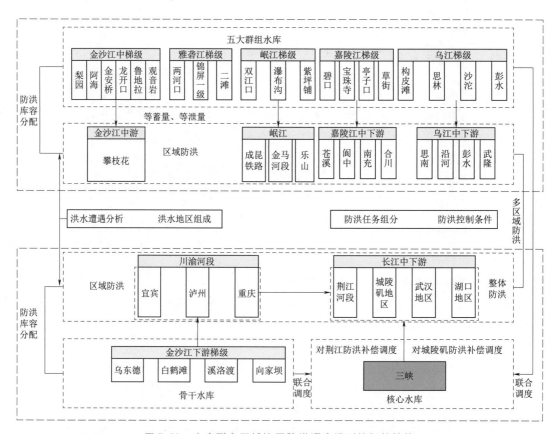

图 7.28　水库群多区域协同防洪调度模型的拓扑结构

和计算功能可将模型结构，可将调度模型分为需求层、协调层、目标层三个层面：①需求层为本流域单一调度层面，即调度需求、调度条件；②协调层包括单一水库兼顾分布不同区域防洪目标间库容利用的区域调度方式协调层、多个水库针对同一区域防洪调度方式的协调层、多个水库针对多区域防洪调度方式的协调层，即调度方式和调度规则；③目标层为保障水库枢纽自身安全、干支流防洪安全、长江流域整体防洪安全或洪灾损失最小，即调度目标。

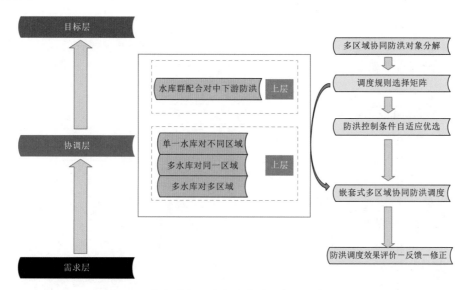

图 7.29　水库群多区域协同防洪调度模型的层级划分

依据上述水库群防洪调度节点和拓扑结构，充分结合长江上游水库调度特点，综合考虑"时、空、量、序、效"五个方面的多维度属性，搭建水库群多区域协同防洪调度模型，并通过方案制定、效果评价、反馈修正，达到整体防洪目标。模型功能结构分为多区域协同防洪对象分解、调度规则选择矩阵、防洪控制条件自适应优选、嵌套式多区域协同防洪调度、防洪调度效果评价-反馈-修正五个模块，见图 7.30。

创新性提出了调度规则矩阵，揭示了水库与调度节点影响关系，可对任意调度节点析构出洪水遭遇类型与洪水量级分布联合矩阵。以水库群防洪调度整体效益最优为目标，提出满足上游干支流重点地区、川渝河段、荆江河段、城陵矶地区、武汉地区等多区域防洪要求的水库群多区域协同防洪调度方案。

7.3.2.3　水库群汛期运行水位动态控制技术

以保障多区域防洪安全为前提，以提高洪水资源利用率为目标，研究建立"预报预泄"方式下满足多区域协同防洪要求的水库群汛期运行水位动态模拟模型，基于风险约束，确定梯级水库汛期运行水位动态控制域，汛期运行水位动态控制域计算方法见图 7.31。

水库群两阶段风险分析模型分为：第一阶段，假设预报径流误差服从无偏正态分布，基于多变量自回归模型，可得预见期内；第二阶段，将设计洪水作为输入进行调洪演算，通过对余留库容分布抽样，计算预见期外风险。假设预见期内外风险独立，可由此计算防洪总风险；通过数值试验，不同预见期组合，可得到防洪总风险最小的联合有效预见期。水库群两个阶段风险分析模型见图 7.32。

7.3.2.4　水库群联合防洪实时补偿调度技术及效益评估

考虑全流域型、上游型、上中游型、中下游型等不同洪水类型，分别开展了不同洪水类型下上游水库配合三峡水库联合防洪补偿调度（图 7.33）：

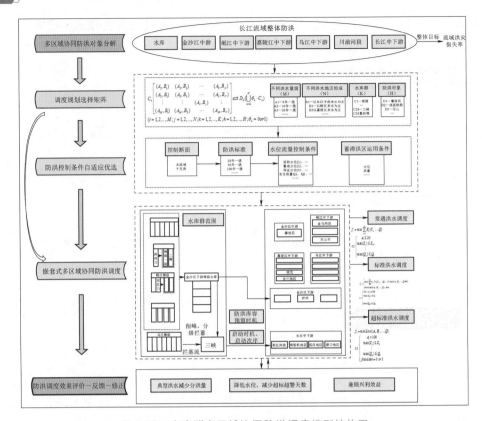

图 7.30　水库群多区域协同防洪调度模型结构图

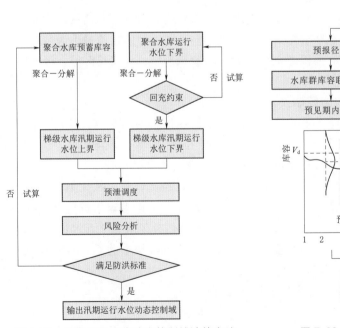

图 7.31　汛期运行水位动态控制域计算方法

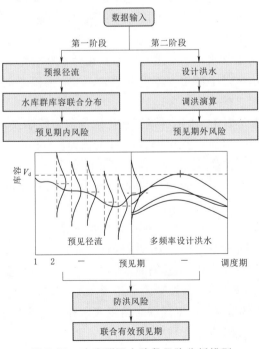

图 7.32　水库群两个阶段风险分析模型

（1）针对上游型洪水的防洪，一是减压控制水位，三峡水库中小洪水调度和对城陵矶防洪补偿调度的防洪库容协调控制水位；二是在上游水库配合三峡水库联合调度作用下，风险转移控制水位为157m。

（2）针对中下游型洪水/一般型洪水的防洪，溪洛渡、向家坝水库配合三峡水库的加大拦蓄，对城陵矶防洪控制水位可抬高至161m；中下游型洪水时减压控制水位为154m，一般型洪水时可在161m以下按警戒水位控制。

（3）针对上中游型/全流域型洪水的防洪，建议从145m转入防洪调度，依据全流域型洪水来水预报、上游库群防洪能力和减灾需求，提出实时防洪调度优化方式。针对1954年实际洪水，依据三种优化方式，可进一步减少中下游超额洪量10%以上。

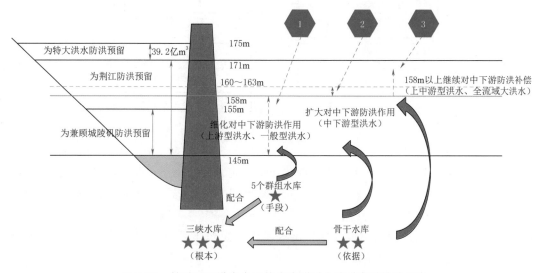

图7.33　针对不同洪水类型的水库群联合防洪实时补偿调度

基于水动力学原理和系统集成理论，搭建了长江中下游整体模拟模型，范围包括长江干流宜昌至大通，两湖地区和主要区间汇流。模型包括河道一、二维模拟、堰闸自由或淹没出流计算、堤垸吐纳洪水调蓄计算。就模型的计算范围、模型构架、模型算法、模型率定进行相关研究，计算不同频率洪水时长江中下游分洪量。探究出水库群防洪调度效益评估与风险分析方法，提出了灰色斜率关联分析和主成分分析法，并建立起水库群防洪补偿调度方案评价指标体系（图7.34）。

7.3.3　适应多维度用水需求的水库群供水调度技术

本技术研究工作以流域水资源优化配置与高效利用为目标，围绕适应长江中下游多维度用水需求的上游水库群供水调度面临的理论和工程难题，结合水电能源学、系统工程理论、多目标优化方法，开展长江中下游取用水户需水特性、适应多维度用水需求的供水调度理论方法、调度模型、调度模式、调度方案等方面的研究。

7.3.3.1　长江中下游干流取用水户及其取用水需求特性研究

以长江中下游取用水户为研究对象，通过实地调查和相关资料整理，分析长江中下游

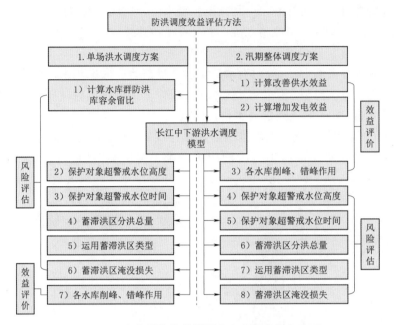

图 7.34 水库群防洪补偿调度方案评价指标体系

不同区域生活、工业、农业、生态等方面的历史、现状和未来用水情况，研究长江中下游干流地区需水总量、需水结构以及从长江干流取水量的演变规律，选取长江中下游干流重要控制断面，推演计算得到满足中下游沿江地区用水需求各控制断面的流量、水位控制指标（表 7.1），分析长江中下游地区现状供水矛盾，为构建适应多维度用水需求的水库群供水调度模型提供边界约束条件。

表 7.1 长江中下游重点控制断面最小流量控制指标

断面名称	多年平均流量 /(m^3/s)	供水最小流量需求 /(m^3/s)	最小下泄流量控制指标 /(m^3/s)	最终采用下泄流量指标 /(m^3/s)
宜昌	14025	5603	6000	6000
沙市	12366	5186	5600	5600
螺山	20097	7637	—	7637
汉口	22497	8190	8640	8640
九江	22184	8203	8730	8730
大通	28722	10000	10000	10000

根据长江中下游重要引调水工程的调查情况，分析了长江中下游重要控制断面的流量控制指标，计算得到中下游重点控制断面的最小下泄流量，明确了长江中下游干流取用水户及其取用水需求特性。

同时，分析人类与植被耗水之间的相似性，类比传统 Budyko 曲线构建了人类社会多维度用水需求 Budyko 模型，利用长江流域六省（直辖市）的社会经济和气象数据显性验证了该关系的存在（图 7.35 和图 7.36）。

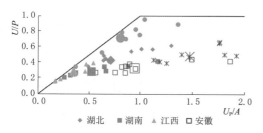

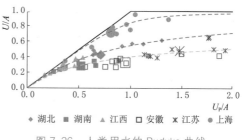

图 7.35　2007—2015 年长江中下游各省份的
人类用水行为 Budyko 形式描述

图 7.36　人类用水的 Budyko 曲线

7.3.3.2　适应中下游重点区域供水安全的水库群供水调度模型和方案

在此项研究工作中，重点研究适应中下游重点区域供水安全的水库群供水调度模型构建方法。根据中下游用水需求提出不同时期长江上游水库群联合供水目标，确定中上游水库群联合供水调度的边界条件，研究流域一体化管理模式下水库群适应性供水优化调度建模技术，建立面向中下游不同重点区域取用水安全的水库群供水调度模型组，为开展适应多维度用水需求的供水调度方案编制提供模型工具。以补偿供水系数为决策变量，提出流域梯级水库群中长期供水调度优化模块（图 7.37）。

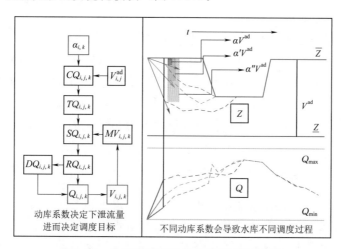

图 7.37　动库系数决定水库调度过程示意图

针对长江中下游地区供水需求，首先，提出了长江中上游水库群供水顺序调度决策模型，并依据三个指标反映模型的一些具体实施情况；其次是提出了供水的约束及边界条件，将水库模型数据化，能反映实际调度运行情况所需的约束和边界；最后得到顺序补供水的整体思路和具体实施的细节，为实际供水调度提供基本思路。另外，界定了保障两湖湿地生态安全的水库群优化调控模型系统范围，建立了三峡-葛洲坝联合调度模型（图 7.38）。

7.3.3.3　面向两湖和长江口地区供水需求的水库群供水调度方案

在此项研究工作中，结合两湖湖区与长江干流实际水流交互作用，构建了长江干流嵌套洞庭湖与鄱阳湖的一维水动力模型，选取 DHI 开发的水动力学模型 MIKE ZERO 系列

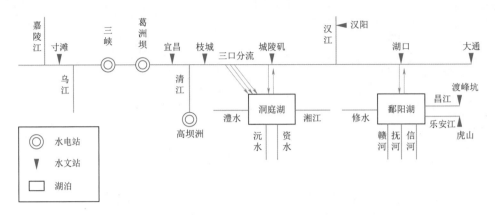

图 7.38　三峡–葛洲坝联合调度模型示意图

洪水模拟软件中 MIKE11 模块模拟河道水体演进过程。在模型构建时，分前处理、数值计算及后处理三个过程。其中，前处理过程主要是处理河道断面资料、地形资料以及上、下游边界资料等，以供数值计算过程使用；数值计算过程主要涉及模型初始条件的设置、时间步长的设置及参数率定等；后处理过程主要是提取模型计算结果数据并展示，分析结果的可靠性和精确性等。

7.3.3.4　特枯水年长江中下游应急调度方案编制

在此项研究工作中，以《长江流域水资源管理控制指标方案》为基础，结合生态、城市取水需求等，重点研究确定特枯水年重点供水对象，明晰供水调度的调度主体及其启动条件、控制方式等，提出水库群联合供水应急调度准则，编制上游水库群的应急调度预案，为以三峡水库为核心的长江上游控制性水库群特枯水年供水应急调度提供技术支撑，充分发挥水库群的调控作用。

7.3.4　面向江河湖库生态安全的水库群调度技术

基于对水库调度与生态需求关系的辨识，从长江水生态系统结构与功能特征、水生态系统面临风险与问题、河流阻隔背景下水生态系统对水库调度的需求等多方面分析，提出了三峡库区、长江中游以及两湖湿地生态安全问题以及调度需求，在此基础上研究提出面向库区及支流水华防控、长江中游重要生物保护、两湖湖泊湿地生态安全保障等多目标的长江上游水库群调控模式。主要成果结论与要点如下：

（1）针对水库水华防控的调度需求，通过对水华的现状、生消机理研究，基本阐明了三峡水库支流水华生消机理及其影响因素，并实现了"潮汐式"调度参数的构建，并试算了通过水库调度防控三峡水库支流水华的可行性。

通过构建三峡水库香溪河库湾支流水动力–水质–水华模型，初步实现了支流水华的预测预报；通过该模型实现香溪河库湾水体层化结构的模拟，模拟结果与实测结果非常吻合。通过构建三峡水库"潮汐式"调度参数，开展了基于水流–水质–水华模拟的"潮汐式"调度试算，发现在汛前消落期、汛期和汛后蓄水期（叶绿素 a 浓度空间分布对比见图 7.39～图 7.41），均有可能通过水库调度改变混合层深度，进而控制支流水华。

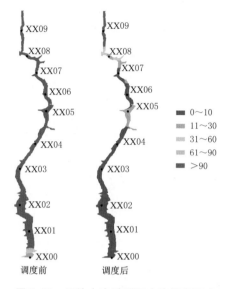

图 7.39　三峡水库香溪河库湾汛期调度
前后叶绿素 a 浓度空间分布对比（单位：g/L）

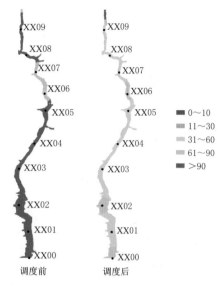

图 7.40　三峡水库香溪河库湾消落期调度
前后叶绿素 a 浓度空间分布对比（单位：g/L）

（2）针对长江中游重要生物生活史完成的调度需求，研究以长江中游重要经济物种（四大家鱼）和长江珍稀特有物种为主要考虑对象，从鱼类早期资源对水文过程的响应、鱼类自然繁殖的水文、水温过程分析，进行了鱼类自然繁殖对水温过程的研究，见表 7.2，基于这些鱼类自然繁殖需求的研究成果，综合提出满足中游重要生物自然繁殖的调度方案。此外，通过建立一维和三维耦合的水动力水温模型，模拟在复杂水流水温调控下的库区和河道流场、水温场分布情况，探究三峡-葛洲坝梯级水库联合运行对葛洲坝下游河道水温变化的影响，以及进一步研究其对中华鲟和四大家鱼产卵繁殖行为的累积效应。

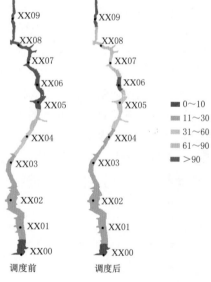

图 7.41　三峡水库香溪河库湾蓄水期调度前后
叶绿素 a 浓度空间分布对比（单位：g/L）

（3）针对保障量化湿地生态安全的调度，通过对两湖湿地洲滩调查与分析的基础上，对典型洲滩植被群落结构与功能、植物群落空间分布与植被生物量现状与演变趋势、水文条件演变趋势的系统研究，明确了水文条件与植被空间分布及生产力的关系，提出了保障两湖湿地安全的水库群优化调控模型及研究指标。界定了保障两湖湿地生态安全的水库群优化调控模型系统范围；界定了保障洞庭湖湿地生态安全的生态水位；构建了基于支持向量回归的洞庭湖水位预测模型，为湖区水位变化对湖泊生态系统中水生生物影响预测提供了水库优化调度模型与目标函数。

表 7.2 促进中华鲟自然繁殖水温参数重要程度排序

水温参数	等级水平	等级值	等级5重要程度	等级1不重要程度	重要程度值	排序
F1	Level1	18	1	5	6	1
F2	Level5	22.8	9	4	13	2
F3	Level1	17.6	10	9	19	3
F2	Level1	17.8	2	18	20	4
F4	Level5	19.9	17	6	23	5
F1	Level5	23.2	5	19	24	6
F1	Level2	18.8	6	18	24	7
F2	Level2	18.8	7	17	24	8
F4	Level2	18.2	15	10	25	9
F3	Level2	18.35	13	13	26	10
F4	Level1	17.4	14	12	26	11
F6	Level3	0.6	25	1	26	12
F1	Level4	20.65	4	23	27	13
F7	Level3	0.4	30	2	32	14

（4）针对面向生态多目标的调度模型，完成了长江上游不同时期不同区域的生态调度目标的水文特性分析。针对有关研究内容，综述了研究涉及的入库径流随机模拟、机会约束规划及水库群生态调度研究的国内外研究进展。针对长江上游和中下游面临的三峡库区水华、葛洲坝下游四大家鱼和中华鲟繁殖等生态问题，分析了各生态目标的生态调度需求。针对生态调度面临的径流不确定性问题，提出了基于 SAR 模型的入库径流随机模拟技术。针对径流不确定性影响下的水库生态调度问题，构建了梯级水库群机会约束模型，并提出了一种多目标多种群连续域蚁群算法实现模型的求解。针对三峡水库汛期蓄水对下游水生生物栖息地的影响展开研究，建立三峡汛末蓄水期多目标生态调度模型，并运用多目标差分进化算法，结合所提出的约束处理技术实现模型的高效求解。不同调度方式下梯级电站发电量见表 7.3。

表 7.3 不同调度方式下梯级电站发电量 单位：亿 kW·h

年份	均匀消落	常规优化调度	生态优化调度
2005	211.63	212.18	212.01
1986	189.70	190.04	189.90
1965	196.97	197.41	197.32

7.3.5 水库群跨区发电调度协同优化技术

以水文径流和负荷需求随机演化为核心，研究复杂运行条件下水电站群实时发电调度自寻优调控技术及联合调峰技术，建立水库群多维时空尺度嵌套精细调度模型，提出面向水电跨网消纳的丰水期库群水能资源优化配置方案，解决水库群跨电网发电调度分区优化控制技术难题,形成一整套水库群多维时空尺度发电调度共性支撑技术,实现梯级水库群发电调度的协同优化和流域水能资源的高效利用。

7.3.5.1 复杂运行条件下水库群实时发电调度自寻优调控技术

把清江梯级作为研究对象,在电网给定单站日电量计划和梯级日负荷曲线的条件下,提出了梯级水电站厂间负荷优化分配模型,制定出机组启停及出力计划,从而优化梯级耗能和机组运行工况,实现非实时优化策略滚动修正,为实时负荷优化分配提供制定依据;构建了电网实时智能调度模型,阐述了模型运用流程,以电量或水量偏差为背景,建立了余留期梯级水电站负荷分配模型,切实增强余留期优化滚动修正的有效性。"偏差补回"策略中 50~96 时段发电量对比见表 7.4。

表 7.4   "偏差补回"策略中 50~96 时段发电量对比   单位:万 kW·h

项目	水布垭	隔河岩	高坝洲	清江梯级
电量偏差	−153	106	51	4
原计划发电量	1229.422	795.486	224.827	2249.735
余留期发电量	1076.327	901.486	275.827	2253.64
完成调整电量	−153.095	106	51	3.905

7.3.5.2 流域巨型水库群枯水期水位消落联合调控技术

研究分析了金沙江下游枯水期径流的年际和期内分布特性,并依据两个阶段优化问题的单调原理,推求了可确定梯级水电站枯水期运行方式的消落判据,提出了基于消落判据的梯级水电站联合调度消落准则制定方法,在综合分析理论调度规则和长系列径流演算成果的基础上,提炼了金沙江下游梯级水电站枯水期运行方式和消落期联合消落准则。结果表明,根据实际来水情况选择梯级整体消落水位控制方案,可同时兼顾增发电量和减少弃水两大问题,不失为一种较好的梯级电站群调度方法(图 7.42)。

7.3.5.3 面向水电跨网消纳的丰水期库群水能资源优化配置技术

通过对梯级电站不同时期、不同工况下的历史负荷数据的统计分析,建立了梯级负荷超短期及短期预测模型,运用梯级电站的历史日负荷数据验证预测模型的有效性;同时,结合送端水电规模和受端消纳水电能力,考虑调峰约束和电网输送能力约束等约束条件,综合送端火电可压缩能力,提出了以最大化利用水电及送受端联合系统火电发电量最小为优化目标的水电外送消纳预测模型,并针对华中电网直调电站中存在的多站送单一电网的情况,建立了多站单电网送电情形下的发电计划编制模型,并在清江梯级和沅水梯级进行了模型验证。针对华中电网直调电站中存在的单站送多电网的情况,研究建立了单站多电网送电情形下的发电计划编制模型,并在二滩水电站进行了模型验证。在充分考虑华中电网五省一市电网特性以及网间联络情况的基础上,建立了联合电力系统间水电跨网消纳以火电出力调整模型(图 7.43),运用华中电网历史数据进行模型验证。针对梯级水电站不同调度期运行工况的差异,综合考虑水力、机械和电气系统间的影响和制约因素,结合梯级水电站在电力系统负荷图中的工作位置,实现了水电站时间和空间上的最优化运行。在分析了来水突变和实际负荷变化这两个诱因的基础上,建立了来水变化情形下的实时自动发电控制(AGC)模型和负荷变化情形下的实时自动发电控制(AGC)模型,并拟定来

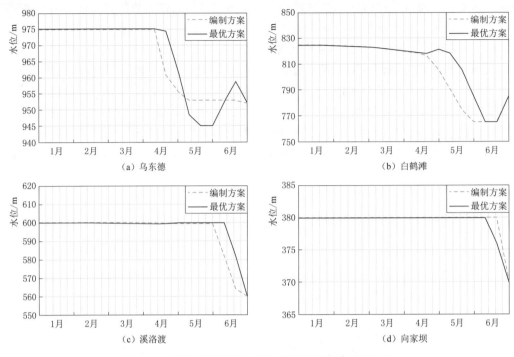

图 7.42　调度规则编制方案与模拟计算最优方案对比

水增加、来水减少和负荷增加、负荷减少等各种工况对模型进行验证。

7.3.5.4　巨型水库群多维时空尺度嵌套精细调度技术

在流域巨型水库群联合优化调度问题中，相比其他的不确定因素，来水不确定性是显

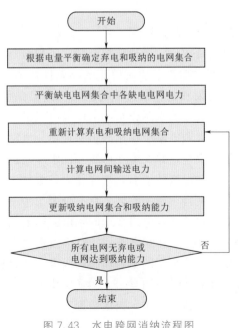

图 7.43　水电跨网消纳流程图

著影响优化运行结果的一个重要原因。对于确定性优化调度方法，通常假定来水情况为典型频率来水，或是历史来水进行模型的优化求解。然而这种方法由于没有考虑到来水不确定性的因素，导致优化结果指导实际运行的意义并不大。考虑到水电站优化运行中的不确定性因素主要存在于来水过程，研究了来水不确定性对梯级水电站优化调度产生的影响。以服从正态分布的独立随机变量来描述梯级水电站入库径流过程，建立基于机会约束的长期优化调度模型，并采用蒙特卡洛方法与人工蜂群算法相结合的方式对长期优化调度模型进行求解。据此提出了巨型水库群联合优化运行的多时空尺度循环嵌套精细调度方法，研究分析了梯级水电站两阶段优化问题单调性的存在条件，结合所提出的正逆序回溯的约束修正策略和基于

两阶段优化问题单调原理的局部搜索策略,实现了梯级水电站为进一步证明嵌套模型的效果,提出了中期分期优化目标和中期发电目标进行比较。比较结果证明了中期分期模型能有效降低汛期防洪风险,实现了在长期调度中考虑不同优化目标的目的,并揭示了长期调度指导中期调度的方法原理,为梯级水电站优化调度方法提出一个新的解决方案及方法数据支撑。该调度模型流程见图 7.44。

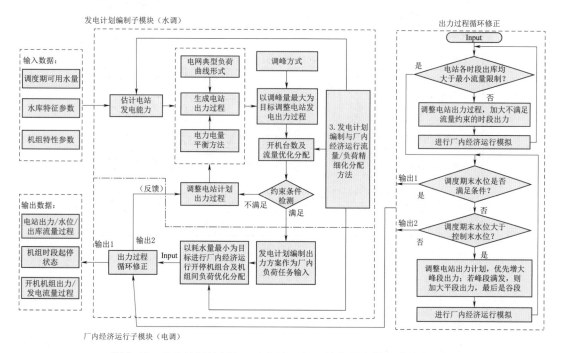

图 7.44 发电计划编制与厂内经济运行一体化调度模式总体流程图

7.3.5.5 巨型水库群跨区多电网分区优化控制及联合调峰技术

针对地理分区导致不同分区间的水力联系较弱的问题,为实现梯级水电站群或混联水电站群的优化调度水资源高效利用,保证各级调度计划自主权,提出了一种"自下而上逐级上报,由上往下协调发布"的区域电网水电多级协同优化调度方法,促进了电网多级协同工作;系统分析了巨型水库群短期联合发电日计划编制问题,建立网省协调分配模型,进行了区域直调水电站日计划编制(图 7.45)。

在保障电网安全运行,兼顾电站公平的基础上,水电多级协同优化调度使余留给火电等其他电源的负荷尽量平稳,保证了电网安全、稳定、经济运行。为适应不同情景模式下水电站群联合发电优化调度的目标和要求,通过试算、对比与验证等方式,求解出兼顾高效、稳定、高精度的求解方法,制定了自动适应复杂混联水电站群的水力联系与电力联系,又能提供矛盾边界、调度冲突的智能松弛策略,确保了优化结果的合理性和实用性。针对传统梯级电站群优化调度方法在实际执行过程中产生较大偏差,建立了精细化调度模型并求解,获得了精确的流域梯级电站群短期优化调度方案,满足了电网实际运行需求。为解决跨流域梯级水电站群联合调峰与电量消纳等大规模水电系统调度关键问题,建立了水电跨区联合调峰与电量消纳模型,在给定电网受电量、电站调峰容量及输电线路稳定运

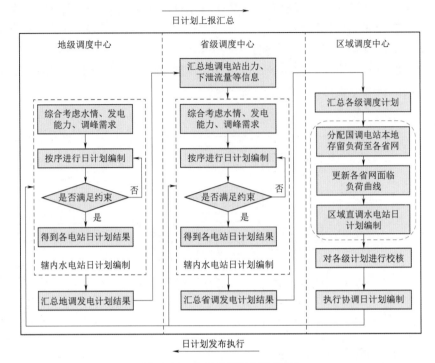

图 7.45　多级协调编制流程图

行限制要求下，利用网间负荷互补特性，获得了水电出力在各受端电网的最优分配方案，缓解了水电弃水窝电与电网调峰不足的矛盾，提高了水电跨区调峰及电网消纳水电电量的能力，有效地解决了华中区域电网水电站群多电网送电问题，效果见图 7.46。同时，提出了一种计及不确定性的风电及大、小水电短期优化调度模型，实现了多地区多电源的互济协调，减少弃水、弃风，响应了湖南电网实际需要。

7.3.5.6　有限理性及协同竞价的演化博弈

针对多开发主体模式形成的多业主梯级水库群协同调度管理复杂的问题，系统剖析了梯级水库群多业主特征，研究了梯级水库群的互利共生关系及其复杂适应系统，全面总结了多业主梯级水库群协同竞价的内外动因，并据此确立了多业主梯级水库群协同竞价模式、具体流程和运行机制。从博弈论的基本要素、分类及 Nash 均衡等方面系统阐述了博弈论的基本理论，结合水库群竞价特性，深入研究了基于双层优化的博弈模型及其遗传算法求解技术。分析可转移效用、个体理性和群体理性，探究协同博弈分配方案，研究稳定集、谈判集、核心、核仁、Shapley 值，系统剖析协同静态博弈的解。论述了协同稳定性的内涵，并系统总结了影响协同稳定的内部和外部影响因素，建立了基于协同的稳定性分析模型。系统分析了系统的主要形式，研究了多业主梯级水库群主要的 3 种协同方式。通过模型假设、约束条件及目标函数分析，建立完全信息下协同的动态博弈模型。深入分析了不完全信息下协同动态博弈的影响因素，研究基于 GM（1，1）的电价预测模型及其改进模型，并据此构建了不完全信息动态协同博弈模型。通过分析理性人假说和有理性假说，研究有限理性及其对协同竞价博弈的影响。系统论述了最优反应动态合复制动态理

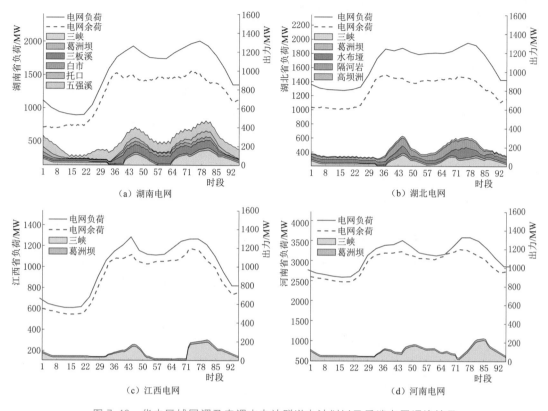

图 7.46　华中区域国调及直调水电站群送电计划以及受端电网调峰结果

论，解构演化博弈分析框架，通过研究博弈策略调整规则和最优反应动态模拟技术，制定演化均衡及其演化稳定策略。通过分析均衡解和稳定性，构建梯级水库群多业主协同竞价复制动态模型，阐述模型的运用流程。

7.3.6　基于分区控制的水库群优化蓄放水策略研究

围绕长江上游巨型水库群优化蓄放水策略制定所面临的重大科学问题和关键技术难题，以变化环境下的水库群最优蓄水时机选择为切入点，解析复杂串并联水库群的空间分区解耦原理，研究基于 Copula 函数的长江上游干支流洪（枯）水遭遇；长江上游主要控制站汛期洪水分期；水库群运行期设计洪水及汛控水位；梯级水库蓄水次序优化理论与策略；水库群多目标蓄水调度模型建立与高效求解；考虑生态流量和下游影响的水库群蓄水方案等显著提高水库群的汛末蓄满率及水资源利用率，并针对金沙江下游与三峡梯级水库群形成典型示范。

7.3.6.1　基于 Copula 函数的洪水遭遇研究理论和方法

研究分析了长江上游洪水的形成及类型、发生时间及过程；引入多维非对称型 Gumbel Copula 函数，采用混合 Von Mises 分布拟合汛期洪水、枯水发生的时间，P - Ⅲ 型分布拟合洪水、枯水量级，分别构建了长江上游干支流四个控制站的洪水枯水发生时间及量级的联合分布；分析了四站的洪水、枯水发生时间和量级的遭遇概率，得出长江上游干支流千年一遇洪水枯水遭遇概率很小的结论，即长江上游全流域同时发生特大洪水或极端枯水的概率趋近于零。

采用四维对称和非对称型 Copula 函数构造洪水发生时间和量级的联合分布。采用 Gumbel、Frank 和 Clayton 三种 Copula 函数进行试算，根据离差平方和最小准则选择合适的 Copula 函数，分析遭遇风险。将洪水发生的时间作为研究变量年最大洪水发生时间的间隔不超过 dt 天，则定义其为遭遇，遭遇的概率为

$$P_n^t = P_t(t_k < T_i \leqslant t_{k+1}, t_k - dt_{ij} < T_j \leqslant t_{k+1} + dt_{ij}, \cdots, t_k - dt_{in} < T_n \leqslant t_{k+1} + dt_{in})$$

(7.1)

式中：i、j 代表了任意测站，但 j 站在 i 站的下游；T_i 表示洪水发生的日期；t_k 代表汛期的第 k 天；dt 表示任意两江洪水发生时间的间隔。

采用 Copula 函数分别建立长江上游干支流控制站的洪水发生时间和量级的联合分布。

7.3.6.2 长江上游干支流水文控制站汛期洪水分期

研究分析了上游各主要支流洪水的分期特性，根据洪水峰量大小统计规律，对上游各大支流及宜昌站年最大洪峰、5 日洪量等特征量及汛期洪水过程的时间分布规律进行了分析总结。采用均值变点分析、熵理论分析方法对上游洪水的分期特征进行了研究，两种方法得出了较为相近的研究结果，可为提前蓄水提供技术支撑。以宜昌站为例，利用信息熵分期方法对宜昌站汛期日最大洪峰流量序列进行分期所得结果见图 7.47。

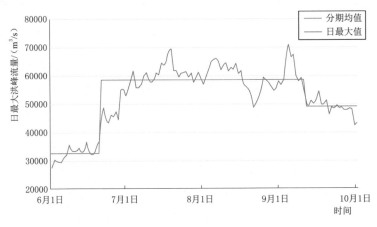

图 7.47　宜昌站日最大洪峰流量熵理论分期图

采用均值变点、信息熵方法计算长江上游干支流五个控制站的汛期分期，统计结果结果列于表 7.5。

表 7.5　　　　　　　　　长江上游干支流五个控制站汛期分期结果比较

站　点	后　汛　期		2016 年度上游水库群联合调度方案
	均值变点分析	熵理论分析	水库起蓄时间范围
干流宜昌站	9 月 11 日	9 月 11 日	三峡：9 月中旬
金沙江屏山站	9 月 10 日	9 月 5 日	溪洛渡：9 月上旬 向家坝：9 月中旬

续表

| 站 点 | 后 汛 期 | | 2016 年度上游水库群联合调度方案 |
	均值变点分析	熵理论分析	水库起蓄时间范围
岷江高场站	9 月 1 日	9 月 7 日	岷江梯级：10 月 1 日
嘉陵江北碚站	8 月 10 日	8 月 15 日	嘉陵江梯级：9 月 1 日
乌江武隆站	8 月 25 日	8 月 21 日	乌江梯级：9 月 1 日

从表 7.5 中可以看出，两种方法得到的分期结果相差不大。调度方案推荐水库起蓄时间与流域后汛期分期节点相比，溪洛渡、向家坝、三峡水库提升潜力有限，而岷江、嘉陵江、乌江流域梯级水库蓄水时间提升潜力巨大。

7.3.6.3 水库运行期设计洪水及汛控水位研究

长江上游干支流已形成和在建一批库容大、调节性能好的梯级水库群。受上游梯级水库群调蓄和联合调度的影响，下游水库的水文情势和功能需求与初步设计时期相比已发生了显著变化。水库运行调度仍按汛限水位，忽略了上游梯级水库群的调蓄和联合调度的影响，必然导致水库汛期运行水位偏低、综合利用效益有待提高等问题。

现有的水库建设期（初设）设计洪水属于规划设计层面的技术问题，已有相关规章制度。水库运行期设计洪水属于联合运用层面的技术问题，即考虑水库功能改变、上游水库群调蓄和下游防洪兴利需求变化等，推求水库运行期设计洪水及特征水位，该研究目前尚属空白。在实时调度层面应依据气象水文预报信息和汛控水位指导水库运行调度，不仅更加科学合理，还可避开汛限水位法律法规的限制。

以对金沙江梯级水库（水系图及概化图见图 7.48 和图 7.49）运行期设计洪水分析计算为例，由最可能地区组成法得到溪洛渡、向家坝水库各自的洪水地区组成，并由调洪演

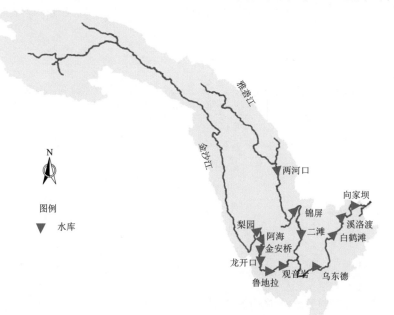

图 7.48　金沙江及雅砻江流域水系图

算得到各水库运行期千年一遇的设计洪峰、3d 洪量、7d 洪量和 30d 洪量。各水库的原设计及运行期千年一遇设计洪水值列于表 7.6。受调蓄影响的溪洛渡水库和向家坝水库的千年一遇洪峰流量、3d 洪量和 7d 洪量均有明显削减，且向家坝水库削减程度更大。向家坝水库的千年一遇设计洪峰、3d 洪量和 7d 洪量的削减率分别为 35%、33% 和 30%。

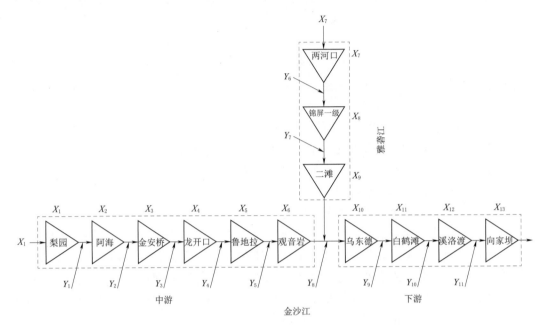

图 7.49　梯级水库概化图

表 7.6　溪洛渡—向家坝梯级水库原设计和运行期千年一遇设计洪水值及削减率

特　征　值	期间	溪洛渡	向家坝
$Q_{max}/(\text{m}^3/\text{s})$	原设计	43300	43700
	运行期	31349（−27.6%）	28297（−35.3%）
$W_{3d}/$亿 m^3	原设计	106	108
	运行期	78.1（−26.3%）	72.4（−33%）
$W_{7d}/$亿 m^3	原设计	235	237
	运行期	181（−23%）	166.8（−29.6%）
$W_{30d}/$亿 m^3	原设计	752	759
	运行期	680（−9.6%）	674（−11.2%）
汛限水位/m 汛控水位/m	原设计	560	370
	运行期	570.67	371.36
汛期多年平均发电量/(亿 kW·h)	原设计	190.5	97.0
	运行期	202.1（+6.1%）	98.4（+1.4%）

7.3.6.4　梯级水库群蓄水优化调度模型与高效求解

将水库的蓄水时间提前至汛末期，必须考虑汛末期的防洪安全问题。本研究利用蓄水调度线作为调度规则，指导水库蓄水调度。蓄水调度线能明确起蓄时间和蓄水进程，通过设置汛末控制水位满足防洪的要求，对充分发挥水库枯水期的综合利用效益，具有重要的理论价值和现实意义。水库蓄水优化调度示意见图 7.50，蓄水模型优化对象为蓄水调度线各时间点水位。

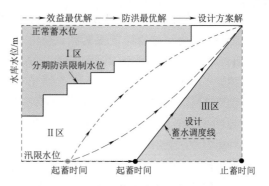

图 7.50　水库蓄水优化调度示意图

对于水库群数目较少的梯级水库蓄水调度，常用多目标智能算法进行优化调度（图 7.51）。以金沙江下游四库（乌东德、白鹤滩、溪洛渡、向家坝）和三峡水库为例，其研究内容主要包括两个部分：①风险分析，基于蓄水期不同时间节点的防洪限制水位推求调度方案存在的防洪风险；②兴利效益，基于实测径流资料分析联合蓄水方案的发电和蓄水等综合效益。最终通过一系列评价指标优选出非劣解集，用于指导水库群蓄水调度。

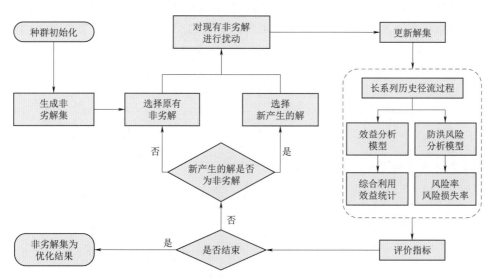

图 7.51　梯级水库蓄水模型求解流程图

针对多目标优化问题，常用的两种解决思路是：①选取最主要目标函数作为优化对象，将其余优化目标作为约束条件，从而替换为常见的单目标优化问题；②采用多目标遗传算法或 Pareto 存储式动态维度搜寻法，对多目标模型进行优化求解。实例应用上效率更高的是 Pareto 存储式动态维度搜寻法（PA-DDS）的流程具体步骤如下：

（1）采用 DSS 算法初始化种群，并生成 Pareto 前端。

（2）计算当前所有优化结果的拥挤半径，并根据拥挤半径寻找出 Pareto 前端。

（3）对当前解的集合进行一定邻域上的随机扰动，采用 DDS 算法产生出新的解集。

（4）判断步骤（3）中产生的新解集是否是非劣解，如果是则代替原来的解。

（5）重复步骤（2）～（4），直到满足结束条件。

7.3.6.5 基于月降雨径流预报的水库蓄水时机判定

为实现三峡水库的月径流预报，运用奇异谱分析（SSA）方法对三峡水库的月径流资料进行降噪处理，采用人工神经网络（ANN）和支持向量机（SVM）建立确定性预报模型。

为说明预报模型对三峡水库蓄水时机选择的适用性，直观表现出9月径流与前4个月存在的关系，将SVM-4模型1882—2016年9月预报值与实测值建立散点图，见图7.52～图7.53。图中可以看出，预报值与实测值的关系比较密切，相关系数达到0.7283。三个矩形区域即预报模型可准确将9月来水进行丰、平、枯分类的情况，可以看出SVM-4模型绝大部分预报值均位于区域内或分界线相邻处。故该预报模型可一定程度上应用于三峡水库9月的径流预报，即认为8月末可较为准确预测9月的来水情况，为三峡水库蓄水调度提供科学依据。在实际工作中，还可根据9月的定量降雨预报信息，一并估计判断9月来水的丰、平、枯情况。显然9月来水为枯不利于蓄水，若使用预报模型提前知晓9月来水为枯，由于9月10日起蓄，蓄水效果不佳，考虑进一步提前起蓄时间为9月1日，将1882—2016年中共计40年的9月为枯水的资料作为蓄水优化模型的输入，得到9月为枯水情况下起蓄时间为9月1日的优化蓄水调度线（预报枯水方案，图7.54）。该优化调度线利用9月初的来水，较快提升蓄水位，与优化方案相比，其9月10日水位大幅提升。同理可得到9月10日起蓄的预报丰、平水方案。

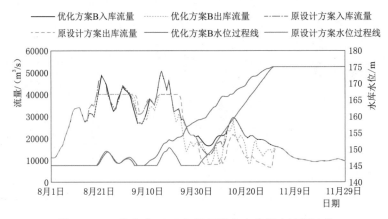

图7.52 三峡水库1952年不同蓄水方案蓄水过程比较

将9月不同来水情况的年份，采用相应预报方案与优化方案模拟调度，比较可以看出：

（1）当9月为丰、平水时，预报方案稍稍好于前述较优的优化方案，提升幅度不大（图7.54）。平均而言，采用预报方案可比优化方案提高发电效益2.25亿kW·h（0.88%），9月底的蓄水位为0.55m（0.33%），10月底的蓄水位为0.20m（0.11%）。

（2）当9月为枯水时，预报方案提升效益尤为显著，采用预报枯水方案，比优化方案可大幅提高发电效益6.83亿kW·h（3.43%），9月底的水位为1.86m（1.15%）。10月底蓄水位提升幅度不大，为0.70m（0.40%），但由于水库的水面面积随着水位增高而增大，计算年均蓄满率，可增加3.44%。

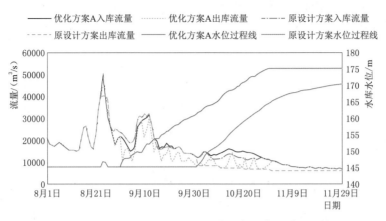

图 7.53　三峡水库 2010 年不同蓄水方案蓄水过程比较

上述结果说明，若 9 月来水为丰、平，9 月 10 日起蓄方案效益良好，考虑预报提升不大。若 8 月末通过预报模型提前知晓 9 月来水为枯水月，可将起蓄时间提前至 9 月 1 日，采用预报枯水方案调度可大幅提高三峡水库蓄水期发电量及蓄满率。

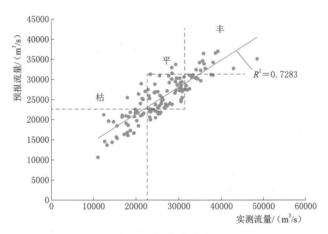

图 7.54　SVM-4 模型 9 月预报值与实测值

7.3.6.6　溪洛渡、向家坝、三峡水库联合蓄水方案

借助多站点径流随机模拟方法，模拟溪洛渡—向家坝—三峡梯级水库群蓄水期不同来水情景条件下的径流过程，建立水库提前蓄水方案优化模型，通过风险和效益的综合评价，分析比较水库群优化蓄水方案，得到相应的蓄水规律与建议的起蓄时间。

考虑到梯级水库与单一水库相比，计算蓄满率时需整体考虑，以突出不同水库间库容的差异。梯级水库下，各水库蓄水期的防洪控制水位选取也更为复杂，提前蓄水可以产生更多的发电效益，并提高蓄满率，但会增加水库的防洪风险；反之推迟蓄水时间，对于防洪最为有利，但在一定程度上会减少水库的综合利用效益。故设置蓄水模型的目标函数为水库群防洪风险最小，蓄水期多年平均发电量、加权后蓄满率最大，以协同优化防洪、发电和蓄水等多目标。

图 7.55～图 7.57 绘制了不同来水情况与目标下的梯级水库蓄水调度线。分析这些调度线后可发现一些特征：

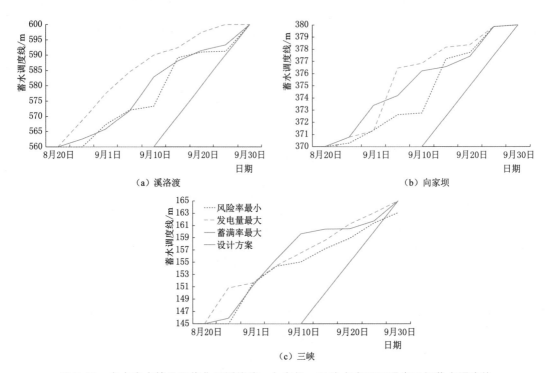

（a）溪洛渡　　　　　　　　　　　（b）向家坝

（c）三峡

图 7.55　丰水来水情景下优化后溪洛渡—向家坝—三峡水库不同调度目标蓄水调度线

（1）不同来水情况与目标下优化后蓄水调度线普遍高于原设计方案，蓄满率最大方案下调度线也要明显高于风险率最小的调度线。

（2）不同来水情况下，对于溪洛渡与三峡水库开始蓄水调度的初期，发电量最大方案下的调度线是最高的，而不是通常意义上的蓄满率最大调度线。

（3）不同来水情况下，溪洛渡与向家坝水库的风险率最小调度线在 9 月 10 日左右均存在明显的转折点，在该点之后，调度线将明显抬升。

（4）特别针对三峡水库的调度线开展分析，发电量最大的调度线在平、枯水年的条件下，9 月末不能达到 165m 的目标水位，这意味着在来水不足的情况下，采用发电量最大调度线将影响水库群的蓄满率。

7.3.6.7　考虑生态流量和下游影响的梯级水库群多目标蓄水调度

生态流量是为了维护河流生态系统各项功能的有序运转，河道中应当保留的流量。考虑生态流量的水库群多目标蓄水调度模型为：考虑到乌东德、白鹤滩水库的防洪库容要大于溪洛渡、向家坝水库的防洪库容，需要改进防洪风险最小的目标函数，同时，为在蓄水模型中考虑不同的生态流量，将固定最小下泄流量也相应调整为变量。

在保留防洪风险最小目标风险率 R_f 的基础上，进一步计算防洪库容占用率（称为风险损失率 R_s），可用来表示风险事件发生后所造成的损失，其计算公式为

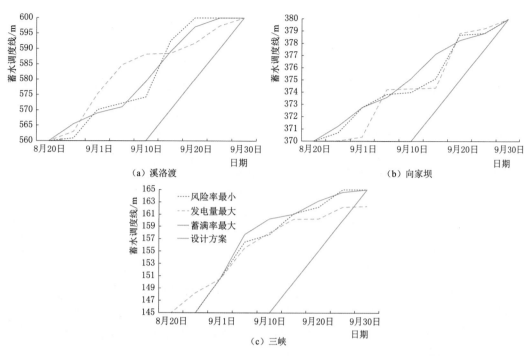

图 7.56 平水来水情景下优化后溪洛渡—向家坝—三峡水库不同调度目标的蓄水调度线

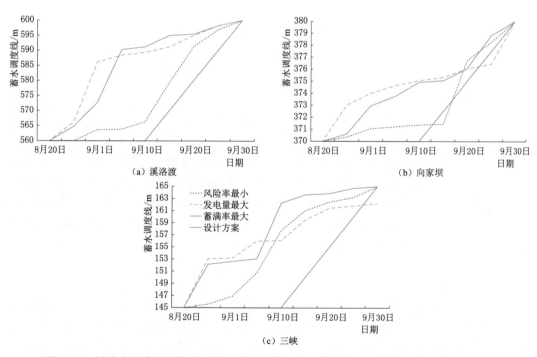

图 7.57 枯水来水情景下优化后溪洛渡—向家坝—三峡水库不同调度目标的蓄水调度线

$$R_s = \begin{cases} \dfrac{(V_f - V_0)}{(V_m - V_0)} & V_f \geqslant V_0 \\ 0 & V_f < V_0 \end{cases} \tag{7.2}$$

式中：V_0 表示蓄水期不同时间节点分期防洪限制水位对应的库容；V_f 为各年蓄水调度的最高库水位 Z_f 对应的库容，而 V_m 则表示水库最大的调洪库容（以三峡水库为例，175m 水位对应的库容）。故 $V_m - V_0$ 可表示水库蓄水期所预留的防洪库容；$V_f - V_0$ 则为预留防洪库容被占用的情况；当 $R_s = 0$ 时说明预留防洪库容未被占用，不存在风险；而 $R_s = 1$ 时说明预留防洪库容全部被占用，水库丧失了调洪能力。

目标函数为水库群防洪风险最小（包含风险率 R_f 与风险损失率 R_s），蓄水期多年平均发电量、加权后蓄满率最大，以协同优化防洪、发电和蓄水等多目标。梯级水库防洪风险最小的目标函数如下：

$$\begin{cases} \min R_1 = \min\limits_{x \in X}[\max(R_{f,1}, R_{f,2}, \cdots, R_{f,i}, \cdots, R_{f,n})] = f_1(x) \\ \min R_2 = \min\limits_{x \in X}[\max(R_{s,1}, R_{s,2}, \cdots, R_{s,i}, \cdots, R_{s,n})] = f_2(x) \end{cases} \tag{7.3}$$

式中：$R_{f,i}$ 和 $R_{s,i}$ 是第 i 个水库的风险率和风险损失率，防洪风险最小即为函数值 R_1，R_2 最小化。

水库出库流量及流量变幅约束与前节不同，各水库蓄水期最小出库流量 $Q_{i,\min}(t)$ 为变化值，其余约束与一致。

$$Q_{i,\min}(t) \leqslant Q_i(t) \leqslant Q_{i,\max}(t) \tag{7.4}$$

$$|Q_i(t) - Q_{i-1}(t)| \leqslant \Delta Q_i \tag{7.5}$$

式中：$Q_{i,\min}(t)$ 和 $Q_{i,\max}(t)$ 为第 i 水库 t 时刻最小和最大出库流量，m^3/s；$Q_{i,\max}(t)$ 一般由水库最大出库能力、下游防洪任务确定；ΔQ_i 为第 i 水库日出库流量最大变幅，m^3/s。

选定 1952 年洪水过程作为典型洪水进行调洪演算，并根据《2019 年长江流域水工程联合调度运用计划》等相关文件、调度规程，共同确定了各水库的分期防洪限制水位。

研究表明，使用较早起蓄的方案与生态流量约束的组合将明显抬高城陵矶 10 月的水位，且在 9 月能显著提高向家坝水库的下泄流量，幅度达 16.67%。从金沙江下游保护区及城陵矶水位的角度出发，为避免来水较少年份水库群蓄水所产生的不利影响，推荐结合中长期水文气象预报，提前水库群的起蓄时间，延长蓄水期，增大最小下泄流量，在确保防洪安全的情况下，提高水库群的综合效益。

7.3.7 应对突发水安全事件的水库群应急调度技术

本技术以突发水污染事件风险源识别与评估为切入点，构建梯级水库群应急调度水量水质模拟与预警模型，研究突发水污染事件风险扩散、传递、演化规律，提出长江上游梯级水库群应急与常态协同调度方法，编制针对突发水污染事件的梯级水库群应急调度预案，形成梯级水库群应急预警与调度快速、精准、协同响应成套技术，为长江上游水库群的安全运行及其综合效益的发挥提供技术支撑。

（1）针对如何监测到突然水安全事件的发生，对突发水安全事件遥感反演模型进行了深入研究。以长江上游为对象，针对典型水库突发水华事件遥感监测进行了光学特性分析。三峡水库遥感反射率在蓝光和绿光波段主要受到 Chla、悬浮物及 CDOM 的共同作用随波段增加，Chla 对遥感反射率的作用加大，在红光和近红外波段达到最大。在 560～580nm 处存在一个反射峰，这个反射峰是由于水体中叶绿素、胡萝卜素对于该波段光线的弱吸收以及细胞散射作用的影响。而在 700nm 附近存在荧光峰，是由于浮游藻类在吸收光线后产生拉曼效应造成的，所以该荧光峰是水体中是否含有浮游藻类的指示性波段，这里就可以看出部分采样点位的反射峰不明显，说明部分库区水体中藻类含量较低，见图 7.58。

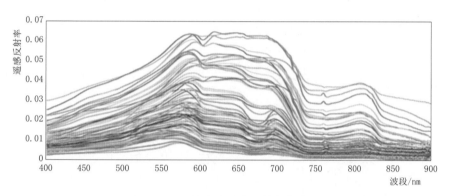

图 7.58 三峡水库遥感反射率曲线图

（2）基于威胁长江流域水安全的典型重大突发涉水事件，研发梯级水库群应急预警与调度精准、快速、协同响应成套技术，研究突发水安全事件风险扩散、传递、演化规律，构建基于模拟与优化深度耦合的长江上游梯级水库群应急与常态协同调度方法，编制针对典型重大突发水安全事件的梯级水库群应急调度预案，集成得到河网水量水质模拟预警与调控平台（图 7.59）。

图 7.59 河网水量水质模拟预警与调控平台

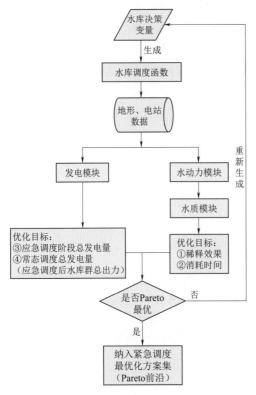

水库决策变量

↓ 生成

水库调度函数

地形、电站数据

发电模块 　　水动力模块

　　　　　　水质模块

优化目标：
③应急调度阶段总发电量
④常态调度总发电量
（应急调度后水库群总出力）

优化目标：
①稀释效果
②消耗时间

是否Pareto最优 ——否→ 重新生成

↓是

纳入紧急调度最优化方案集
（Pareto前沿）

图 7.60　梯级水库群应急优化调度流程图

（3）流域梯级水库群的应急优化调度（图 7.60）是针对突发事件的优化调度。一方面，需要考虑实际调度中的时效性并且最大程度地利用库群的有效库容；另一方面，又需要综合考虑防洪、航运、供水以及生态等问题。而依靠单一水库对突发水污染事件的应对能力有限且对突发水污染事件的应急响应不及时。此外，流域大中型水电站一般都是按照径流式进行调节下泄，并不参与流域突发水污染事件的处理。针对流域突发水污染事件的特性，仅按照其经验规律进行应急调度已不能满足安全要求，因此有必要研究如何选择合理的水库群优化调度方式，最大程度地发挥各个水电站的应急潜力，共同参与突发水污染事件的应急调度，以实现梯级水库群应急调度下河流水质模拟与长距离河流污染物传输的快速实时追踪。

（4）当长江上游发生突发性水污染事件时，上游梯级水库群适时启动应急调度。实施应急调度方案前，应及时向相关部门和单位通报，视情况向社会公告。根据突发水污染事件的应急响应等级，确定相应的应急调度规则。

突发性水污染事件应急调度模型的核心问题是水库出库流量的分配问题。相较于防洪调度而言，水污染事件的应急调度应以水库水资源量损失最小和处置历时最短为目标进行调度，首先根据水污染应急处置目标拟定多组水库调度方案并进行模拟计算，对不同方案的处置效果进行对比分析。在分析调度方案合理性时，还需对方案的可能影响进行评价，如防洪安全影响及发电效益损失。另外，在水污染应急处置中，流域启动水量调度时一般会配合以工程方法，如拦截吸附、混凝沉降等，在应急调度方案拟定时应予以考虑。分别将所构建的计算模型运用于突发水污染应急调度各个环节，构建出一套完整的水库应急调度技术体系。由于水污染应急调度需实时决策，因此实现流程中存在动态调整与反馈修正的闭环过程，即根据控制断面处计算的浓度过程不断调整应急调度方案，直到断面处浓度达标。

7.3.8　水库群调度风险决策理论及评估方法

通过辨识水库群联合调度关键风险因子，研究多维风险变量联合分布快速估计方法；通过建立水库群调度风险评价指标体系，探讨水库群多目标风险联合调控技术与策略；通过分析水库群综合利用各目标矛盾冲突特性，推求多目标效益转换与风险指标之间的互馈响应关系，提出风险对冲策略以及反映大系统多个决策者参与的群决策方法；提出长江上游梯级水库群调度效益评价方法及风险调度利益补偿方法，主要研究内容具体为以下五个方面。

7.3.8.1 水库群联合调度风险识别与估计

在该研究中全面地分析水库群联合调度风险要素，结合影响水库群调度中各个要素及其相关关系，开展了水库群联合调度风险要素识别、筛选和相互作用及转化机理研究。图 7.61 为水库调度决策和实施过程，也是调度风险产生的路径图。

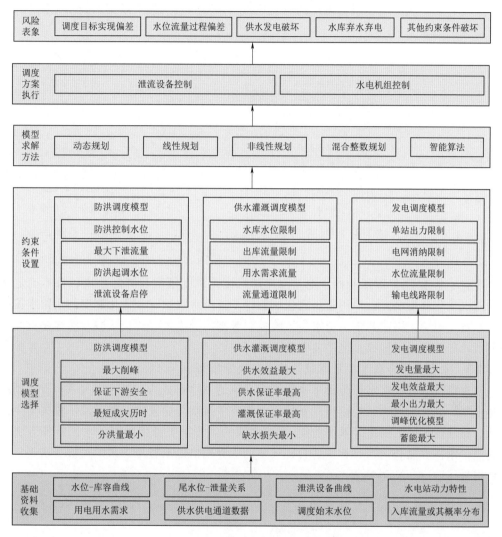

图 7.61　水库调度决策及实施过程图

采用 Copula 函数进行水库群多维风险变量联合分布快速估计，提出基于降雨径流模型不确定性分析和气象预报不确定性分析的风险量化方法。开展了梯级水电站弃水风险分析方法及基于起调水位上限优化策略的梯级水电站弃水控制方法研究。

依据水库群优化调度模型描述的动力系统，对水库群联合调度中的风险要素进行识别与特征机理分析，对影响水库群安全运行的风险源进行识别与估计，分析和筛选导致极端气候事件设计条件下的极限风险和正常运行条件下的调度风险的风险要素及其相互作用和转化的机理。以径流不确定性等风险要素为重点，对主要风险要素进行定量描述；提出基于降雨径流模型不确定性分析和气象预报不确定性分析的风险量化方法；提出基于中期预报径流误差分析的梯级水电站弃水分析方法。

7.3.8.2　水库群联合调度多目标风险评价与调控模型

该研究从发电、防洪、供水、生态、航运与泥沙六个方面构建了较为全面的风险评价体系（表 7.7），为实施多目标调度的风险评价与风险效益互馈关系提供技术支持。

表 7.7　　　　　　　　　　　　多目标风险评价指标体系

类型	指　　标	类型	指　　标
防洪	水库过流不足风险率	供水	供水可靠性
	水位越限风险率		供水协调性
	汛前控制水位不达标风险率		供水回弹性
	下游溃堤淹没风险率		供水脆弱性
发电	发电量不足风险率	生态	生态用水不足风险率
	出力不足风险率		生态破坏历时风险率
	弃水风险率	航运	通航流量不足风险率
	调峰不足风险率		通航水深不足风险率
		泥沙	

建立了基于 Copula 函数的水电站水库随机优化调度模型及考虑径流预报不确定性的水库随机优化调度模型；采用逐步迭代法获得了梯级水电站联合优化调度的余留水位控制风险参数化规则，构建基于余留水位风险控制规则的梯级水库群长短嵌套多维序贯风险调控模型，显著提高了梯级水电站发电效益。

7.3.8.3　水库群联合调度多目标风险传递与决策模型

通过结构方程模型定量分析了水库群多目标的风险效益的互馈响应关系；借助系统动力学模型，在分析水库系统适用性基础上，探究了风险传递规律；针对经济损失与生命损失社会属性的不同，提出了基于费用-效益曲线的经济损失可接受风险水平计算方法，进而确定了水库群联合运行过程中各目标风险的临界阈值以及整体的风险可接受水平。大坝生命损失风险 $F-N$ 图见图 7.62。

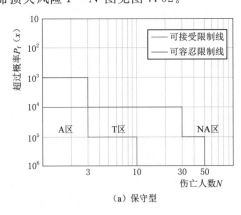

（a）保守型

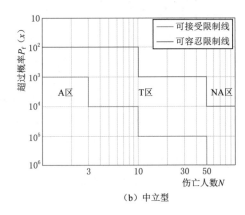

（b）中立型

图 7.62（一）　大坝生命损失风险 $F-N$ 图

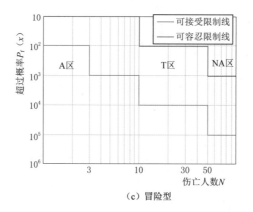

图 7.62（二） 大坝生命损失风险 $F-N$ 图

7.3.8.4 水库群联合调度效果后评估

该研究建立了一套涵盖发电、调洪、生态、航运、供水的梯级水电站联合调度后评价指标体系（表 7.8）。

表 7.8 调度后评价指标体系

类别	指　标	类别	指　标
发电	考核利用小时	生态	区域水质达标率
	考核利用小时完成差异率		TDG 过饱和持续指数
调洪	洪峰消减率	航运	通航水位保证率
	弃水率		水系连通性
	洪水利用率		货运滞留量
生态	分配不均匀指数	供水	供水可靠性
	生态基流保证率		供水弹性
	鱼类完整性指数		

针对发电计划考核中的关键——理论发电量的确定，提出入库水量采用有效水量，并给出 3 种不同调节性能的水电站的发电计划考核模型及其求解算法；建立单站、梯级水库群预测发电量模型；开展水电站群洪水资源化效益评价、生态效益评价、供水效益评价以及航运效益评价研究，提出了基于信息熵的评价方法。

7.3.8.5 水库群调度风险利益补偿机理研究

根据水库群利用目标要求，建立梯级水电站中长期优化调度模型，提出了改进 GA POA 算法；将 Shapley 值法与 Critic 权重分析法相结合，建立了 Critic Shapley 补偿效益分摊模型；将不对称 Nash 谈判模型引入，建立了基于不对称 Nash 谈判模型的水库群补偿效益分摊方法；提出了突变多准则评价模型和相对风险模型耦合的水库群调度风险利益补偿方法，为水库群多目标风险调度利益补偿机制的实施做必要的准备，技术路线如图 7.63 所示。

7.3.9 水库群多目标综合调度集成技术

本章围绕水库群系统多维目标综合调度集成关键技术开展理论研究和技术攻关，研究

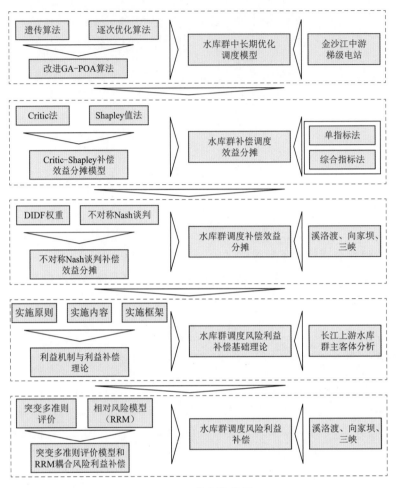

图 7.63　技术路线图

并建立"全周期-自适应-嵌套式"水库群多目标协调调度模型，解决采用固定边界和约束的方法进行多维目标协同调度时存在的多维边界动态耦合难题，提出多层次、多属性、多维度综合调度集成理论与技术，揭示防洪-发电-供水-生态-航运多维调度目标之间协同竞争的生态水文、水资源管理等内在机制，提出长江上游水库群多目标联合调度方案。

7.3.9.1　多目标协同竞争分析方法

本研究将全年划分为汛前期、主汛期、汛期末段、蓄水期、供水期以及汛前消落期，这6 个不同时段构成了水库调度的全周期（表 7.9）。应用统计和聚类方法对不同周期进行合理化分期，既可以确定水库优化调度的边界条件，又对实现洪水资源化具有指导意义。

表 7.9　　　　　　　　　　　　　　最 终 分 期 结 果

分　　期	统计分析法	Fisher 最优分割法
汛前消落期	6 月下旬	6 月中旬至 6 月下旬
前汛期	7 月上旬	7 月上旬
主汛期	7 月中旬至 9 月上旬	7 月中旬至 9 月中旬

分 期	统计分析法	Fisher 最优分割法
汛期末段	9 月中旬至 9 月下旬	9 月下旬
蓄水期	10 月上旬	10 月上旬至 10 月下旬
供水期	10 月中旬至次年 6 月中旬	11 月上旬至次年 6 月上旬

进一步，提出了水库调度多维目标生态理论，描述了生态位体系、要素、测度计算等内涵，并以三峡水库多目标调度为算例对理论进行了应用，详见表 7.10。

表 7.10 水库调度多维目标生态系统

特 征	生物生态系统	水库调度多维目标生态系统
构成单元	物种与种群	调度目标与多维目标群
竞争法则	物种间：适者生存	目标间：强者生存
与自然环境的关系	适者生存	适者生存
系统内部	生物链：相互依存	价值链：相互依存
个体与总体关系	种群构成生物群落	调度目标构成调度多维目标群
生态系统	生物群落＋非生物环境	调度多维目标群＋非生物环境

针对高维目标优化问题中，引入了多维可视化技术，通过对空间三维图形、颜色图、亮度等要素的灵活应用，实现对最优前沿解的可视化展现与分析，展示了五维目标解的可视化效果。在此基础上，结合经济学中的边际效益和边际替代率思想，提出优化调度目标置换率的概念，以此适应水库多目标优化调度问题的大规模、非凸、非线性、强耦合并伴有复杂约束的特点。在相互之间不具有支配关系的非劣前沿中，加入其他的主观评判标准加以判定，即当一个目标的效益增加时，其他的目标是呈现效益增加的趋势或是效益降低的趋势，从而可以判定两目标间是否存在竞争。分析流程见图 7.64。

此时再通过置换率的计算，可以更深入地对目标间竞争的特性进行分析和描述。

7.3.9.2 水库群多维目标互馈关系分析

对水库群多维目标间的互馈关系，以长江上游水库群系统为研究对象，根据水库节点之间的水力和水利联系，建模连接水库群系统各库，对防洪-发电-生态-供水-航运的五维目标，将防洪目标转换为刚性约束条件，主要研究四个兴利目标之间的关系。

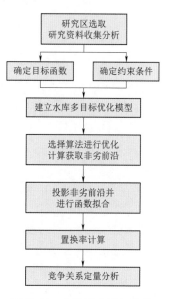

图 7.64 水库群多目标竞争
关系分析流程图

经过模型优化计算后，分别得到在丰、平、枯三种来水条件下长江上游梯级水库群的多目标非劣解集，在三维坐标系中绘制非劣前沿，三个坐标系分别对应发电、生态及供水目标值，并用颜色表征航运目标值的变化，不同来水条件下的非劣前沿（图 7.65）。

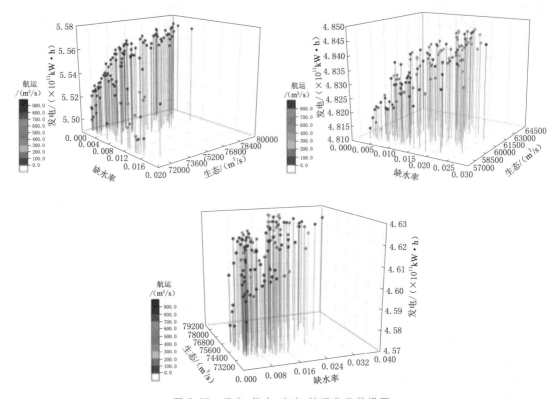

图 7.65　发电-供水-生态-航运非劣前沿图

表 7.11 总结了上述所描述的目标间作用关系，其中"＋"表示协同关系，"－"表示竞争关系，符号的数量表示作用关系的强弱。

表 7.11　　　　　　　　　　　　　四目标间作用关系表

项　目	发　电	供　水	生　态	航　运
发　电		－－	－－	－
供　水	－－		＋/－	＋
生　态	－－	＋/－		＋/－
航　运	－	＋	＋/－	

在汛期，水库的主要任务是保证大坝和下游的防洪安全，防洪功能的重要性大于其他所有效益目标，在汛期水库调度时必须要遵循防洪优先的原则；在汛期，发电和供水量的需求基本可以被满足，而生态和航运条件易遭到破坏，因此在汛期调度时除保证防洪要求外，需将重点放在满足生态和航运两个效益目标上，以增加水库群系统的总效益。

7.3.9.3　领导与服从关系体制的建模理论

本研究以三峡水库为研究对象，从目标效益分层、涉及调度要素、函数表达方式、决策业务流程等方面分析了建模条件和模型适用性。三峡水库在汛末为了扩大下游防洪保护对象、加大防洪保护力度，并尽可能地降低沙市超警戒的频次，在上游来洪水时实行中小洪水调度，在没有洪水的时候进行蓄水调度。在确定防洪调度和蓄水调度方案时，防汛管理部门作为主导层，首先给出可能的防洪调度规则，三峡集团公司作为服从层，可在有限的决策范围内选择有利于兴利效益的蓄水控制线，最终由上层决策者确定调度规则。三峡水利枢纽调度管理单位分布示意见图 7.66。

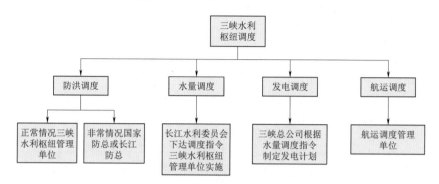

图 7.66 三峡水利枢纽调度管理单位分布示意图

为充分利用汛末水资源，做出符合水库调度管理体制要求的决策，本研究以二层规划方法对三峡水库汛末调度进行了新的建模和求解（图 7.67），将汛末防洪的风险和蓄水的效益考虑为一个系统的两个层面，将防洪风险作为上层，将蓄水效益作为下层，下层以优化自身目标值并把决策反馈给上层，实现相互影响，其物理意义在于要求在汛末调度中优化防洪时尽量满足蓄水要求。

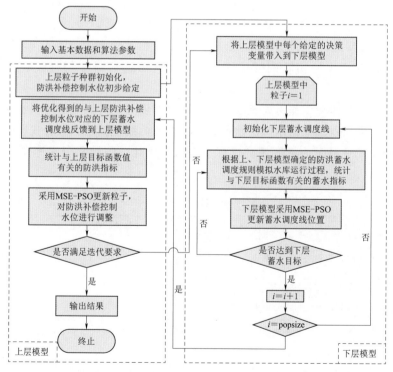

图 7.67 水库汛末防洪、蓄水规则的二层规划模型求解流程图

通过对模型求解得到三峡水库汛末阶段的调度方案，分析了优化方案在发电量、防洪风险、蓄水效益等方面的优势，并应用随机模拟对优化调度方法进行了检验，结果表明基于领导与服从的三峡水库调度优化方法具有良好的可靠性和优化性能，为目标效益间的分成嵌套式建模提供了可行方法。

7.3.9.4 多目标调度自适应建模研究

本部分在水库调度规程的基础上，研究不同调期的转化问题。将全年分为枯水期、消落期、汛期、蓄水期，需要考虑自适应调度目标共包含四个转换过渡期：① 枯水期—消落期；② 消落期—汛期；③ 汛期—蓄水期；④ 蓄水期—枯水期。调度分期图如图7.68所示。

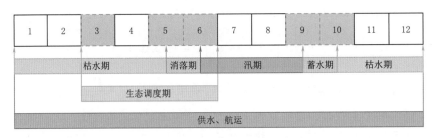

图7.68　调度分期图

其中枯水期—消落期需要考虑：径流预报、库容、生态相关指标（流速、水温、水位涨幅）、供水及航运需水量；消落期—汛期需要考虑：径流预报、库容、下游防洪控制断面水位、供水及航运需水量；汛期—蓄水期需要考虑：径流预报、库容、下游防洪控制断面水位、供水及航运需水量；蓄水期—枯水期需要考虑：径流预报、库容、供水及航运需水量。根据以上建立的指标体系，提出了一种基于深度学习的自适应模式识别器，实现对历史的实际调度过程的学习，从而达到调度期的自适应识别。其建模框架见图7.69。

进一步，本部分研究工作考虑预报不确定性对调度方式的影响，分析水库的下泄流量与自身的水位、来水以及上游水库的水位、来水之间的线性关系，结合现有控泄方案的结构，采用不同方式对水库的调度规则进行了提取和优化。归纳部分水库调度运行空间见表7.12。

表7.12　　　　　　　　　　　　　部分水库的推荐运行空间

水库所在支流	消 落 次 序	汛期维持汛限水位	蓄水次序
雅砻江	两河口、锦屏一级、二滩	两河口、二滩为6月、7月，锦屏一级为7月	两河口优先
金沙江下游	乌东德、白鹤滩优先消落；溪洛渡、向家坝维持高水位，汛前集中消落	汛期为7—9月	同步蓄水
大渡河	下尔呷、双江口优先消落，瀑布沟缓慢消落	下尔呷、双江口为6—9月，瀑布沟为6月	双江口优先
岷江	紫坪铺缓慢消落	紫坪铺汛期为6—9月	—

续表

水库所在支流	消 落 次 序	汛期维持汛限水位	蓄水次序
嘉陵江	碧口、宝珠寺优先消落；亭子口缓慢消落	碧口为 5—9 月，宝珠寺为 7—9 月，亭子口为 6—8 月	碧口、宝珠寺优先
乌江	洪家渡优先消落	洪家渡、东风为 6—8 月，乌江渡、构皮滩、彭水为 5—8 月	洪家渡、构皮滩优先

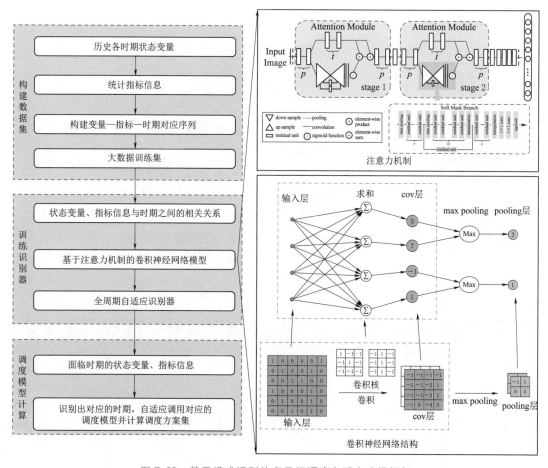

图 7.69　基于模式识别的多目标调度自适应建模框架

7.3.9.5　全周期-自适应-嵌套式的水库群多目标模型

所建立的多目标模型既是对模型的集成，也是实现综合调度目标的载体，是生成面向全周期多目标综合调度的水库群运行方案的主体。其中防洪、发电、水量利用率、供水断面流量等目标增值的实现成为模型计算内在的驱动力和约束力。具体关系见图 7.70。

已针对多目标调度模型开展示范集成，相关成果如图 7.71～图 7.72 所示，通过时间轴反映全周期调度，其中周期间的衔接时机可以通过交互修改，各周期内部的目标嵌套关系可以通过上下拖拉进行修改。

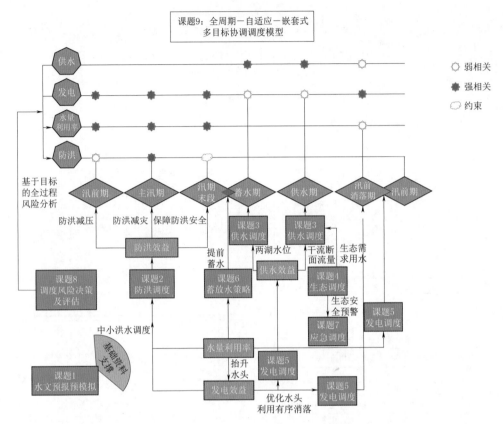

图 7.70　项目目标与课题之间的关联关系

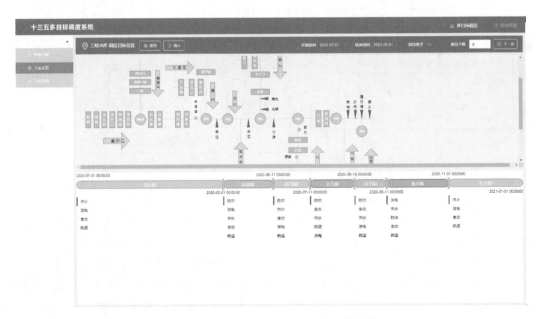

图 7.71　通过时间轴反映全周期和嵌套式

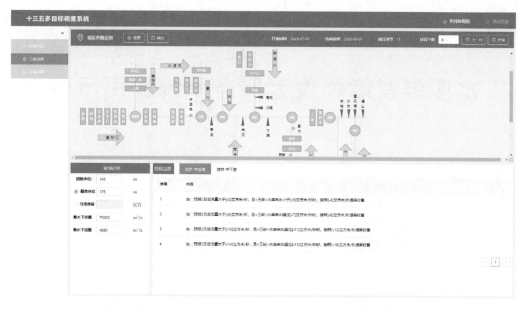

图 7.72　常用规则的参数可控

第 8 章

水库群智能调度云服务系统应用示范

8.1 示范区域概况

8.1.1 示范区所在流域概况

长江干流全长 6300 余 km，流域面积约 181 万 km^2，年平均入海水量约 9600 亿 m^3，是中国第一大河，亚洲第一长河，世界第三长河。长江发源于"世界屋脊"——青藏高原唐古拉山脉中段各拉丹冬雪山群西南侧，长江干流自西向东，横贯中国中部。金沙江下游—三峡梯级水库所处的示范区位于长江上游流域。

长江流域水资源总量达 4510 亿 m^3，约占流域多年平均年径流量的 47%，其中，金沙江水系占 16.1%，岷沱江占 10.9%，嘉陵江占 7.4%，乌江占 5.7%，长江上游干流区间占 6.9%。

2020 年，长江流域已建成大型水库（总库容在 1 亿 m^3 以上）300 余座，总调节库容 1800 余亿 m^3，防洪库容约 800 亿 m^3。其中，长江上游（宜昌以上）大型水库 112 座，总调节库容 800 余亿 m^3、预留防洪库容 421 亿 m^3；中游（宜昌至湖口）大型水库 170 座，总调节库容 949 亿 m^3、预留防洪库容 333 亿 m^3。

8.1.2 示范区梯级水库简介

示范区所在的长江上游流域已建重要控制性水库有 21 座，分别是：金沙江梨园、阿海、金安桥、龙开口、鲁地拉、观音岩、溪洛渡、向家坝等水库；雅砻江锦屏一级、二滩水库；岷江紫坪铺、瀑布沟水库；嘉陵江碧口、宝珠寺、亭子口、草街水库；乌江构皮滩、思林、沙沱、彭水等水库；长江干流三峡，总调节库容 472.82 亿 m^3，防洪库容 364.8 亿 m^3。

示范区内研究水库为乌东德、白鹤滩、溪洛渡、向家坝、三峡和葛洲坝等 6 座水库，组成长江流域最大的水库群，总调节库容 429.33 亿 m^3，总防洪库容 376.43 亿 m^3，占长江上中游总防洪库容的 2/3；总装机容量超过 7000 万 kW、年均发电量超过 3000 亿 kW·h，装机容量和年发电量均居世界水电行业首位。目前，溪洛渡、向家坝、三峡、葛洲坝水电站已经全面投入运行，乌东德、白鹤滩水电站将分别于 2020 年、2021 年建成运行。梯级水库基本参数表见表 8.1。

表 8.1　　　　　　　　　　　　　梯级水库基本参数表

参　数	乌东德	白鹤滩	溪洛渡	向家坝	三峡	葛洲坝
正常蓄水位/m	975	825	600	380	175	66
死水位/m	945	765	540	370	145	63
汛限水位/m	952	185	560	370	145	—
总库容/亿 m³	74.08	206	129.1	51.63	450.44	7.41
调节库容/亿 m³	30.2	104	64.6	9.03	221.5	0.84
防洪库容/亿 m³	24.4	75	46.5	9.03	221.5	
装机容量/万 kW	1020	1600	1386	640	2250	273.5
装机台数	12	16	18	8	34	22

示范区梯级水库承担以下调度功能：

（1）防洪调度。将宜宾、泸州主城区的防洪标准至提高至 50 年一遇，将重庆主城区的防洪标准提高至 100 年一遇；使长江中下游干流防洪任务为总体达到防御 1954 年洪水，减少分洪量和蓄滞洪区的使用概率。荆江河段防洪标准达到 100 年一遇，同时对遭遇 1000 年一遇或类似 1870 年洪水，保证荆江两岸干堤防洪安全，防止发生毁灭性灾害。

（2）发电调度。在满足防洪要求的前提下，兼顾相关方利益，通过充分利用梯级水库的调节能力，采取优化消落过程，提高汛期水资源利用率，开展预报预蓄等措施，尽可能多的为社会提供清洁能源。

（3）航运调度。长江作为黄金水道，充分发挥其作用对社会经济发展具有重要意义。梯级水库通过优化调蓄来水过程，减少流量波动，减少封航时间，提高通航时间和安全性。

（4）生态调度。长江上游分布有白鲟、达氏鲟、胭脂鱼、圆口铜鱼、长薄鳅等多种珍稀、特有经济鱼类。生态调度作为水库调度运行的"再调度"，基于水生态和环境的需求，调整水库调度方式，使其下泄流量、水温与上下游河段水生态和环境的需求在时空上实现"匹配"，以达到减少或消除对生态和环境不利影响的目的，同时可通过对生态流量和水温的控制达到促进鱼类增殖和改善水生态系统的目的。

（5）供水调度。梯级水库作为战略淡水资源库，应保障流域内及受水区供水安全，合理配置水资源，充分发挥水资源综合效益。通过梯级水库群联合调度，控制向家坝站、寸滩站流量分别不小于 1200m³/s、3310m³/s。通过三峡及上游水库群联合调度，控制宜昌、汉口、大通站流量分别不小于 6000m³/s、8640m³/s、10000m³/s，为流域经济社会发展提供了充足的淡水资源。

（6）应急调度。通过充分利用梯级水库的调蓄能力，冲锋减轻重大干旱、水污染、水生态破坏、咸潮入侵、水上安全事故等突发事件的影响。当流域内发生特枯水、水污染、水生态破坏、咸潮入侵、水上安全事故、涉水工程事故等突发事件时，视当时水情、工情等具体情况适时启动梯级水库应急调度。

8.2 研究成果与集成内容

8.2.1 大屏展示系统

8.2.1.1 大屏基本配置

配套项目中，长江三峡集团立项建设调控楼大屏显示系统，大屏由1块主屏，2块侧屏组成，其主要技术参数如下：

主屏。一套5×16（5行16列）的70英寸激光光源弧形拼接DLP大屏，单屏数量80块，屏幕比例16∶9，分辨率为1920×1080。

侧屏。两套6×6（6行6列）的55英寸LCD拼接屏，单屏数量36块，屏幕比例16∶9，分辨率为1920×1080。

效果图见图8.1所示。

8.2.1.2 系统设计

GIS视图区域保持在中央核心区域始终展示，左右屏区域负责业务信息展示，可根据当前不同的展示需求切换为不同的内容。控制步骤如下：

（1）业务模块发起展示请求。

（2）主屏控制台接收展示请求指令。

（3）控制操作人员决定是否上屏展示，决定展示则确定展示区域并下一步，否则退出当前指令。

图8.1 显示系统效果图

（4）控制中心向服务端发出上屏指令。

（5）展示系统（始终保持为全屏状态）获取到展示指令，读取数据服务并渲染页面。

（6）投屏到大屏。

其中用于投屏展示的三部分系统始终处于全屏状态，实时读取展示指令，以下分别称之为左屏系统、GIS系统、右屏系统。系统总体集成控制架构如图8.2所示。

系统主要展示区域为长2480cm、宽437.5cm的大屏，长宽比约为5.7∶1。基于此比例，将主屏分三个区域（图8.3）协同展示，右、中、右屏尺寸分别为775cm×437.5cm、930cm×437.5cm、775cm×437.5cm。其中，左右两部分为1920cm×1080cm屏幕同比放大5倍，以保证开发效果，中间部分宽屏为GIS展示区域。主屏划分方案如图8.3所示。

8.2.1.3 左屏系统设计

根据展示需求并结合屏幕尺寸实际，将左、右屏各划分为四个展示区域，均以面板的形式呈现，在特殊情况下也可对各部分重新划分组合。图8.4为左右屏区域划分效果。

在基础数据展示模式下，分为图中四个区域，各部分展示内容初步设计如下：

区域①为全流域统计信息，采用分布图和数据表的形式呈现。

区域②为主要水库近期实时运行状态，采用水库二维模拟图以及曲线变化图呈现水

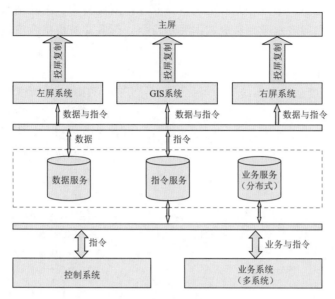

图 8.2　系统总体控制架构

左屏区域	GIS视图	右屏区域

图 8.3　系统主屏划分

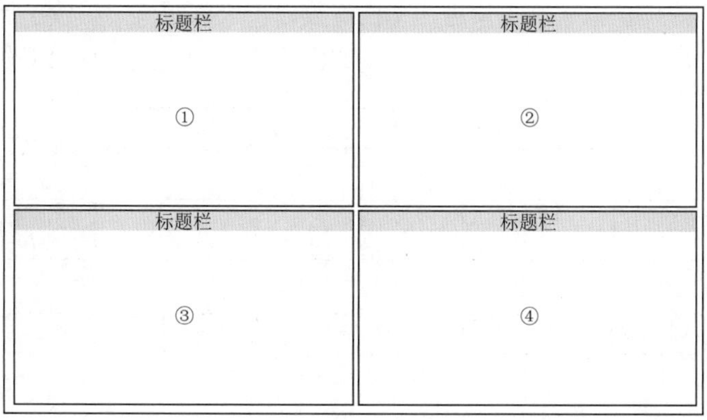

图 8.4　系统左右屏区域划分

位、出入库流量等变化过程。

区域③为多库历史年运行过程对比，根据水位变化、流量变化、电量变化分别采用曲线图、柱状图的形式呈现。

区域④为流域气象预报以及电站机组启停机状态信息，分别以数据表、机组颜色标记的形式呈现。

页面中四个部分分别通过页面路由控制，通过指令实现切换不同部分的呈现内容。此外，通过页面路由可实现对局部内容的放大，以实现该部分内容全屏显示。对于不同的场景和需求，可切换为不同的内容投屏呈现。其业务控制流程为：①控制系统发出左屏展示基础数据指令。②左屏展示系统获取数据展示指令，读取并解析指令信息。③读取数据服务，相应渲染系统页面。④投屏。

8.2.1.4 GIS系统设计

"水库群智能调度云服务系统"中屏展示设计以三维GIS展示为核心，展示金沙江长江上游流域矢量、栅格数据进行流域、水电站、水文控制断面，直观反映水电站与水电站、水电站与断面、水电站与河网，以及断面与河网之间的拓扑关系，再辅助三峡、葛洲坝、向家坝和溪洛渡等大型水电站业务数据，进行水库水位以及出入库的实时展示。展示信息及形式见表8.2。

表8.2   GIS地图基础信息展示

展 示 信 息	展 示 形 式
河流矢量、栅格数据	干支流展示
流域矢量、栅格数据	长江上游流域展示
水文站	站点位置展示
水位站	站点位置展示
水电站	站点位置展示
三峡、葛洲坝、向家坝、溪洛渡	水位、出入库流量实时展示

在GIS地图默认展示模式下，展示基础流域信息。GIS地图首页展示（图8.5）主要包括流域影像、站网信息、站点信息和控制断面划分以及扩展支持功能五个部分。扩展功能主要包括实时云图、降雨模拟、洪水演进、库区淹没以及大坝三维，后续扩展功能可根据实际需要添加。实际GIS信息展示模块与功能模块以及左右屏信息展示同时同轴、同步展示。

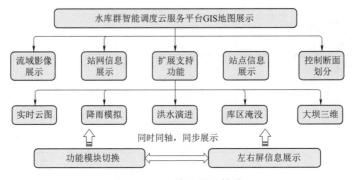

图8.5   GIS地图展示模块

页面中GIS地图展示部分通过指令实现切换不同部分的呈现内容。对于不同的场景和需求，可切换为到不同的仿真信息投屏呈现。其业务控制流程如下：

1）控制系统发出GIS展示指令。

2）GIS系统获取展示指令，读取并解析指令信息如视图跳转、内容渲染、三维仿真等。

3）读取数据服务并执行浏览器渲染程序，相应渲染系统页面。

4）投屏。

8.2.1.5 右屏系统设计

右屏系统以模型演算结果展示为主，页面布局同左屏系统，如图 8.4 所示。

在没有模块运行、右屏初始化展示模式下，屏幕分为图中四个区域，分别展示四库的实时监控以及录制好的视频及电站基础信息。

在模块运行，右屏得到控制中心的展示指令后，调度结果展示模式下，分为图中四个区域，各部分展示内容初步设计如下：

区域①为水库蓄水过程监控，采用曲线变化图及柱状图的形式呈现。

区域②为主要水库主要数据统计，采用柱状图的形式呈现各水库发电量、弃水量等结果总计。

区域③为调度结果展示，分别采用动态滚动曲线图、正负曲线对比图的形式展现调度结果中的水库水位、出库流量和入库流量等。

区域④为各水库的历年发电量统计结果，分别以数据表、柱状图和饼状图的形式呈现调度结果的各库发电量和历年发电量变化过程。

页面中各部分通过控制中心的指令根据场景需求的变化，可实现局部内容切换、局部视图放大等。对于特定业务下结果展示，业务控制流程如下所示：

1）业务系统执行模型演算，计算完成后向数据库写入计算结果。

2）业务系统向指令服务发送展示指令，指令信息包含业务类型、演算方案结果信息等。

3）控制系统接收业务展示指令，控制人员决定发出结果展示指令。

4）右屏系统接收。

5）投屏。

6）全屏业务集成。

系统以同一时间戳进行串联，通过控制系统指令进行通信，各部分采用与服务单向通信机制实现指令读取，仅负责特定指令下的页面渲染，不提供用户交互操作，交互任务仅由业务系统及控制系统完成。

当收到控制系统展示指令时，各系统均会获取到该指令信息，通过判断展示内容是否与当前部分有关进行下一步任务。在同一时间范围内，各部分同步展示相关信息。效果图见图 8.6。

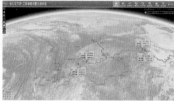

图 8.6 全屏业务效果图

8.2.2 展示内容

水库群智能调度云服务系统平台在大屏上展示时，将利用专用工作站，分三屏显示，将系统界面投影至大屏主屏。讲解人员在专用工作站上操作系统平台前端界面，大屏上同步显示。

根据所有研究成果集成情况，建议在系统平台中设计几套应用场景，以体现研究成果的实际应用和示范。应用场景如下。

8.2.2.1　流域信息管理场景

流域管理功能模块是采用 GIS 技术对系统中的流域、水电站、水文控制断面进行可视化展示，以直观反映水电站与水电站、水电站与断面、水电站与河网以及断面与河网之间的拓扑关系（图 8.7）。

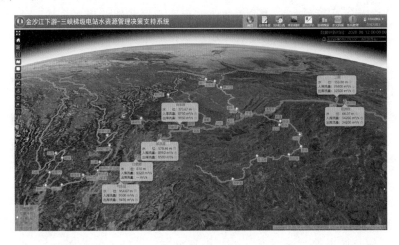

图 8.7　流域信息管理界面

集成方式：深度集成。

8.2.2.2　水文模拟场景

（1）大流域多阻断水文模拟与洪-枯径流演进模拟（图 8.8）。

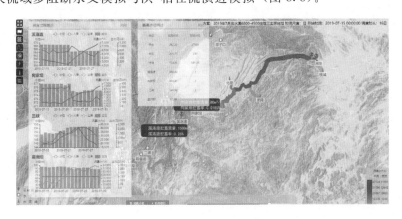

图 8.8　全屏业务效果图

（2）基于水动力和水库调蓄一体化的"气-陆-库-水"多尺度耦合的流域径流预报（图 8.9）。

集成方式：组件式或服务式集成。

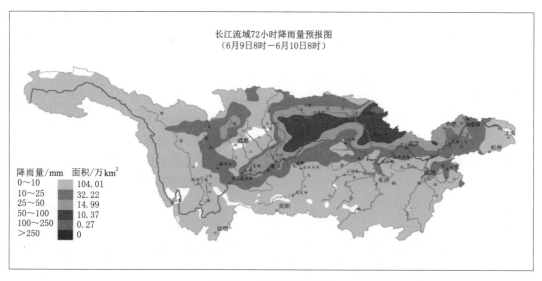

图 8.9　全屏业务效果图

8.2.2.3　洪水演进与调度场景

展示特定年份的洪水演进过程，如 1957 年、1998 年，并展示通过多区域防洪水库群协同调度、防洪实时补偿调度等，对洪水演进过程造成的影响，最后对联合防洪调度方式及效益进行评估。

（1）多区域防洪水库群协同调度。将 30 座水库分为核心水库、骨干水库、5 个群组水库，提出了兼顾"时-空-量-序-效"多维度属性的模型功能结构，构建了长江上游水库群多区域协同防洪调度模型，详见图 8.10。

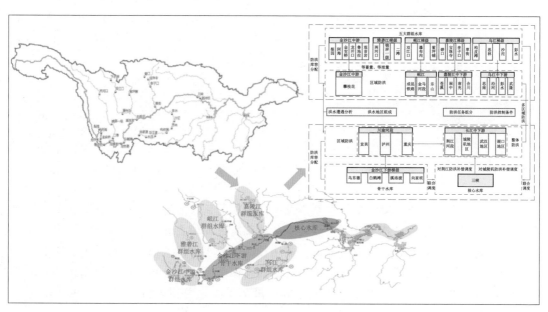

图 8.10　多区域防洪水库群协同调度

（2）防洪库容动态分配及预留方式。针对各区防洪调度需求，确认参与不同区域防洪调度的水库群组，在保障水库所在河流防洪安全的基础上开展水库群防洪库容分配，见图 8.11。

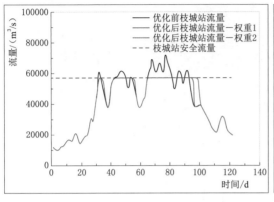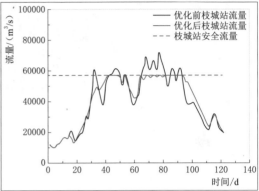

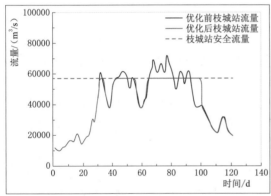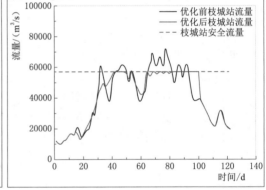

不同策略各水库防洪库容的使用情况表

策略		锦屏一级	二滩	溪洛渡	向家坝	三峡	总计
剩余库容策略	权重组合1	15.66	9.09	46.50	9.03	47.83	128.11
	权重组合2	15.66	4.88	0.00	0.00	88.70	109.24
线性安全度策略		0.00	0.00	0.00	0.00	106.80	106.80
非线性安全度策略		0.63	0.18	6.51	0.18	99.30	106.80
同步蓄水策略		6.95	4.03	20.64	4.10	82.53	118.25

图 8.11 库容动态分配及预留方式图

（3）防洪实时补偿调度。集成复杂不确定性因素的长江上游水库群联合防洪实时补偿调度模拟模型，通过信息技术开展重点区域防洪调度过程仿真和效果推演，见图 8.12。

（4）联合防洪调度方式及效益评估。利用长江中游水流模拟模型，建立了长江中游地区蓄滞洪区，按照重要蓄洪区、一般蓄洪区、蓄洪保留区分级分步启用分洪模式，分析了四水尾闾区、湖泊区、四口河系区不同分布区域的蓄洪区分洪对降低长江中游水位的效果，见图 8.13。

集成方式：子系统集成。

工况	分洪控制水位（m）				超额洪量（亿m³）					减少洪灾损失率
	沙市	城陵矶	汉口	湖口	荆江	城陵矶	武汉	湖口	总量	
三峡水库运行前					15	448	40	40	547	
21库	45	34.4	29.5	22.5	0	279	35	33	347	
25库	45	34.4	29.5	22.5	0	232	33	28	292	
继续对城陵矶防洪补偿的策略（对城陵矶防洪补偿到163m）	45	34.4	29.5	22.5	0	194	34	28	256	12.3%
优化对荆江防洪补偿的高度策略（158m后优化荆江）	45	34.4	29.5	22.5	0	183	38	28	249	14.7%
考虑库区回水淹没影响的调度策略（不影响库区回水时减小出库）	45	34.4	29.5	22.5	0	165	35	28	228	21.9%

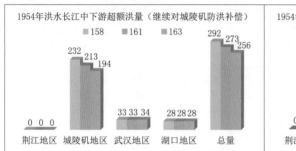

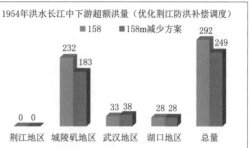

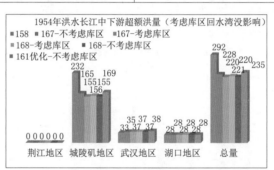

图 8.12　补偿调度图

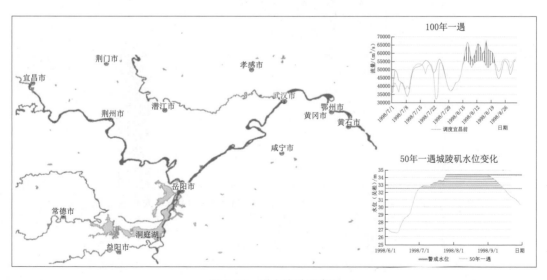

图 8.13　联合防洪调度图

8.2.2.4 供水调度场景

（1）适应长江中下游干流、两湖和长江口等地区用水需求的水库群供水调度。展示长江中下游干流地区需水总量、需水结构以及从长江干流取水量演变规律、两湖和长江口周期性需水规律；构建长江干流、两湖和长江口等区域用水特性评价指标体系与评价方法，显示在典型水平年下长江中下游地区的供水风险时空分布情势评估结果。供水调度场景见图 8.14～图 8.16。

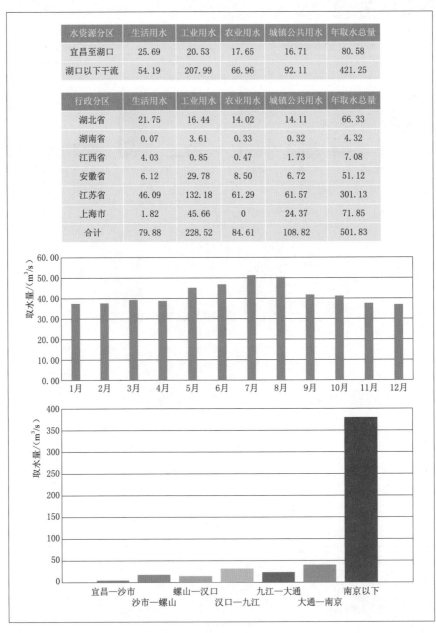

水资源分区	生活用水	工业用水	农业用水	城镇公共用水	年取水总量
宜昌至湖口	25.69	20.53	17.65	16.71	80.58
湖口以下干流	54.19	207.99	66.96	92.11	421.25

行政分区	生活用水	工业用水	农业用水	城镇公共用水	年取水总量
湖北省	21.75	16.44	14.02	14.11	66.33
湖南省	0.07	3.61	0.33	0.32	4.32
江西省	4.03	0.85	0.47	1.73	7.08
安徽省	6.12	29.78	8.50	6.72	51.12
江苏省	46.09	132.18	61.29	61.57	301.13
上海市	1.82	45.66	0	24.37	71.85
合计	79.88	228.52	84.61	108.82	501.83

图 8.14 供水调度场景 1

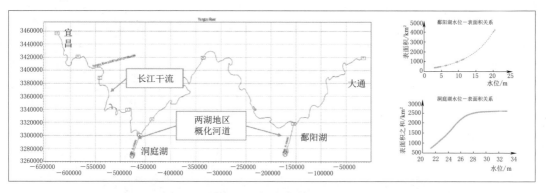

图 8.15　供水调度场景 2

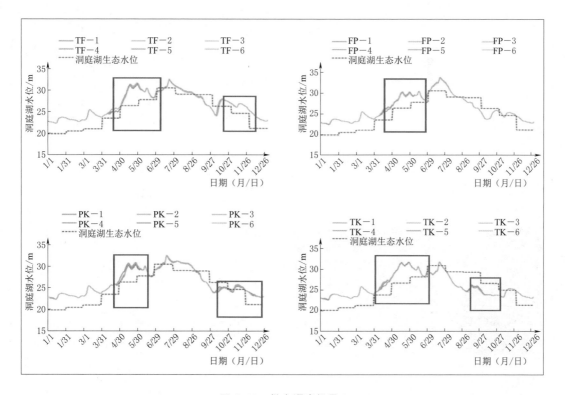

图 8.16　供水调度场景 3

（2）主要控制断面供水控制指标分析。水库蓄水时应保证下游供水对象的控制断面达到水量控制指标，否则应停止蓄水；必要时，应向下游补水。供水控制指标见图 8.17。

（3）主要控制断面供水调度方案。对长江中上游流域干支流径流特征进行了分析，其中包括径流年内分配分析、年际变化分析、流域同丰枯可能性分析以及流域周期性分析四个部分，针对长江中上游水库群的径流序列的时空分布特征进行了水文序列分析，对径流序列周期变化规律进行展示，见图 8.18。

集成方式：子系统集成。

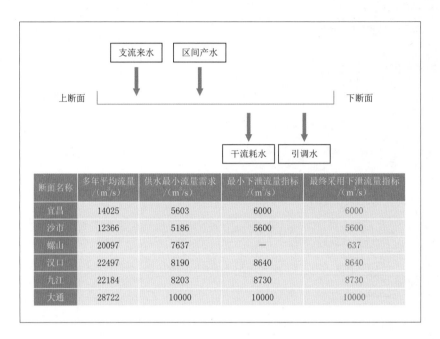

断面名称	多年平均流量 /(m³/s)	供水最小流量需求 /(m³/s)	最小下泄流量指标 /(m³/s)	最终采用下泄流量指标 /(m³/s)
宜昌	14025	5603	6000	6000
沙市	12366	5186	5600	5600
螺山	20097	7637	—	637
汉口	22497	8190	8640	8640
九江	22184	8203	8730	8730
大通	28722	10000	10000	10000

图 8.17 供水控制指标表

流域	RDA	年径流量 /亿 m³	多年平均径流量 /亿 m³
金沙江流域	0.999	621	566
雅砻江流域	0.9616	526	482
长江上游干流流域	0.8732	1530	1440
大渡河岷江流域	0.4149	433	402
白龙江嘉陵江流域	0.9950	907	653
乌江流域	0.1868	510	390

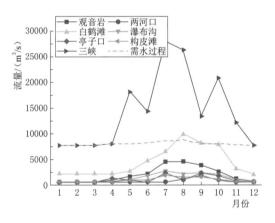

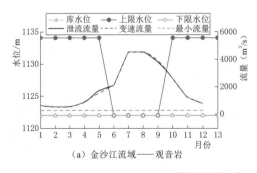

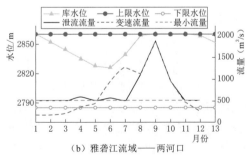

（a）金沙江流域——观音岩   （b）雅砻江流域——两河口

图 8.18（一） 供水调度图

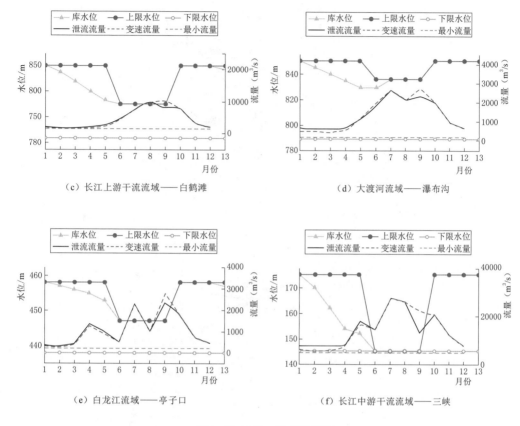

图 8.18（二）　供水调度图

8.2.2.5　生态调度场景

（1）模拟抑制水华发生或消除水华影响。水华影响见图 8.19。

（2）中华鲟、四大家鱼等重要生物完成关键生活史，如图 8.20 所示。

（3）两湖湖泊湿地生态安全保障等目的的生态调度过程，见图 8.21～图 8.22。

集成方式：子系统集成。

8.2.2.6　发电调度场景

按"宏观总控、长短嵌套、滚动修正、实时决策"特点，进行水库群长中短期循环优化调度，模拟跨区多电网水库群联合调峰优化调度，调度场景见图 8.23。

8.2.2.7　水库群联合蓄水场景

以变化环境下的水库群最优蓄水时机选择为切入点，模拟梯级水库群联合蓄水过程。借助多站点径流随机模拟方法，模拟梯级水库群蓄水期不同来水情景条件下的径流过程，见图 8.24。

8.2.2.8　应急调度场景

模拟长江流域水安全的突发涉水事件发生后，应急调度过程，见图 8.25。

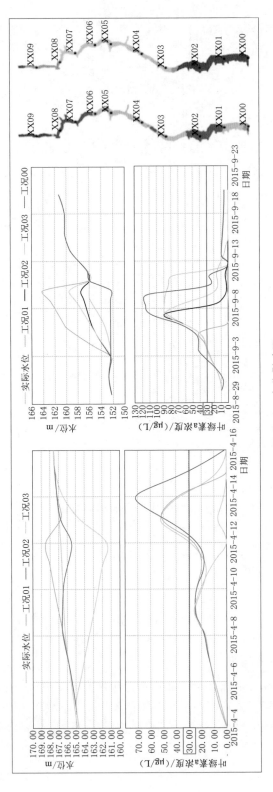

图 8.19　水华影响图

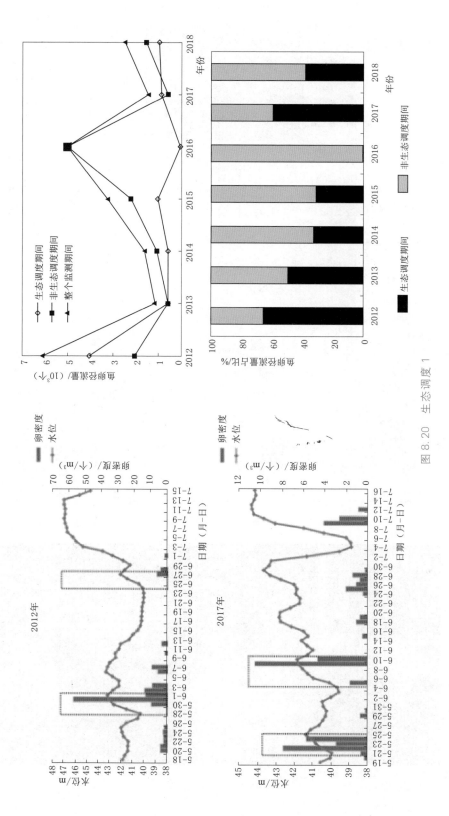

图 8.20 生态调度 1

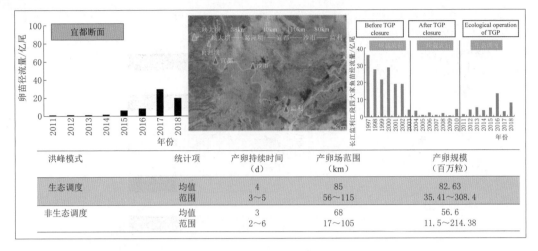

洪峰模式	统计项	产卵持续时间 （d）	产卵场范围 （km）	产卵规模 （百万粒）
生态调度	均值	4	85	82.63
	范围	3～5	56～115	35.41～308.4
非生态调度	均值	3	68	56.6
	范围	2～6	17～105	11.5～214.38

图 8.21　生态调度 2

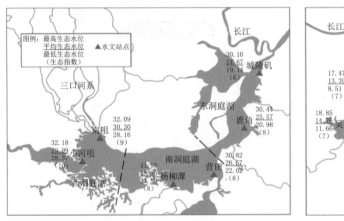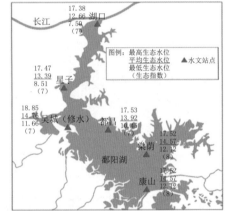

图 8.22　生态调度 3

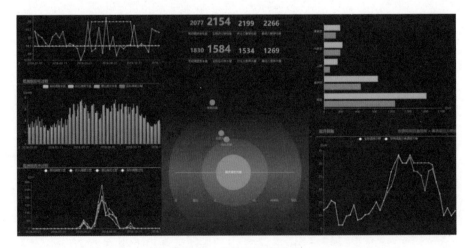

图 8.23　发电调度场景图

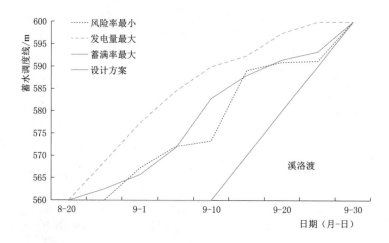

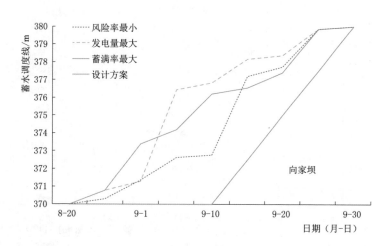

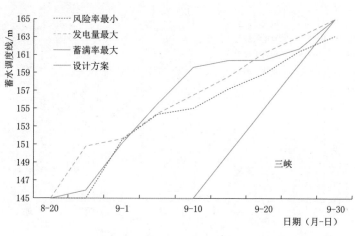

图 8.24（一）　联合蓄水调度图

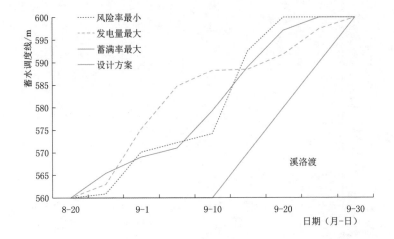

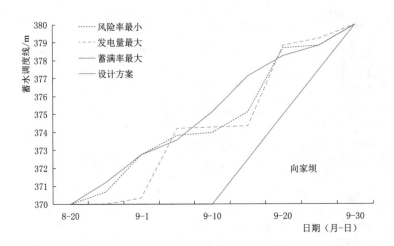

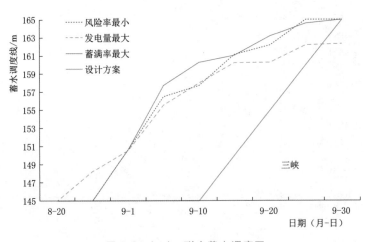

图8.24（二） 联合蓄水调度图

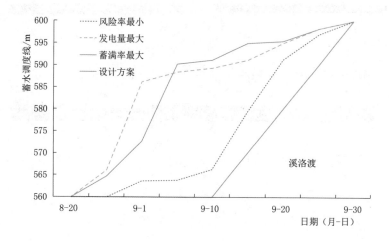

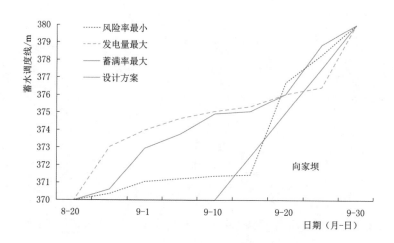

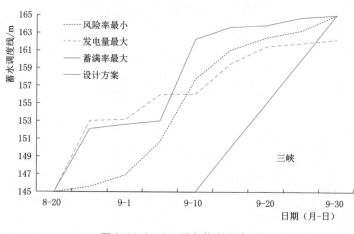

图 8.24（三） 联合蓄水调度图

图 8.25　应急调度场景

参 考 文 献

包红军，王莉莉，沈学顺，等，2016. 气象水文耦合的洪水预报研究进展 [J]. 气象，42 (9)：1045 -1057.

蔡阳，2017. 以大数据促进水治理现代化 [J]. 水利信息化 (4)：6 - 10.

畅建霞，黄强，王义民，2001. 基于改进遗传算法的水电站水库优化调度 [J]. 水力发电学报 (3)：85 - 90.

陈蓓青，谭德宝，田雪冬，等，2016. 大数据技术在水利行业中的应用探讨 [J]. 长江科学院院报，33 (11)：59 - 62.

陈德清，王问宇，杨海坤，2010. 数据仓库技术在水文数据综合分析中的应用研究 [J]. 水利信息化 (2)：18 - 21.

陈军飞，邓梦华，王慧敏，2017. 水利大数据研究综述 [J]. 水科学进展，28 (4)：622 - 631.

陈永波，林昌年，李军锋，等，2015. 沉浸式变电站仿真培训系统的设计与实现 [J]. 电网技术，39 (7)：2034 - 2039.

陈渝，王馨笛，2020. 新媒体时代微博用户沉浸体验下持续使用行为研究—潜在示能性的调节效应 [J]. 图书馆 (1)：63 - 71.

陈瑜彬，邹冰玉，牛文静，等，2019. 流域防洪预报调度一体化系统若干关键技术研究 [J]. 人民长江，50 (7)：223 - 227.

崔璟，黎涛，赵宏，何亚文，2011. 灾害应急远程协同会商系统的设计与集成 [J]. 地理信息世界，(4)：70 - 77.

丁杰，魏敏文，代洁，等，2005. 数据仓库和数据挖掘技术在湖南水库调度中的应用 [J]. 水电自动化与大坝监测，29 (3)：12 - 15.

樊龙，万定生，顾昕辰，2014. 基于 Hadoop 云平台的水利普查数据挖掘系统的设计和实现 [J]. 计算机与数字工程，422 (5)：831 - 834.

冯小冲，2010. 水库中长期水文预报模型研究 [D]. 南京：南京水利科学研究院.

龚琪慧，刘伟，李坤，等，2015. 基于大数据的水利数据中心建设 [C]. 第三届中国水利信息化与数字水利技术论坛论文集，南京：河海大学出版社：243 - 248.

顾绍琴，白絮飞，2019. 基于沉浸理论的地理数字化游戏设计 [J]. 地理教学 (19)：9 - 14.

郭锦杰，曹兆元，刘晶晶，2019. 三维地球场景漫游的一种交互式控制设计 [J]. 电子质量，(10)：46 - 50.

郭生练，陈炯宏，刘攀，等，2010. 水库群联合优化调度研究进展与展望 [J]. 水科学进展，21 (4)：496 - 503.

何斌，2006. 省级防汛会商决策支持系统集成化方法及应用研究 [D]. 大连：大连理工大学.

何为东，2010. 省部科技会商制度的运行研究 [D]. 武汉：华中科技大学.

何伟，万俊，左园忠，等，2020. 基于 LSTM 模型模拟安康水库洪水过程 [J]. 水资源研究，9 (2)：202 - 210.

何晓燕，丁留谦，张忠波，等，2018. 对流域防洪联合调度的几点思考 [J]. 中国防洪抗旱，28 (4)：1 - 7.

贺荣，蔡丽丽，2016. 基于工作流的协同会商模型研究与设计 [J]. 软件，37 (6)：91 - 96.

侯莹，魏慧琳，2016. 沉浸理论国外研究现状述评 [J]. 语文学刊 (20)：119 - 120.

侯召成，曹明亮，张弛，等，2010. 流域水文数据挖掘体系研究 [J]. 南水北调与水利科技，8 (1)：61 - 64.

胡四一，宋德敦，吴永祥，等，1996. 长江防洪决策支持系统总体设计 [J]. 水科学进展 (4)：4 - 15.

胡亚，朱军，李维炼，等，2018. 移动 VR 洪水灾害场景构建优化与交互方法 [J]. 测绘学报，47（8）：1123-1132.

胡振鹏，冯尚友，1988. 大系统多目标递阶分析的"分解-聚合"方法 [J]. 系统工程学报（1）：56-64.

花胜强，高磊，蔡杰，等，2016. 基于多智能混合算法的梯级水库调度优化研究 [C]. 中国水力发电工程学会梯级调度控制专业委员会 2016 年学术交流会：28-32.

黄生志，杜梦，李沛，等，2019. 变化环境下降雨集中度的变异与驱动力探究 [J]. 水科学进展，30（4）：496-506.

纪昌明，苏学灵，周婷，等，2010. 梯级水电站群调度函数的模拟与评价 [J]. 电力系统自动化，34（3）：33-37.

纪昌明，周婷，王丽萍，等，2013. 水库水电站中长期隐随机优化调度综述 [J]. 电力系统自动化，37（16）：129-135.

江丽娜，李艳，陈晓宏，2014. 聚类识别算法解读洪水峰型 [J]. 华南师范大学学报（自然科学版），46（1）：89-94.

江凌，2019. 论 5G 时代数字技术场景中的沉浸式艺术 [J]. 山东大学学报（哲学社会科学版）（6）：47-57.

姜海洋，梅云，顾宪松，2019. 场景化交互设计理论的分析与研究 [J]. 包装工程，40（18）：269-275.

蒋云钟，冶运涛，赵红莉，2019. 智慧水利大数据内涵特征、基础架构和标准体系研究 [J]. 水利信息化（4）：6-19.

康传雄，2018. 基于线性逼近与蓄水分配曲线的梯级水库优化调度研究 [D]. 华中科技大学博士学位论文.

雷晓琴，车涛，2008. 水资源开发的生态制约及敏感度指标体系初探 [J]. 人民长江，39（23）：68-71.

李安强，张建云，仲志余，等，2013. 长江流域上游控制性水库群联合防洪调度研究 [J]. 水利学报，44（1）：59-66.

李订芳，郭生练，王金星，等，2001. 水库调度数据库的设计与开发 [J]. 武汉大学学报（工学版）（5）：1-6.

李宏伟，2013. 基于关联规则的数据挖掘技术在中长期水文预报中的应用 [J]. 人民珠江（6）：21-25.

李京杰，2019. 基于沉浸理论的成人在线深度学习策略探究 [J]. 成人教育，39（3）：18-22.

李文武，张雪映，吴巍，2018. 基于 SARSA 算法的水库长期随机优化调度研究 [J]. 水电能源科学，36（9）：72-75.

李雨，2013. 水库防洪和蓄水优化调度方法及应用 [D]. 武汉：武汉大学.

李卓蔓，2018. 基于大数据的第一人称视角设计综述 [J]. 重庆理工大学学报（自然科学版），32（12）：139-144.

梁罗希，吴江，2016. 决策支持系统发展综述及展望 [J]. 计算机科学，43（10）：27-32.

林福永，左小德，1997. 决策支持系统（DSS）的研究与发展（综述）[J]. 暨南大学学报（自然科学与医学版）（5）：38-43.

刘革平，谢涛，2015. 三维虚拟学习环境综述 [J]. 中国电化教育（9）：22-27.

刘攀，郭生练，李玮，等，2006. 遗传算法在水库调度中的应用综述 [J]. 水利水电科技进展，26（4）：78-83.

刘勇，王银堂，陈元芳，等，2010. 丹江口水库秋汛期长期径流预报 [J]. 水科学进展，21（6）：771-778.

卢健涛，侯贵兵，李媛媛，等，2020. 城市内涝决策支持系统的研究及展望 [J]. 人民珠江，41（2）：134-139＋146.

卢新元，黄梦梅，卢泉，等，2020. 基于时间特性的社交网络平台中用户消极使用行为规律分析 [J]. 情报学报，39（4）：419-426.

罗凯乐，2019. 九龙江流域水资源调度研究及系统集成 [D]. 华中科技大学. DOI：10. 27157/d. cnki. ghzku. 2019. 002314.

罗琼，林若钦，2019. 海量用户需求数据的高效预判筛选仿真 [J]. 计算机仿真，36（12）：374-377.

孟令奎，2015. 水利应急响应遥感智能服务平台 [D]. 武汉：武汉大学.

苗俊岭，2017. 国内水利决策支持系统（SLDSS）开发与应用的现状研究 [J]. 课程教育研究（50）：12-13.

欧阳如琳，任立良，周成虎，等，2009. 数据挖掘在水文时间序列中的应用研究与进展 [J]. 水电能源科学，27（3）：11-15.

庞树森，2012. 基于数字流域专业模型的水库调度系统集成初步研究 [D]. 武汉：长江科学院.

秦毅，沈冰，李怀恩，等，2004. 基于物理成因概念的水文系统模型及其应用 [J]. 水利学报（7）：52-56.

邱瑞田，王本德，郭生练，等，2004. 全国水库防洪调度决策支持系统工程 [J]. 中国水利（22）：58-60.

沈冰，黄红虎，夏军，2015. 水文学原理 [M]，2版. 北京：中国水利水电出版社：7-10.

舒卫民，马光文，黄炜斌，等，2011. 基于人工神经网络的梯级水电站群调度规则研究 [J]. 水力发电学报，30（2）：11-14.

舒依娜，郑源，崔强，等，2009. 基于 Visual Basic 和 Access 的水库管理系统开发研究 [J]. 水电能源科学，27（01）：96-98.

汤留平，汤宏，2013. 基于分布估计算法的水库综合调度模型及应用 [J]. 水电能源科学，31（6）：86-89.

陶凤玲，刘海波，王思茹，等，2012. 基于降水-径流模型的中长期径流预测 [J]. 水利水电技术，43（1）：27-29.

田军，葛新红，程少川，2005. 我国决策支持系统应用研究的进展 [J]. 科技导报（7）：71-75.

王本德，周惠成，卢迪，2016. 我国水库（群）调度理论方法研究应用现状与展望 [J]. 水利学报，47（3）：337-345.

王超，2016. 金沙江下游梯级水电站精细化调度与决策支持系统集成 [D]. 武汉：华中科技大学.

王富强，2008. 中长期水文预报及其在平原洪水资源利用中的应用研究 [D]. 大连理工大学博士学位论文.

王富强，霍风霖，2010. 中长期水文预报方法研究综述 [J]. 人民黄河，32（3）：25-28.

王富强，许士国，2007. 基于关联规则挖掘的径流长期预报模型研究 [J]. 南水北调与水利科技，5（1）：70-73.

王浩，王旭，雷晓辉，等，2019. 梯级水库群联合调度关键技术发展历程与展望 [J]. 水利学报，50（1）：25-37.

王圆圆，白宏坤，李文，等，2020. 能源大数据应用中心功能体系及应用场景设计 [J]. 智慧电力，48（3）：15-21，29.

王宗志，王伟，刘克琳，等，2016. 水电站水库长期优化调度模型及调度图 [J]. 水利水运工程学报（5）：23-31.

吴冰，黄陈，朱喜荣，2017. 沉浸式变电站故障仿真系统开发 [J]. 电力系统保护与控制，45（21）：102-108.

吴浩云，王银堂，胡庆芳，等，2016. 太湖流域洪水识别与洪水资源利用约束分析 [J]. 水利水运工程学报（5）：1-8.

吴素梅，卢宁，2018. 沉浸体验的研究综述与展望 [J]. 心理学进展，8（10）：1575-7584.

吴业楠，钟平安，赵云发，等，2014. 基于灰色关联分析的相似洪水动态展延方法 [J]. 南水北调与水利科技，12（1）：126-130.

武建，高峰，朱庆利，2015. 大数据技术在我国水利信息化中的应用与前景展望 [J]. 中国水利（17）：45-48.

习树峰，彭勇，梁国华，等，2012. 基于决策树方法的水库跨流域引水调度规则研究 [J]. 大连理工大学学报，52（1）：74-78.

辛国荣，崔家骏，1997. 黄河防洪防凌决策支持系统的研制与开发 [J]. 人民黄河（3）：16-20，61-62.

熊立华，郭生练，2004. 分布式流域水文模型［M］. 北京：中国水利水电出版社：19－28.

徐娟，黄奇，袁勤俭，2018. 沉浸理论及其在信息系统研究中的应用与展望［J］. 现代情报，38（10）：157－166.

徐云乾，袁明道，刘敏，2013. 基于 asp. net 的水库信息管理系统开发研究［J］. 中国农村水利水电（8）：127－129.

许英，2016. 对视频通信领域应用未来发展方向的思考［J］. 中国安防，（9）：82－86.

杨光，郭生练，陈柯兵，等，2017. 基于决策因子选择的梯级水库多目标优化调度规则研究［J］. 水利学报，48（7）：914－923.

杨光，郭生练，刘攀，等，2016. PA－DDS 算法在水库多目标优化调度中的应用［J］. 水利学报，47（6）：789－797. DOI：10. 13243/j. cnki. slxb. 20150773.

杨小柳，范佳慧，2019. 数据挖掘技术在节水管理中的应用［J］. 长江科学院院报，36（7）：1－6.

张弛，2005. 数据挖掘技术在水文预报与水库调度中的应用研究［D］. 大连：大连理工大学.

张弛，王本德，李伟，2007. 数据挖掘技术在水文预报中的应用及水文预报发展趋势研究［J］. 水文，27（2）：74－78.

张宏群，范伟，荀尚培，2010. 基于 MODIS 和 GIS 的洪水识别及淹没区土地利用信息的提取［J］. 灾害学，25（4）：22－26.

张林兵，郭强，吴行斌，等，2020. 基于多维行为分析的用户聚类方法研究［J］. 电子科技大学学报，49（2）：315－320.

张验科，刘源，纪昌明，等，2020. 考虑水流时滞的梯级水电站水库群短期发电优化调度［J］. 电力系统自动化，44（6）：45－51.

张勇传，李福生，熊斯毅，等，1981. 水电站水库群优化调度方法的研究［J］. 水力发电（11）：48－52.

郑守仁，仲志余，邹强，等，2015. 长江流域洪水资源利用研究［M］. 武汉：长江出版社：1－2.

郑晓东，胡汉辉，刘喜凤，2018. 基于起源信息的水位衰老数据的筛选算法［J］. 水利水电技术，49（6）：23－29.

中华人民共和国水利部，中华人民共和国国家统计局，2013. 第一次全国水利普查公报［J］. 中国水利（7）：1－3.

钟敏，2006. A＊算法估价函数的特性分析［J］. 武汉工程职业技术学院学报，18（2）：31－33.

周大鹏，2016. GIS 平台在辽宁电网运行中的实施应用［D］. 北京：华北电力大学.

周光华，詹小国，张志辉，2011. 基于 WebGIS 的中小型水库基础信息管理系统［J］. 水利信息化（S1）：23－25，38.

周建中，顿晓晗，张勇传，2019. 基于库容风险频率曲线的水库群联合防洪调度研究［J］. 水利学报，50（11）：1318－1325.

朱双，2017. 流域中长期水文预报与水资源承载力评价方法研究［D］. 华中科技大学博士学位论文.

Ali A，Siddiqi，M U R，R Arshad，Suleman M，Ullah N，2020. Design and implementation of an electromechanical control system for micro－hydropower plants［J］. ELECTRICAL ENGINEERING，102（2）：891－898.

Bin Luo，Yang Fang，Handong Wang，et al，2020. Reservoir inflow prediction using a hybrid model based on deep learning［C］. Materials Science and Engineering，715 012044.

Chen H，Wigand R T，Nilan M S，1999. Optimal Experience of Web Activities［J］. Computers in Human Behavior（15）：585－608.

Clarke S G，Haworth J T，1994. Flow experience in the daily lives of sixth－form college students［J］. British Journal of Psychology（85）：511－523.

Csikszentmihalyi M，1975. Beyond Boredom and Anxiety［M］. San Francisco CA：Jossey－Bass Publishers.

Csikszentmihalyi M，1990. Flow：The Psychology of Optimal Experience [M]. New York，NY：Harper Perennial.

Csikszentmihalyi M，1993. The Evolving Self：A Psychology for the Third Millennium [M]. New York，NY：Harper Perennial.

Csikszentmihalyi M，2002. Flow：The Classic Work on How to Achieve Happiness [M]. London：Rider Books.

Csikszentmihalyi M，2014. Play and Intrinsic Rewards [M]. Flow and the Foundations of Positive Psychology. Berlin：Springer Nether－lands.

Environmental Water Research，2017. Studies from Amirkabir University of Technology Have Provided New Data on Environmental Water Research (Sustainable Basin－Scale Water Allocation with Hydrologic State－Dependent Multi－Reservoir Operation Rules) [J]. Ecology Environment &. Conservation：

Jackson S A，Marsh H W，1996. Development and Validation of a Scale to Measure Optimal Experience：The Flow State Scale [J]. Journal of Sport and Exercise Psychology (18)：17－35.

Jackson S A，Roberts G C，1992. Positive Performance States of Athletes：Toward a Conceptual Understanding of Peak Performance [J]. The Sports Psychologist (6)：156－171.

Jiawei Han，Micheline Kanber，Jian Pei，2012. 数据挖掘概念与技术：第 3 版 [M]. 范明，孟小峰 译. 北京：机械工业出版社：157－160.

Kim Y，Kang N，Jung J，et al，2016. A review on the management of water resources information based on big data and cloud computing [J]. Journal of Wetlands Research，18 (1)：100－112.

Kimiecik J C，Stein G L，1992. Examining flow experiences in sport contexts：conceptual issues and methodological concerns [J]. Journal of Applied Sport Psychology (4)：144－160.

Muhammad A，Evenson G R，Unduche F，et al. 2020. Climate Change Impacts on Reservoir Inflow in the Prairie Pothole Region：A Watershed Model Analysis [J]. Water，12 (1).

Nabinejad S，Mousavi S J，Kim J H，2017. Sustainable Basin－Scale Water Allocation with Hydrologic State－Dependent Multi－Reservoir Operation Rules [J]. Water Resources Management，31 (11)：3507－3526.

Nakamura J，Csikszentmihalyi M，2002. Handbook of Positive Psychology [M]. New York，NY：Oxford University Press.

Shaomin Zhang，Ze Wu，Baoyi Wang，2015. An Improved Cloud Adaptive Genetic Algorithm Based on Cloud Computing for Active Optimization Calculation [J]. Applied Mechanics and Materials，3744：713－715.

Thechamani I，Visessri S，Jarumaneeroj P，2017. Modeling of Multi－Reservoir Systems Operation in the Chao Phraya River Basin. International Conference on Industrial Engineering，Management Science and Application (ICIMSA) 2017 | 2017 INTERNATIONAL CONFERENCE ON INDUSTRIAL ENGINEERING，MANAGEMENT SCIENCE AND APPLICATION (ICIMSA 2017)：181－185.

Webster J，Trevino L K，1993. Flow in computer－mediated communication：electronic mail and voice mail evaluation and impacts [J]. Communication Research (19)：539－573.

Zhang X Q，Yu X，Qin H，2015. Optimal operation of multi－reservoir hydropower systems using enhanced comprehensive learning particle swarm optimization. JOURNAL OF HYDRO－ENVIRONMENT RESEARCH. DOI10. 1016/j. jher. 2015. 06. 003.